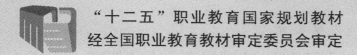

"十二五"职业教育国家规划教材
经全国职业教育教材审定委员会审定

高等职业院校教学改革创新示范教材·软件开发系列

Visual C++ 实用教程

第5版

主　编　丁有和

U0338997

电子工业出版社

Publishing House of Electronics Industry

北京·BEIJING

内 容 简 介

　　本书是根据高等职业教育的特点，兼顾 C++等级考试内容，以应用为目的，以必需够用为度，以方便教和学为宗旨而编写。第 1～8 章为 C++内容，兼顾 C++等级考试。第 9～14 章为 Visual C++内容，包括 MFC 应用程序建立、窗口和对话框、常用控件、基本界面元素、数据文档和视图、图形和数据库应用等。每章以"实际需要应用"为主线，内容之后通常都是实例，一般先提出为什么，再提做什么，然后给出示例演示怎么做，最后包括"常见问题解答"、"实验实训"以及"思考和练习"等内容。综合应用通过附录中的两个大作业（学生成绩管理（C++版）和 MFC）实现，用于比较和教学。

　　本书可作为高等职业教育相关课程教材，也可供广大 Visual C++应用开发人员参考。

图书在版编目（CIP）数据

Visual C++实用教程 / 丁有和主编. —5 版. —北京：电子工业出版社，2014.11
"十二五"职业教育国家规划教材

ISBN 978-7-121-23926-7

Ⅰ. ①V… Ⅱ. ①丁… Ⅲ. ①C语言—程序设计—高等职业教育—教材 Ⅳ. ①TP312

中国版本图书馆CIP数据核字（2014）第172859号

策划编辑：程超群
责任编辑：郝黎明
印　　刷：北京京师印务有限公司
装　　订：北京京师印务有限公司
出版发行：电子工业出版社
　　　　　北京市海淀区万寿路 173 信箱　　邮编 100036
开　　本：787×1 092　1/16　印张：19.75　字数：506 千字
版　　次：2000 年 8 月第 1 版
　　　　　2014 年 11 月第 5 版
印　　次：2014 年 11 月第 1 次印刷
定　　价：39.90 元

　　凡所购买电子工业出版社图书有缺损问题，请向购买书店调换。若书店售缺，请与本社发行部联系，联系及邮购电话：(010) 88254888。

　　质量投诉请发邮件至 zlts@phei.com.cn，盗版侵权举报请发邮件至 dbqq@phei.com.cn。

　　服务热线：(010) 88258888。

PREFACE 前言

Visual C++（简称 VC）是 Microsoft 公司推出的目前使用极为广泛的基于 Windows 平台的 C++可视化开发环境，我国高等院校的计算机专业和有些非计算机专业已开设 C++和 VC 应用程序设计课程。为了方便教学，2000 年，我们兼顾本专科教学需要，编写 Visual C++实用教程。出版后，得到高校教师、学生和读者的广泛认同。2003～2012 年，我们相继推出了 Visual C++实用教程的第 2 版、第 3 版和第 4 版，教程和实验的内容和分工进一步优化，一直保持着市场较高的认同度。先后被评为江苏省优秀教学成果二等奖，普通高等教育"十一五"国家级规划教材。

本书在"Visual C++实用教程"的基础上，专门根据高等职业教育和应用型本科的特点，兼顾 C++等级考试内容，以应用为目的，以必需够用为度，以方便教和学为宗旨而编写。具体包含了下列几个方面：

（1）每章以"以实际需要应用"为主线，内容之后通常都是实例，对于较晦涩的理论，一般先提出为什么，再提做什么，然后给出示例告诉怎么做！最后包括"常见问题解答"、"实验实训"和"思考和练习"等内容。

（2）第 1～8 章为 C++内容，为了兼顾 C++等级考试，内容做了一些优化，对于一些难点则是通过"常见问题解答"来解决。实际上，如果没有 C 语言的基础，仍然可以使用本书。因为本书在 C++这部分章节中还大量介绍了结构化程序设计的算法，包括排序和链表。由于本书重在基础，以必需够用为度，所以对于 C++模板、异常处理机制等内容并没有涉及。

（3）第 9～14 章是 Visual C++的内容，包括 MFC 应用程序建立、窗口和对话框、常用控件、基本界面元素、数据文档和视图、图形和数据库应用等。MFC 的推出实际上是减轻 SDK 编程的代码量和烦冗的 Windows 程序设计，所以本书对于较底层控制的编程没有介绍，转而专注于界面设计的操作层面。这样一来，对于初学者，更容易入门且能掌握基本技能。

总之，本书不仅适合于教学，也非常适合于用 Visual C++编程和开发应用程序的用户学习和参考。只要阅读本书，结合操作示例进行练习，就能在较短的时间内基本掌握 Visual C++及其应用技术。

本书由南京师范大学丁有和老师担任主编。参加本书编写的还有徐文胜、刘启芬、殷红先、曹弋、陈瀚、陈冬霞、邓拼搏、高茜、刘博宇、彭作民、钱晓军、孙德荣、陶卫冬、吴明祥、王志瑞、徐斌、俞琰、严大牛、郑进、张为民、周何骏、周怡君、于金彬、马骏、周怡明、顾韵华、姜乃松、梁敬东等。此外，还有许多同志对本书的编写提供了很多帮助，在此一并表示感谢！

由于作者水平有限，不当之处在所难免，恳请读者批评指正。本书可免费下载教学课件、实例文件、综合应用实习源文件，网址为 http://www.hxedu.com.cn。

意见建议邮箱：easybooks@163.com

编　者

CONTENTS 目录

第 1 章

Visual C++概述

Visual C++是 Microsoft 公司推出的目前使用极为广泛的基于 Windows 平台的可视化编程环境。Visual C++ 6.0 是在以往版本不断更新的基础上形成的，由于其功能强大、灵活性好、完全可扩展以及具有强有力的 Internet 支持，在各种 C++语言开发工具中脱颖而出，成为目前最为流行的 C++语言集成开发环境。

Visual C++ 6.0 分为标准版、专业版和企业版三种，但其基本功能是相同的。Visual C++ 6.05 中文版是在 Visual C++ 6.0 基础上进行汉化的一个版本，本书以此版本作为编程环境。为统一起见，本教程仍称之为 Visual C++ 6.0，并以 Windows XP 作为操作系统平台。

要学习和应用 Visual C++，C++语言是基础。

1.1　C++概述

C++是在 20 世纪 80 年代初期由贝尔实验室设计的一种在 C 语言的基础上增加了对面向对象程序设计支持，是目前应用最为广泛的编程语言。

1.1.1　C++程序创建

使用 C++高级语言编写的程序称为源程序。由于计算机只能识别和执行的是由 0 和 1 组成的二进制指令，称为机器代码，因而 C++源程序是不能被计算机直接执行的，必须转换成机器代码才能被计算机执行。这个转换过程就是编译系统对源代码进行编译和连接的过程，简称"编连"过程。如图 1.1 所示。

图 1.1　C++程序创建过程

事实上，对于 C++程序的源代码编写、编译和连接的步骤，许多 C++编程工具软件商都提供了各自的 C++集成开发环境（Integrated Development Environment，IDE）用于程序上述步骤的一体化操作。常见的有：Microsoft Visual C++、各种版本的 Borland C++（如 Turbo C++、C++ Builder 等）、IBM Visual Age C++和 bloodshed 免费的 Dev-C++等。不过，尽管 C++ Builder 6.0、Dev-C++和 Visual C++ 6.0 对 ANSI/ISO C++支持都比较好，但 Visual C++ 6.0 在项目文件管理、调试以及操作的亲和力等方面上都略胜一筹，故本书以 Visual C++ 6.05 SP6 中文企业版作为编程环境。

下面以一个简单的 C++程序为例来说明在 Visual C++中创建和运行的一般过程。

需要说明的是，由于 Visual C++对应用程序是采用文件夹的方式来管理的，即一个程序项目的所有源代码、编译的中间代码、连接的可执行文件等内容均放置在与程序项目名同名的文件夹中及其 debug（调试）或 release（发行）子文件夹中。因此，在用 Visual C++进行应用程序开发时，一般先要创建一个工作文件夹，以便于集中管理和查找。

1．创建工作文件夹

创建 Visual C++ 6.0 的工作文件夹"D:\Visual C++程序"，以后所有创建的应用程序项目都在此文件夹下。在该文件夹下再创建一个子文件夹"第 1 章"，这样本章程序均在该文件夹下。下一章就在文件夹下创建的子文件夹"第 2 章"中，依此类推。

2．启动 Visual C++ 6.0

选择"开始"→"程序"→"Microsoft Visual Studio 6.0" →"Microsoft Visual C++ 6.0"，运行 Visual C++ 6.0。

第一次运行时，将显示如图 1.2 的"每日提示"对话框。单击 下一条(N) 按钮，可看到有关各种操作的提示。如果在"启动时显示提示"复选框中单击鼠标，去除复选框的选中标记"✔"，那么下一次运行 Visual C++ 6.0，将不再出现此对话框。单击 关闭(C) 按钮关闭此对话框，进入 Visual C++ 6.0 开发环境，如图 1.3 所示。

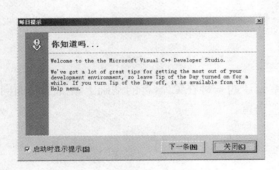

图 1.2 "每日提示"对话框

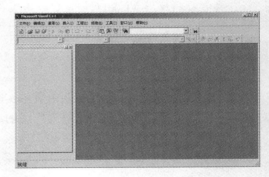

图 1.3 无项目的 Visual C++界面

3．添加 C++程序

（1）单击标准工具栏 上的"新建"（ ）按钮，打开一个新的文档窗口，在这个窗口中输入下列 C++代码。注意：在输入字符和汉字时，要切换到相应的输入方式中；除了双引号中的字符串和由"//"引导或"/*...*/"中的注释可以使用汉字外，其余一律用英文字符输入。

【例 Ex_Simple1】 一个简单的 C++程序

```
/* 第一个简单的 C++程序 */
#include <iostream.h>
int  main()
{
    double  r, area;                    // 定义变量 r,area 双精度整数类型
    cout<<"输入圆的半径：";             // 显示提示信息
    cin>>r;                              // 从键盘上输入的值存放到 r 中
    area = 3.14159 * r * r;             // 计算园面积,结果存放到 area 中
    cout<<"圆的面积为: "<<area<<"\n";   // 指定返回值
    return 0;                            // 指定返回值
}
```

本书约定： 书中凡是需要用户添加或修改的代码均用填充底纹来标明。

（2）选择"文件"→"保存"菜单或按快捷键 Ctrl+S 或单击标准工具栏的"⊞"按钮，弹出"保存为"文件对话框。将文件定位到"D:\Visual C++程序\第 1 章"文件夹中，文件名指定为"Ex_Simple1.cpp"（注意扩展名.cpp 不能省略，cpp 是 C Plus Plus 的缩写）。

此时在文档窗口中所有代码的颜色都发生改变，这是 Visual C++ 6.0 的文本编辑器所具有的语法颜色功能，绿色表示注释（例如//...），蓝色表示关键词（例如 double）等。

4. 编连和运行

（1）单击编译工具条 ⊙⊞⊠！⊠⊞ 上的生成工具按钮"⊞"或直接按快捷键 F7，系统弹出一个对话框，询问是否为该程序创建默认的活动工作区间文件夹，单击 是(Y) 按钮，系统开始对 Ex_Simple1 进行编译、连接，同时在输出窗口中显示编连的有关信息，当出现：

表示 Ex_Simple1.exe 可执行文件已经正确无误地生成了。

（2）单击编译工具条 ⊙⊞⊠！⊠⊞ 上的运行工具按钮"！"或直接按快捷键 Ctrl+F5，就可以运行刚刚生成的 Ex_Simple1.exe 了，结果弹出这样的窗口（其背景属性已被修改过），它称之为控制台窗口，是一种与传统 DOS 环境相兼容的窗口：

此时等待用户输入一个数。当输入 10 并按 Enter 键后，控制台窗口显示为：

其中，"Press any key to continue"是 Visual C++自动加上去的，表示 Ex_Simple1 运行后，按一个任意键将返回到 Visual C++开发环境，这就是 C++程序的创建、编连和运行过程。

本书约定：在以后的 C++程序运行结果中，本书不再完整显示其控制台窗口，也不再显示"Press any key to continue"，仅将控制台窗口中运行结果列出。

1.1.2　C++代码结构

从上面的程序可以看出，一个 C++程序由编译预处理指令、数据或数据结构定义和若干个函数组成。在 C++中，一个程序可以存放在一个或多个文件中，这样的文件称为源程序文件。为了与其它文件相区别，每一个 C++源程序文件通常是以.cpp 为扩展名。这里再以【例 Ex_Simple1】的程序代码来分析 C++程序的组成和结构。

1. main 函数

（1）主函数。一个 C++语言程序可以包含若干个函数，其中 main 表示主函数，由于每一个程序执行时都必须从 main 开始，而不管该函数在整个程序中的具体位置，因此每一个 C++程序必须包含一个且只有一个 main 函数。

（2）函数体。每一个函数由函数头和函数体组成。在 main 函数中，"int main()"称为 main 函数的函数头。函数头下面用一对花括号"{"和"}"括起来的部分就是函数体。函数体中包括若干条语句，每一条语句都由分号"；"结束。

（3）函数值。函数返回的值就是函数值，函数头包括函数值类型和函数名。由于 main 函数名的前面有一个 int，它表示 main 函数的类型是整型。函数值就是函数体中的 return 语句返回的值。上面 main 函数体包含"return 0"，所以 main 函数值是 0。如果函数体描述的过程不需要返回函数值，函数就没有值。此时，函数头包括函数值类型就是 void。

2. 预处理指令

#include ＜iostream.h＞称为预处理指令。iostream.h 是 C++编译系统自带的文件，称为 C++库文件，它定义了标准输入/输出流的相关数据及其操作。由于程序用到了输入/输出流对象 cin 和 cout，因而需要用#include 将其合并到程序中。又由于它们总是被放置在源程序文件的起始处，所以这些文件被称为头文件（Header File）。C++编译系统自带了许多这样的头文件，每个头文件都支持一组特定的"功能"，用于实现基本输入输出、数值计算、字符串处理等方面的操作。

需要说明的是，为了能突出 C++与 C 语言本身的不同，对于以往 C 语言的标准头文件（.h）也改用新的文件，去掉了".h"扩展名。这就是说，【例 Ex_Simple1】代码中头文件 iostream.h 的包含指令应写成下面的新格式：

```
#include <iostream>
```

同时为使 iostream 中的定义对程序有效，还需使用下面名称空间编译指令来指定：

```
using namespace std;                    // 注意不要漏掉后面的分号
```

using 是一个在代码编译之前处理的指令。namespace 称为名称空间，它是 C++一个新的特性。这样，上述程序应改成：

```
#include <iostream>
using namespace std;
int main()
{…
}
```

3. 注释

程序 Ex_Simple 中的"/*…*/"之间的内容或"//"开始一直到行尾的内容是用来注释的，它的目的只是为了提高程序的可读性，对编译和运行并不起作用。正是因为这一点，所注释的内容既可以用汉字来表示，也可以用英文来说明，只要便于理解就行。

一般来说，注释应在编程的过程中同时进行，不要指望程序编制完成后再补写注释。那样只会多花好几倍的时间，更为严重的是，时间长了以后甚至会读不懂自己写的程序。

4. 缩进

缩进是指程序在书写时不要将程序的每一行都由第一列开始，而且在适当的地方加进一些空格，也是为了提高程序的可读性。通常，在书写代码时，每个"｝"花括号占一行，并与使用花括号的语句对齐。花括号内的语句采用缩进书写格式，缩进量为 4 个字符（一个默认的制表符）。

1.2　使用 Visual C++

对于 C++程序开发，除了【例 Ex_Simple1】过程外，还可直接使用 Visual C++应用程序向导来创建，同时还有相应的界面操作及程序语法错误修改的方法，下面就来讨论。

1.2.1　控制台应用程序向导

为了帮助用户快速创建应用程序，Visual C++提供了标准的应用程序框架结构。若创建用于控制台的常用 C++应用程序，则可有下列步骤和过程：

（1）在 Visual C++ 6.0 开发环境的最上层菜单中，选择"文件"→"新建"菜单命令，则打开应用程序向导，显示出"新建"对话框，如图 1.4 所示。单击"工程"标签，从列表框中选中 Win32 Console Application（Win32 控制台应用程序）项（图 1.4 中的标记①）。

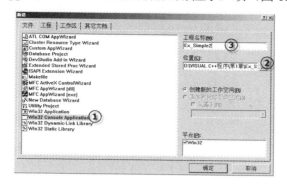

图 1.4 "新建"对话框工程页面

（2）单击"位置"编辑框右侧的浏览按钮 ┅（图 1.4 中的标记②），从弹出的"选择目录"对话框指定项目所在的文件夹"D:\Visual C++程序\第 1 章"，单击 确定 按钮，"选择目录"对话框退出，回到了"新建"对话框界面。

（3）在"新建"对话框的"工程名称"编辑框（图 1.4 中的标记③）中输入名称 Ex_Simple2，保留"平台"下"Win32"复选框的默认"选中☑"状态，单击 确定 按钮进入下一步。

（4）出现 Win32 Console Application（Win32 控制台应用程序）向导的步骤 1（共 1 步）对话框，从中可选择要创建的应用程序类型："一个空工程"、"一个简单的程序"、"一个"Hello, World! "程序"和"一个支持 MFC 的程序"，如图 1.5 所示。

图 1.5 应用程序的向导对话框

这些应用程序类型的区别在于：

● "一个空工程"仅创建控制台应用程序文件框架，不含任何代码；

● "一个简单的程序"是在"一个空工程"基础上添加了程序框架（有入口函数、#include 指令等）；

● "一个"Hello，World!"程序"在"一个简单的程序"基础上增加了 C 语言的 printf 函数调用，用来输出"Hello World!"；

● "一个支持 MFC 的程序"则是支持 MFC 的控制台应用程序框架，由于其相对复杂且一般人也不会使用它，所以这里不去赘述。

（5）选中"一个"Hello，World!"程序"，单击 完成 按钮，弹出"新建工程信息"对话框，如图 1.6 所示。单击 确定 按钮，系统将按前面的选择自动创建此应用程序。

（6）又回到 Visual C++开发环境，在菜单栏下面可以看有许多工具条，单击编译工具条 上的生成工具按钮"囲"或直接按快捷键 F7，系统开始对 Ex_Simple2 项目工程中的文件进行编译、连接，同时在输出窗口中观察出现的内容，当出现

```
Ex_Simple2.exe - 0 error(s), 0 warning(s)
```

表示 Ex_Simple2.exe 可执行文件已经正确无误地生成了。单击编译工具条 上的运行工具按钮"！"或直接按快捷键 Ctrl+F5，就可以运行刚刚生成的 Ex_Simple2.exe，结果如图 1.7 所示。事实上，上述创建的是一个 C 程序。

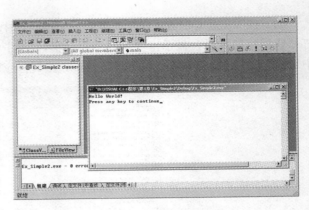

图 1.6 "新建工程信息"对话框　　　　　　图 1.7　开发环境和运行结果

1.2.2　认识开发环境布局

当项目创建后，Visual C++ 6.0 开发环境如图 1.8 所示。它是由标题栏、菜单栏、工具栏、项目工作区窗口、文档窗口、输出窗口以及状态栏等组成。

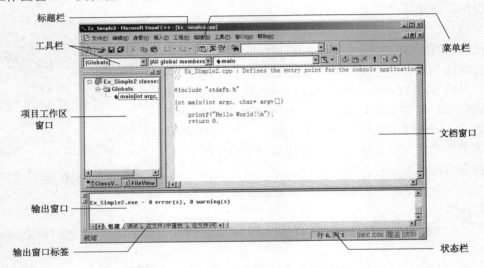

图 1.8　Visual C++ 6.0 开发环境（有项目）

标题栏处在开发环境的最上层，一般有"最小化"（ ）、"最大化"（ ）或"还原"（ ）以及"关闭"（ ）按钮，单击 按钮将退出开发环境。事实上，标题栏上还会显示出当前文档窗口中正在操作的文档的文件名。

标题栏的下面就是菜单栏，它包含了开发环境中几乎所有的命令，提供了文档操作、程序编译、调试、窗口操作等一系列的功能。菜单栏往往和工具栏同处在一个区域，并且菜单中的一些常用命令还被排列在相应的工具栏上，以便更快捷地操作。

在开发环境的左侧是一个带有多个标签页面的项目工作区窗口，它包含当前项目的几乎所有的信息，包括项目中的类（ClassView 页面）信息、文件（FileView 页面）信息以及 Windows 项目的资源（ResourceView 页面）信息等。在这些信息项目中的文字或图标处右击鼠标都会弹出相应的快捷菜单，从中可选择当前状态下的一些快捷操作。

文档窗口一般位于开发环境中的右边，各种程序代码的源文件、资源文件、文档文件等都可以通过文档窗口显示出来。

输出窗口一般出现在开发环境窗口的底部，它包括了编译（Build、组建）、调试（Debug）、在文件中查找（Find in Files）等相关信息的输出。这些输出信息以多页面标签的形式出现在输出窗口中，例如"组建"页面标签显示的是程序在编译和连接时的进度及错误信息。

状态栏一般位于开发环境的最底部，它用来显示当前操作状态、注释、文本光标所在的行列号等信息。

1.2.3 认识工具栏

菜单栏下面是工具栏。工具栏上的按钮通常和一些菜单命令相对应，提供了执行经常使用的命令的一种快捷方式。Visual C++ 6.0 开发环境默认显示的工具栏有："标准"（Standard）工具栏、"向导"（WizardBar）工具栏及"编译微型条"（Build MiniBar）工具栏。

（1）标准工具栏。如图 1.9 所示，标准工具栏中的工具按钮命令大多数是常用的文档编辑命令，如新建、保存、撤消、恢复、查找等，表 1.1 列出了各个按钮命令的含义。

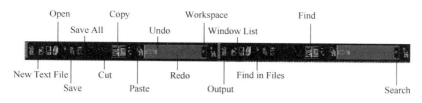

图 1.9　标准工具栏

表 1.1　标准工具栏按钮命令及功能描述

按 钮 命 令	功 能 描 述
New Text File	新建一个文本文件
Open	打开已存在的文件
Save	保存当前文件
Save All	保存所有打开的文件
Cut	将当前选定的内容剪切掉，并移至剪贴板中
Copy	将当前选定的内容复制到剪贴板中
Paste	将剪贴板中的内容粘贴到光标当前位置处
Undo	撤消上一次操作
Redo	恢复被撤消的操作
Workspace	显示或隐藏项目工作区窗口
Output	显示或隐藏输出窗口
Window List	文档窗口操作
Find in Files	在指定的多个文件(夹)中查找字符串
Find	指定要查找的字符串，按 Enter 键进行查找
Search	在当前文件中查找指定的字符串

（2）向导工具栏。向导工具栏是 Visual C++ 6.0 使用频率最高的，它是将 MFC ClassWizard（MFC 类向导，以后还会专门讨论）对话框的功能体现为三个相互关联的组合框和一个 Actions（操作）控制按钮，如图 1.10 所示。

图 1.10　WizardBar

三个组合框分别表示类信息（Class）、选择相应类的过滤器（Filter）和相应类的成员函数（Members）等。单击 Actions 控制按钮可将文本指针移动到指定类成员函数在相应的源文件的定义和声明的位置处，单击 Actions 向下按钮(▼)会弹出一个快捷菜单，从中可以选择要执行的命令。

（3）编译微型条工具栏。编译微型条工具栏提供了常用的编译、连接操作命令，如图 1.11 所示，前面已使用过。表 1.2 列出了各个按钮命令的含义。

表 1.2　编译微型条工具栏按钮命令及功能描述

按 钮 命 令	功 能 描 述
Compile	编译 C 或 C++源代码文件
Build	生成应用程序的 EXE 文件
Stop build	停止编连
Execute	执行应用程序
Go	单步执行
Add/Remove breakpoints	插入或消除断点

图 1.11　编译微型条工具栏

需要说明的是，上述工具栏上的按钮有时是处于未激活状态，例如，标准工具栏的复制按钮 在没有选定对象前是灰色的，这时无法使用它。

1.2.4　操作工具栏

在 Visual C++中，可以对有"把手"（▌）的工具栏（或菜单栏）进行显示与隐藏、浮动与停泊等操作。

1. 显示和隐藏

显示或隐藏工具栏可以使用"定制"对话框或快捷菜单两种方式进行操作。先来看一看"定制"对话框方式：

① 选择"工具"菜单→"定制"命令项。

② 弹出"定制"对话框，如图 1.12 所示；单击"工具栏"页面标签，将显示出所有的工具栏名称，那些显示在开发环境上的工具栏名称前面将带有选中标记（✔）。

如果认为上述操作不够便捷，那么可以在开发环境的工具栏处右击鼠标，这时就会弹出一个包含工具栏名称的快捷菜单，如图 1.13 所示，这就是"快捷菜单"方式。若要显示某工具栏，只需用单击该工具栏名称，使得前面的复选框带有选中标记即可。同样的操作再进行一次，工具栏名称前面的复选框的选中标记将消失，该工具栏就会从开发环境中消失。

2. 浮动与停泊

Visual C++ 6.0 的工具栏具有"浮动"与"停泊"功能。当 Visual C++ 6.0 启动后，系统默认将常用工具栏"停泊"在主窗口的顶部。若将鼠标指针移至工具栏的"把手"（▌）处或其它非按钮区域，然后按住鼠标左键，可以将工具栏拖动到主窗口的四周或中央。如果拖动

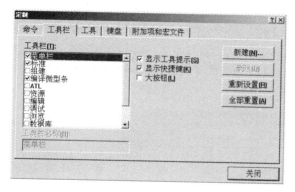

图 1.12 "定制"对话框   图 1.13 工具栏的快捷菜单

到窗口的中央处松开鼠标左键，则工具栏成为"浮动"的工具窗口，窗口的标题就是该工具栏的名称。拖动工具栏窗口的边或角可以改变其形状。例如，图 1.14 是"标准"工具栏浮动的状态，其大小已被改变过。

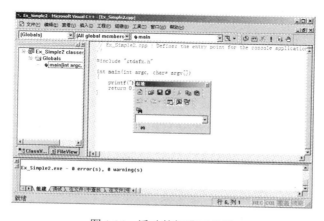

图 1.14 浮动的标准工具栏

当然，浮动和停泊两种状态可以进行切换。在"浮动"的工具窗口标题栏处双击鼠标左键或将其拖放到主窗口的四周，都能使其停泊在相应的位置处。在"停泊"工具栏的非按钮区域双击鼠标左键，可切换成"浮动"的工具窗口。

1.2.5 项目工作区窗口

Visual C++在应用程序管理上是最为方便的，它不仅可以管理一个 Windows 应用程序的多种类型文件，而且还可以用于 C++应用程序的文件管理。项目工作区窗口就是用来进行文件管理的，它可用来显示、修改、添加、删除这些文件，并能管理多个项目（以后还会讨论）。

对于 C++应用程序来说，项目工作区窗口包含 2 个页面：ClassView（类页面）和 FileView（文件页面），参见前图 1.8。

ClassView 页面用以显示项目中的所有的类信息（以后还会详细讨论）。若打开的项目名为 Ex_Simple2，单击项目区窗口底部的 ClassView 页面标签，则显示出"Ex_Simple2 classes"的树状节点，在它的前面是一个图标和一个套在方框中的符号"+"，单击符号"+"或双击图标，Ex_Simple2 中的所有类名将被显示等。图 1.8 中的 Globals 表示"全局"。

FileView 页面是用来将项目中的所有文件（C++源文件、头文件等）分类显示。每类文件在 FileView 页面中都有自己的节点，例如，所有的 C++源文件都在 Source File（源文件）节点中。用户不仅可以在节点项中移动文件，而且还可创建新的节点以将一些特殊类型的文件放在该节点中。

切换到 FileView 页面，可以看到向导自动生成了 Ex_Simple2.cpp、Stdafx.cpp、Stdafx.h 以及 ReadMe.txt 四个文件。如图 1.15 所示。

图 1.15　Ex_Simple2 项目工作区的 FileView 内容

其中，Stdafx.cpp 是一个只有一条语句（#include "stdafx.h"）的空文件，Stdafx.h 是每个应用程序所必有的预编译头文件，程序所用到的 Visual C++头文件包含语句均添加到这个文件中；ReadMe.txt 是 Visual C++ 6.0 为每个项目配置的说明文件，它包括对向导产生文件类型的说明以及操作的一些技巧；而 Ex_Simple2.cpp 是向导产生的"真正"具有实际意义的程序源代码文件，几乎所有的代码都是添加在这个文件中。

Ex_Hello.cpp 文件中，由于 C++兼容 C 语言，所以可以在程序中使用 C 库函数 printf，它是用来进行格式输出。"printf("Hello World!\n");"是将"Hello World!"显示在屏幕上，' \n '是一个转义字符，它表示换行。

1.2.6　退出 Visual C++ 6.0

退出 Visual C++ 6.0 有两种方式：一种是单击主窗口右上角的"关闭"按钮（☒），另一种是选择"文件"→"退出"菜单。

1.3　代码编辑和错误修正

用 Visual C++开发一个 C++程序，事实上可以有 3 种方法：一是用向导创建，然后修改代码；二是在外部创建文件并输入代码，然后调入；三是直接创建并添加，然后编连运行。当然，不管是怎样的开发方式，最终的目的是清除代码中的错误，生成可执行文件。

1.3.1　代码编辑

若将 Ex_Simple2.cpp 文件中的代码进行修改，则可有下列步骤：

① 将项目工作区窗口切换到 ClassView 页面，展开 Ex_Simple2 所有节点。事实上，Ex_Simple2 只有 Globals（全局）节点下包含一个 main 函数节点。

② 双击 main 节点，则在右侧文档窗口中打开 main 函数所在的源文件 Ex_Simple2.cpp，且插入符已移至此函数名的前面，即定位到 main 函数定义处。将代码修改，如图 1.16 所示。

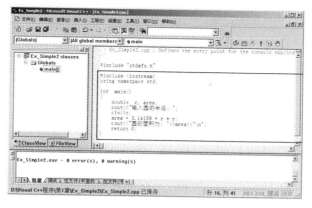

图 1.16　修改 Ex_Simple2.cpp 内容

③　编译并运行。

代码中，流对象 cin 用于标准输入（键盘），并使用提取符"＞＞"将用户键入的内容保存到后面的变量中。cout 是另一个常用流对象，用于标准输出（屏幕），并使用插入符"＜＜"将后面的内容插入到 cout 中，即输出到屏幕上。

1.3.2　修正语法错误

编写的程序代码总会有一些语法错误，这其中包含：
- 　未定义或不合法的标识符，如函数名、变量名和类名等。
- 　数据类型或参数类型及个数不匹配。

例如，将前面的代码不小心写成：

```cpp
#include <iostream>
using namespace std;
int main()
{
    double r, are;
    cout<<"输入圆的半径: ";
    cin>>r;
    area = 3.14159 * r * r;
    cout<<"圆的面积为: "<<area<<\n;
    return 0;
}
```

则上述程序编译后，会在"输出"窗口中列出所有错误项，每个错误都给出其所在的文件名、行号及其错误编号。如图 1.17 所示。

为了能使用户快速定位到错误产生的源代码位置，Visual C++ 6.0 提供下列一些方法：
- 　在"输出"窗口中双击某个错误，或将光标移到该错误处按 Enter 键，则该错误被亮显，状态栏上显示出错误内容，并定位到相应的代码行中，且该代码行最前面有个蓝色箭头标志。
- 　按 F4 键可显示下一错误，并定位到相应的源代码行。
- 　在"输出"窗口中的某个错误项上，右击鼠标，在弹出的快捷菜单中选择"转到错误/标记"命令。

例如，移动"组建"页面窗口的滚动条，使窗口中显示出第一条错误信息"xxx(14) : error C2065: 'area' : undeclared identifier"，其含义是：'area' 是一个未定义的标识，错误发生在第

14 行上。双击该错误提示信息，光标将自动定位在发生该错误的代码行上（参看图 1.17）。

图 1.17　语法错误的显示和定位

将 "double r, are" 中的 "are" 改成 "area"，重新编译后，"组建" 页面窗口给出的第一条错误信息是：

```
xxx (15) : : error C2017: illegal escape sequence
```

指明第 15 行处出现了 "非法的转义序列" 错误。将\n 改为"\n"，单击编译工具条上的运行工具按钮 "!" 或直接按快捷键 Ctrl+F5 运行程序。

可见，验证是否有语法错误，就是看编译完成后是否会出现 "Ex_Simple2.exe - 0 error(s)，0 warning(s)" 的字样。

1.4　常见问题解答

初学者第一次接触 Visual C++6.0 时，往往会遇到以下一些问题：

（1）项目工作区窗口（workspace）不见了？

解答： 可有下列几种措施：

● 检查 "标准" 工具栏上的按钮是否是按下去的状态，若不是，单击它使其按下去。

● 若此时看不到项目工作区窗口，则一定查找屏幕四周是否存在被隐藏的窗口边框，若有拖放到屏幕中来。然后拖动它到开发环境左侧，当出现停泊的细框线时，释放鼠标，则项目工作区窗口停泊到默认的左侧位置。

● 若此时看到了项目工作区窗口，但不在开发环境的左侧位置，则拖放其至默认的左侧位置。

（2）程序编译后，就一直停留在编译状态，死机了？

解答： 可有下列几种措施：

● 一般情况下，出现这种问题只要按一、二次【Ctrl+Break】快捷键后均可中断当前编译。

● 若还无法中断，则可按【Ctrl+Alt+Delete】快捷键，弹出 "Windows 任务管理器"，切换到 "进程" 页面，找到并选中 "MSDEV.EXE" 项，然后单击 结束进程(E) 按钮，强制终止。不用担心开发环境的程序代码会丢失，因为在编译前系统已将所有打开的文件保存。

（3）程序编译后，出现的语法错误太多，怎么办？

解答： 可有下列几种方法：

● 首先要养成 3 种习惯：一要养成用空行、空格、缩进和注释等来提供代码的可读性；

二要养成标识符等的命令规则；许多程序员采用"匈牙利标记法"，即在每个变量名前面加上表示数据类型的小写字符，变量名中每个单词的首字母均大写。例如：用 nWidth 或 iWidth 表示整型（int）变量。三要理解程序思想，尤其是程序中的关键词以及预定义标识，它们都有自身含义，不能拼写错了（从这一点来看，需要有一定的英文基础）。

● 常见的语法错误除前面介绍外，还有一些。例如，双引号、单引号、方括号、圆括号等都是成对出现的。程序中除字符串、注释之外，其余的都应是可见的 ASCII 字符。

● 有的初学者常常会从网站上直接复制一些程序到 Visual C++ 6.0 的文档窗口中来，一旦编译就会出现多个错误。这多数与双字节的中文编码以及看不见的字符有关，因此在复制时一定先复制到记事本中，然后再从记事中复制到文档窗口来。

（4）如何改变控制台窗口属性？

解答： 单击窗口的标题栏最左边的 ，从弹出的菜单中选择"属性"，弹出如图 1.18 所示的属性对话框，从"字体"和"颜色"等页面中可设置控制台窗口显示的界面类型。

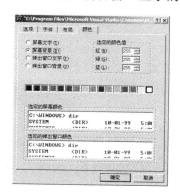

图 1.18　控制台窗口的属性对话框

1.5　实验实训

学习本章后，可按下列内容进行实验实训：

（1）启动和退出 Visual C++ 6.0（SP6），熟悉其开发环境的菜单内容。

（2）用向导创建一个控制台应用项目 Ex_Hello，打开并定位至 main 函数，将函数内容修改为如图 1.19 所示的结果。

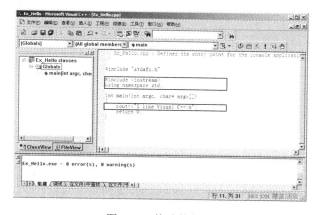

图 1.19　修改的代码

（3）用"定制"对话框方式显示"资源"、"调试"工具栏，然后用快捷菜单方式隐藏它们，使工具栏恢复到默认的界面。

（4）将"标准"工具栏依次向窗口的四周"停泊"，然后恢复到默认的位置。

（5）查看 Ex_Hello 项目的 FileView 页面，看看该项目有哪些文件？

（6）参照【例 Ex_Simple】代码，添加计算和输出圆的周长代码，编译并运行，写出运行结果。

需要说明的是：实验报告一般采用 A4 大小，封面常包含实验目次、实验题目、班级、姓名、学号、日期和机构（学院或系）名称。报告内容一般包括实验目的和要求、实验步骤、实验思考和总结。需要指出的是，实验步骤不是内容的简单重复，而是自己结合实验内容进行探索的过程。当然，教师也可根据具体情况提出新的实验报告格式和新的要求。

思考与练习

1. C++程序的基本组成部分包含哪些内容？其中最主要的、不可缺少的函数是哪一个？
2. C++程序的书写格式有哪些规定？
3. 编写一个简单的程序，输出如下内容：

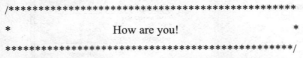
```
/************************************************
*                  How are you!                *
************************************************/
```

4. 除工具栏可以浮动和停泊外，看看还有哪些窗口可以这样操作？
5. 试总结一下创建一个 C++应用程序有哪些方法？你认为哪种方法最适当？

第 2 章

常量、变量和运算

程序的数据必需依附其内存空间方可操作，每个数据在内存中存储的格式以及所占的内存空间的大小取决于它的数据类型。在 C++中，数据可分为变量（对象）或常量两种，是贯穿整个程序及其运算的一种流，依托 C++流的独特机制可对流进行输入和输出操作。

2.1　常量和变量

根据 C++程序中数据的可变性，可将数据分为常量和变量两大类。但为了能精确表征数据在计算机内存中的存储（格式和大小）和操作，C++将数据类型分为基本类型、派生类型以及复合类型三类，后两种类型又可统称为构造类型。如图 2.1 所示。这里，先来介绍 C++的基本类型，其他类型在以后的章节中陆续介绍。

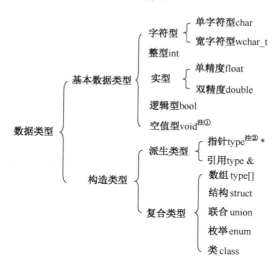

注：①void是空值型，用于描述没有返回值的函数以及通用指针类型。
②图中的type是指任意一个C++合法的数据类型。

图 2.1　C++的数据类型

2.1.1　基本数据类型

基本数据类型是 C++系统内部预定义的数据类型，包括字符型、整型、实型、逻辑型和空值型等（本书以 32 位系统为例）。表 2.1 还列出 C++各种基本数据的类型、字宽（以字节数为单位）和范围，它们是根据 ANSI/ISO 标准而定的。

表 2.1　C++的基本数据类型

类 型 名	类 型 描 述	字 宽	范 围
bool	布尔型	1	false(0)或 true(1)
char	单字符型	1	-128～127
unsigned char	无符号字符型	1	0～255(0xff)
signed char	有符号字符型	1	-128～127
wchar_t	宽字符型	2	视系统而定
short [int]	短整型	2	-32768～32767
unsigned short [int]	无符号短整型	2	0～65535(0xffff)
signed short [int]	有符号短整型（与 short int 相同）	2	-32768～32767
int	整型	4	-2147483648～2147483647
unsigned [int]	无符号整型	4	0～4294967295(0xffffffff)
signed [int]	有符号整型（与 int 相同）	4	-2147483648～2147483647
long [int]	长整型	4	-2147483648～2147483647
unsigned long [int]	无符号长整型	4	0~4294967295(0xffffffff)
signed long [int]	有符号长整型（与 long int 相同）	4	-2147483648～2147483647
float	单精度实型	4	7 位有效位
double	双精度实型	8	15 位有效位
long double	长双精度实型	10	19 位有效位，视系统而定

注：①此表的字宽和范围是 32 位系统的结果，若在 16 位系统中，则 int、signed int、unsigned int 的字宽为 2 个字节，其余相同。
②出现[int]可以省略，即在 int 之前有 signed、unsigned、short、long 时，可以省略 int 关键字。

1. 整型

C++中，用于基本整型定义的关键字是 int，它表示该类型的整数（二进制码）是用 4 个字节来存储的。为了更好地控制整数的范围和存储空间，C++还用 short（短型）、long（长型）、signed（有符号）和 unsigned（无符号）来区分：

（1）当 short 修饰 int 时，称为**短整型**，写成 short int 或 **short**，使用 2 个字节来存储。当 long 修饰 int 时，称为长整型，写成 long int 或 long，使用 4 个字节来存储。

（2）默认时 short、int 和 long 都是有符号（signed）的，所以 signed 可以省略。但当用 unsigned 修饰它们时，则强制使其符号位（最高位）作为数据位，这样一来，所表示的整数的最小值是 0，即只能表示正整数。例如，unsigned short 表示的整数范围是 0~65535。

需要说明的是：在 C++中，unsigned int 可省略为 unsigned，而 signed int 既可省略为 int，也可省略为 signed。

2. 实型

实型又可称为浮点型，它的类型有：float、double 和 long double。float 是单精度实型，用 4 字节来表示，有效位数为 7 位。double 是双精度实型，用 8 字节来表示，有效位数为 15 位。long double 长双精度实型，可用 8 字节、10 字节或 16 字节来表示，具体位长取决于 C++ 编译器对其支持情况（Visual C++ 6.0 将 long double 浮点型用 8 字节 64 位来存储）。

3. 字符型

在 ANSI/ISO C++中，char 字符类型用于表示 ASCII 编码的字符，它的类型有：char、unsigned char 和 signed char。一般来说，unsigned char 可看成是 0~255 的正整数，signed char 可看成是-128~127 的小整数。而若用 char 存储字符时，则不需要任何修饰。

需要说明的是，对于没有任何修饰的 char 来说，默认时它既不是有符号也不是无符号，这取决于编译器对他的处理方式。事实上，大多数编译器，如 Visual C++等，均将 char 默认为 signed char。

4. 布尔型

ANSI/ISO C++添加一种新的无修饰的数据类型 bool，称为**布尔型**，它只占 1 个字节的存储空间，用来表示 false 和 true 两个常量值。不过，若将 false 和 true 转换成 int 时，false 则表示 0，true 则表示 1。事实上，在程序中，任何数值都可自动转换成 bool 值，即 0 可被转换成 false，而任何不等于 0 的数值都被转换成 true。

2.1.2 字面常量

在 C++程序运行过程中，其值始终保持不变的数据称为常量。常量可分字面常量和标识符常量两类。所谓字面常量，是指能直接从其字面形式即可判别其类型的常量，又称直接量。如 1、20、0、-6 为整数，1.2、-3.5 为实数，'a'、'b' 为字符，"C++语言"为字符串，true 和 false 为布尔常量，等等。而标识符常量是用标识符（后面还要讨论）来说明的常量，如 const 修饰的只读变量等。

1. 整数常量

当整数用八进制表示时，则应在数值前加 0。如 045，即$(45)_8$，表示八进制数 45，等于十进制的 37；而当用十六进制来表示时，则应在数值（由 0~9、A~F 或 a~f 组成）前加 0x 或 0X，如 0x7B，即$(7B)_{16}$，等于十进制的 123，-0X1a 等于十进制的-26。

整数后面还可以有后缀：L（l）表示长整型（long）整数，如 78L、496l、0X23L、023l 等；U（u）表示无符号（unsigned）整数，如 2100U、6u、0X91U、023u 等；U（u）和 L（l）的组合（lu、ul 均可）表示无符号长整型（unsigned long）整数，如 23UL、23uL 等。默认时，一个整数没有后缀，则可能是 int 或 long 类型，这取决该整数的大小。

2. 实数常量

实数即浮点数，它有十进制数和指数两种表示形式。当为十进制数形式时，必须要有小数点。如 0.12、.12、1.2、12.0、12.、0.0 等。当用指数形式来表示时，需在指数前加 E（或 e），且字母 E（或 e）前必须有数字，例如 1.2e9 或 1.2E9 都表示1.2×10^9。

实数后面可以有后缀 F（或 f）、L（l），分别表示 float 和 long double 类型。如 1.2f、1.2L 等。默认时，若一个实数没有任何后缀，则表示双精度浮点数（double）。

3. 字符常量

在 C++中，用单引号将其括起来的字符称为字符常量。如 'B'、'b'、'%'、'␣' 等都是合法的字符，但若只有一对单引号 '' 则是不合法的，因为 C++不支持空字符常量。注意 'B' 和 'b' 是两个不同的字符。

本书约定：由于阅读时，书中的空格难以看出，故用符号␣表示一个空格。

C++还可以用 "\" 开头的字符序列来表示特殊形式的字符，称为**转义字符**。例如在以前程序中的 '\n'，它代表回车换行，即相当于按【Enter】键，而不是表示字母 n。表 2.2 列出了常用的转义序列符。

需要说明的是：当 "\" 后接数字时，用来指定字符的 ASCII 码值。默认时，码值为八进制，此时可以是 1 位、2 位或 3 位。若为十六进制，则需在码值前面加上 **X** 或 **x**，此时可以是 1 位或多位。例如：'\101'和'\x41'都是表示字符'A'。若为'\0'，则表示 ASCII 码值为 0 的字符。

注意：ANSI/ISO C++中由于允许出现多字节编码的字符，因此对于 "\x" 或 "\X" 后接的 16 进制的数字位数已不再限制。

表 2.2　C++中常用转义序列符

字 符 形 式	含 义	ASCII 码值
\b	退格（相当于按 Backspace 健）（BS）	08H
\n	换行（相当于按 Enter 键）（CR、LF）	0DH、0AH
\r	回车（CR）	0DH
\t	水平制表（相当于按 Tab 键）（HT）	09H
\'	单引号	27H
\"	双引号	22H
\\	反斜杠	5CH
\?	问号	3FH
\ooo	用 1 位、2 位或 3 位八制数表示的字符	$(ooo)_8$
\xhh	用 1 位或多位十六制数表示的字符	hhH

4．字符串常量[*]

字符串常量是一对双引号括起来的字符序列，简称为**字符串**。字符串常量中除一般字符外，还可以包含空格、转义序列符或其它字符（如汉字）等。例如：

```
"Hello, World!\n"
"C++语言"
```

等等都是合法的字符串常量。字符串常量的字符个数称为**字符串长度**。若只有一对双引号""，则这样的字符串常量的长度为 0，称为**空字符串**。

字符串常量应尽量在同一行书写，若一行写不下，可用"\"来连接，例如：

```
"ABCD \
EFGHIGK..."
```

需要说明的是，C++在将字符串的字符依次存放在内存空间后，还会在其后存入一个'\0'字符，称为字符串的结束符。这与字符常量有着下列的根本区别：

（1）字符常量用单引号括起来的，仅占 1 个字节；而字符串常量是用双引号括起来的，至少需要 2 个字节（但空字符串除外，它只需 1 个字节）。例如：字符串"a"的字符个数为 1，即长度为 1，但它所需要的字节大小不是 1 而是 2，因为除了字符 a 需要 1 个字节外，字符串结束符'\0'还需 1 个字节。

（2）内存中，字符是以 ASCII 码值来存储的，因此可将字符看作是整型常量的特殊形式，它可以参与常用的算术运算，而字符串常量则不能。例如：

int　b = 'a' + 3;　　　　　　// 结果 b 为 100，这是因为将'a'的 ASCII 码值 97 参与运算

2.1.3　变量及其命名规则

变量的本质是"对应"于某个内存空间，它有 3 个基本要素：C++合法的变量名、变量的数据类型和变量的数值。

1．变量名命名

变量名须用标识符来标识，即给变量命名。所谓标识符，是用来标识某个名称的有效字

---

[*] 书中表示字符串的一对双引号""是汉字字符，在程序代码中是没有的，它们均用"来表示；类似的，一对单引号'' 在程序代码中是均用'表示的。注意不要在程序代码中误用这些汉字字符。

符序列。命名时要注意其合法性、有效性和易读性。

（1）合法性。C++规定标识符须由大小写字母、数字字符（0~9）和下划线组成，且第一个字符必须为字母或下划线。任何标识符中都不能有空格、标点符号及其它字符，且不能和系统的关键字同名。所谓关键字，它由系统内部定义的，是具有特殊含义和用途的标识符，程序中不能另作他用。以下是 63 个 ANSI/ISO C++标准关键字：

Asm	auto	bool	break	case	catch	char
class	const	const_cast	continue	default	delete	do
double	dynamic_cast	else	enum	explicit	export	extern
False	float	for	frient	goto	if	inline
Int	long	mutable	namespace	new	operator	private
protected	public	register	reinterpret_cast	return	short	signed
sizeof	static	static_cast	struct	switch	template	this
throw	true	try	typedef	typeid	typename	union
unsigned	using	virtual	void	volatile	wchar_t	while

特别要注意：C++中标识符的大小写是有区别的。例如，data、Data、DaTa、DATA 等都是不同的标识符。尽管如此，也不要将 2 个标识符定义成字母相同、大小写不同的标识符。

（2）有效性。因为有的编译系统只能识别前 32 个字符。因此，虽然标识符的长度（组成标识符的字符个数）是任意的，但最好不能超过 32 个。

（3）易读性。在定义标识符时，若能做到"见名知意"就可达到易读性的目的。

2. 变量定义

在使用一个变量前必须先要通知编译系统为其开辟内存空间，即定义这个变量。C++中，变量定义格式如下：

```
<数据类型>  <变量名1>[ ，  <变量名2>，…];
```

本书约定：凡格式中出现的尖括号 "< >"，表示括号中的内容是必需指定，若为方括号 "[ ]"，则括号中的内容是可选的。

其中，数据类型是告诉编译系统要为变量分配多少字节的内存空间，以及存取的是什么类型的数据。例如：

```
double   x;              // 双精度实型变量
float    y;              // 单精度实型变量
int      nNum;           // 整型变量
```

这样，x 占用了 8 个字节连续的内存空间，存取的数据类型是 double 型，称之为双精度实型变量。y 占用了 4 个字节连续的内存空间，存取的数据类型是 float 型，称之为单精度实型变量。而 nNum 也占用了 4 个字节的存储空间，但其存取的数据类型是 int 型，称之为整型变量。若多个变量是相同类型，为使代码简洁，可将它们定义在一行语句，并用逗号（,）隔开（逗号前后可以有 0 个或多个空格）。例如：

```
int nNum1, nNum2, nNum3;
```

注意：只有最后一个变量 nNum3 的后面才有分号。需要说明的是：

（1）除了上述整型变量、实型变量外，还可有字符型变量，即用 char 定义的变量。这些都是基本数据类型变量。实际上，只要是合法的 C++数据类型，均可以用来定义变量。例如：

```
unsigned short  x,  y,  z;        // 无符号短整型变量
long double     pi;               // 长双精度实型变量
```

（2）在同一个作用域（以后会讨论）中，不能对同一个变量重新定义。或者说，在同一

个作用域中，不能有 2 个或以上的相同的变量名。例如：

```
float     x, y, z;                          // 单精度实型变量
int       x;                                // 错误，变量 x 重复定义
float     y;                                // 错误，变量 y 重复定义
```

（3）C++变量满足即用即定义的编程习惯，也就是说变量定义的位置可以不必固定，比较自由，但一定要遵循"先定义后使用"的原则。例如：

```
int       x;
x = 8;
int       y;                                // 即用即定义
cout<<z<<endl;                              // 错误，z 还没有定义
```

3. 变量赋值和初始化

当首次引用一个变量时，变量必须要有一个确定的值，这个值就是变量的**初值**。在 C++中，可用下列方法给变量赋初值。

（1）在变量定义后，使用赋值语句来赋初值。如下列的代码，使得 x 和 y 初值都设为 8：

```
int       x, y;
x = 8;                                      // 给 x 赋值
y = x;                                      // 将 x 的值赋给 y
```

（2）在变量定义的同时赋给变量初值，这一过程称为**变量初始化**。例如：

```
int       nNum1 = 3;                        // 指定 nNum1 为整型变量，初值为 3
double    x = 1.28;                         // 指定 x 为双精度实变量，初值为 1.28
char      c = 'G';                          // 指定 c 为字符变量，初值为'G'
```

（3）也可以在多个变量的定义语句中单独对某个变量进行初始化，如：

```
int       nNum1, nNum2 = 3, nNum3;
```

表示 nNum1、nNum2、nNum3 为整型变量，但只有 nNum2 的初值为 3。

（4）在 C++中，变量的初始化还有另外一种形式，例如：

```
int       nX(1), nY(3), nZ;
```

表示 nX、nY 和 nZ 都是整型变量，其中紧随 nX 和 nY 后面的括号中的数值 1 和 3 分别为 nX 和 nY 的初值。

注意： 一个没有初值的变量并不表示它所在的内存空间没有数值，而是取决于编译为其开辟内存空间时的处理方式，它可能是系统默认值或是该内存空间以前操作后留下来的无效值。

2.1.4 标识符常量

标识符常量，有时又称为符号常量，它是用一个标识符来代替一个数值。同变量相似，标识符常量在使用前需要先作声明或定义。在 C++中，标识符常量可以有 const 修饰的只读变量、#define 定义的常量及 enum 类型的枚举常量等三种形式。

1. const 只读变量

在变量定义时，当用关键字 const 来修饰时，则这样的变量是只读的，即在程序中对其只能读取不能修改。由于不可修改，因而在定义时必须初始化。需要说明的是，通常将标识符常量中的标识符写成大写字母以与其他标识符相区别。例如：

```
const float  PI = 3.14159265f;              // 指定 f 使其类型相同，否则会有警告错误
```

PI（π）被定义成一个 float 类型的只读变量，由于 float 变量只能存储 7 位有效位精度的实数，因此 PI 的实际值为 3.141592。若将 PI 定义成 double，则全部接受上述数字。事实上，const 还可放在类型名之后，如下列语句：

```
double const  PI = 3.14159265;
```

这样，就可在程序中使用 PI 这个标识符常量来代替 π（3.14159265）值。例如：

【例 Ex_PI】用 const 定义标识符常量

```
#include <iostream>
using namespace std;
const  double  PI = 3.14159265;              // PI 是一个只读变量
int  main()
{
    double r = 100.0, area;
    area = PI * r * r;                       // 引用 PI
    cout<<"圆的面积是: "<<area<< "\n";
    return 0;                                // 指定返回值
}
```

程序运行的结果如下：

圆的面积是：31415.9

2. #define 标识符常量

在 C++中，为了保持与 C 语言的兼容，允许程序用编译预处理指令#define 来定义一个标识符常量。例如：

```
#define   PI  3.14159265
```

这条指令的格式是#define 后面跟一个标识符再跟一串字符，中间用空格隔开。由于它不是 C++语句，因此行尾没有分号。

在程序编译时，编译系统首先将程序中的 PI 用 3.14159265 来替换，然后再进行代码编译，故将#define 称为编译预处理指令。

显然，#define 定义的常量不是真正的标识符常量，因为在编译预处理完成后，标识符 PI 的生命期也就结束了，不再属于程序中的元素名称。而且，标识符后面的内容实际上是一个字符串，编译系统本身不会对其进行任何语法检查，仅仅是用来在程序中作与标识符的简单替换。例如，若有：

```
#define   PI  3.141MNP+59
```

虽是一个合法的定义，但它此时已经失去了一个标识符常量的作用。正因为如此，在 C++编程中，标识符常量都是用 const 来定义，而不使用#define。

3. 枚举常量

枚举常量是在由关键字 enum 指定的枚举类型中定义的。枚举类型是属于构造类型，它是一系列的有标识符的整型常量的集合，因此枚举常量实质上是整型标识符常量。

定义时，先写关键字 enum，然后是要定义的枚举类型名、一对花括号（{}），最后以分号结尾。enum 和类型名之间至少要有一个空格，花括号里面是指定的各个枚举常量名，各枚举常量名之间要用逗号分隔。即如下列格式：

```
enum  <枚举类型名> {<枚举常量1, 枚举常量2, …>};
```

例如：

```
enum COLORS { Black,  Red,  Green,  Blue,  White };
```

其中 COLORS 是要定义的枚举类型名，通常将枚举类型名写成大写字母以与其他标识符相区别。它有 5 个枚举常量（又称**枚举值**、**枚举元素**）。默认时，系统为每一个枚举常量都对应一个整数，并从 0 开始，逐个增 1，也就是说枚举常量 Black 等于 0，Red 等于 1，Green 等于 2，依此类推。

当然，这些枚举常量默认的值可单独重新指定，也可部分指定，例如：

```
enum COLORS { Black = 5,  Red,  Green = 3,  Blue,  White = 7 };
```

由于 Red 没有赋值，则其值自动为前一个枚举常量值增 1，即为 6。同样，Blue 为 4，这样各枚举常量的值依次为 5，6，3，4，7。以后就可直接使用这些枚举常量了，例如：

```
int n = Red;                          // n 的初值为 6
cout << Blue + White <<endl;          // 输出 11
```

事实上，如果在程序中不需要用枚举类型定义一个变量，则在枚举定义时可不指定枚举类型名。例如：

```
enum { Black = 5, Red, Green = 3, Blue, White = 7 };
```

显然，用 enum 一次可以定义多个标识符常量，不像 const 和#define 每次只能定义一个。再比如，若在程序中使用 TRUE 来表示 true，FALSE 来表示 false，则可定义为：

```
enum { FALSE, TRUE };                 // 或 enum { TRUE = true, FALSE = false };
```

2.2　运算

和其它的程序设计语言一样，C++记述运算的符号称为运算符（或称操作符），运算符的运算对象（变量、常量等）称为操作数。对一个操作数运算的运算符称为单目（一元）运算符，如 ~a 中的"~"是单目"按位取反"运算符；对二个操作数运算的运算符称为双目（二元）运算符，如 3+5 中的"+"是 C++双目"算术加"运算符；对三个操作数运算的运算符称为三目（三元）运算符，如 x?a:b 中的"?:"是三目"条件"运算符，等。由运算符和操作数形成的式子称为表达式，一个合法的表达式经过计算应有一个确定的值和类型。

2.2.1　算术运算

数学中，算术运算包括加、减、乘、除、乘方及开方等。在 C++中，算术运算符可以实现这些数学运算。但乘方和开方没有专门的运算符，它们一般是通过 pow（幂）、sqrt（平方根）等库函数来实现的，这些库函数是在头文件 cmath（C 语言为 math.h 中定义。

C++算术运算符有：双目的加减乘除四则运算符、求余运算符以及单目的正负运算符。如下所示：

```
+       正号运算符，如+4,+1.22 等
-       负号运算符，如-4,-1.22 等
*       乘法运算符，如 6*8,1.4*3.56 等
/       除法运算符，如 6/8,1.4/3.56 等
%       模运算符或求余运算符，如 40%11 等
+       加法运算符，如 6+8,1.4+3.56 等
-       减法运算符，如 6-8,1.4-3.56 等
```

由操作数和算术运算符构成的算术表达式常用于数值运算，与数学中的代数表达式相对应。一般来说，C++中算术运算符和数学运算的概念及运算方法是一致的，但要注意以下几点。

（1）除法运算。两个整数相除，结果为整数，如 7/5 的结果为 1，它是将小数部分去掉，而不是四舍五入；若除数和被除数中有一个是实数，则进行实数除法，结果是实型。如 7/5.0、7.0/5、7.0/5.0 的结果都是 1.4。

（2）求余运算。求余运算要求参与运算的两个操作数都是整型，其结果是两个数相除的余数。例如 40%5 的结果是 0，40%11 的结果是 7。要理解负值的求余运算，例如 40%-11 结果是 7，-40%11 结果是-7，-40%-11 结果也是-7。

2.2.2 赋值运算

前面已经遇到过一些赋值操作的示例。在 C++中，赋值运算是使用赋值符"="来操作的，它是一个使用最多的双目运算符，结合性从右到左，其作用是将赋值符右边操作数的值存储到左边的操作数所在的内存空间中，显然，左边的操作数应是一个具有存储空间的变量。

需要说明的是，每一个合法的表达式在求值后都有一个确定的值和类型。赋值表达式的值和类型就是赋值符左边操作数的值和类型。例如对 double 变量 fTemp 的赋值表达式"fTemp = 18"完成后，该赋值表达式的类型是 double，表达式的值经类型转换后变成 18.0，这种转换是类型自动转换（后面讨论）。

这里先来讨论左值和右值、复合赋值与多重赋值的问题。

1. 左值和右值

那么，什么是"左值"呢？简单来说，出现在运算符左边（Left，左）的操作数称为左值（L-Value, L 是 Left 的首字母），但它还必须满足下列 2 个条件：

（1）必须对应于一块内存空间。

（2）所对应的内存空间的内容必须可以改变，也就是说左值的值必须可以改变。

例如，若有：

```
const double PI = 0;
PI = 3.14159265;                        // 错误：PI 不是一个左值
```

则由于 const 限制了 PI 内容不可修改，所以 PI 不能做左值。

与左值相对的是**右值**，是出现在运算符右边的操作数，它可以是函数、常量、变量以及表达式等，但右边的操作数必须可以进行取值操作或有具体的值。

2. 复合赋值

在 C++中，规定了下列 10 种复合赋值运算符：

+=	加赋值	&=	位与赋值
-=	减赋值	|=	位或赋值
*=	乘赋值	^=	位异或赋值
/=	除赋值	<<=	左移位赋值
%=	求余赋值	>>=	右移位赋值

它们都是在赋值符"="之前加上其它运算符而构成的，其中的算术复合赋值运算符的含义如表 2.3 所示，其他复合赋值运算符的含义均与其相似。

表 2.3　复合赋值运算符

运　算　符	含　义	例　子	等　效　表　示
+=	加赋值	a += b	a = a + b
-=	减赋值	a -= b	a = a - b
*=	乘赋值	a *= b	a = a * b
/=	除赋值	a /= b	a = a / b
%=	求余赋值	nNum %= 8	nNum = nNum % 8

尽管复合赋值运算符看起来有些古怪，但它们却能简化代码，使程序精练，更主要的是在编译时能产生高效的执行代码。需要说明的是：

（1）在复合赋值运算符之间不能有空格，例如 += 不能写成 +␣= ，否则编译将提示出错信息。

（2）复合运算符的优先级和赋值符的优先级一样，在 C++的所有运算符中只高于逗号运算符，而且复合赋值运算符的结合性也和赋值符一样，也是从右至左。因此，在组成复杂的表达式时要特别小心。例如：

```
a *= b - 4/c + d
```

等效于

```
a = a * ( b - 4/c + d)
```

而不等效于

```
a = a * b - 4/c + d
```

3．多重赋值

所谓多重赋值是指在一个赋值表达式中出现两个或更多的赋值符"＝"，例如：

nNum1 = nNum2 = nNum3 = 100   // 若结尾有分号"；"，则表示是一条语句

由于赋值符的结合性是从右至左的，因此上述的赋值是这样的过程：首先对赋值表达式 nNum3 = 100 求值，即将 100 赋值给 nNum3，同时该赋值表达式的结果是其左值 nNum3，值为 100；然后将 nNum3 的值赋给 nNum2，这是第二个赋值表达式，该赋值表达式的结果是其左值 nNum2，值也为 100；最后将 nNum2 的值赋给 nNum1，整个表达式的结果是左值 nNum1。

由于赋值是一个表达式，因而几乎可以出现在程序的任何地方，由于赋值运算符的等级比较低，因此这时的赋值表达式两边应要加上圆括号。例如：

```
a = 7 + (b = 8)                // 赋值表达式值为15，a 值为15，b 值为8
a = (c = 7) + ( b = 8)         // 赋值表达式值为15，a 值为15，c 值为7，b 值为8
( a = 6 ) = (c = 7) + ( b = 8) // 赋值表达式值为15，a 值为15，c 值为7，b 值为8
```

要注意上面最后一个表达式的运算次序：由于圆括号运算符的优先级在该表达式中是最高的，因此先运算(a = 6)、(c = 7)和(b = 8)，究竟这 3 个表达式谁先运算，取决于编译系统。由于这 3 个表达式都是赋值表达式，其结果分别为它们的左值 a、c 和 b，因此整个表达式等效于 a = c + b，结果为 a=15、b=8、c=7，整个表达式的结果是左值 a。

2.2.3　数据类型转换

在进行运算时，往往要遇到混合数据类型的运算问题。例如一个整数和一个实数相加就是一个混合数据类型的运算。C++采用两种方法对数据类型进行转换，一种是自动转换，另一种是强制转换。

1．自动转换

自动转换是将数据类型从低到高的顺序自动进行转换，如图 2.2 所示，箭头的方向表示转换的方向。由于这种转换不会丢失有效的数据位，因而是安全的。

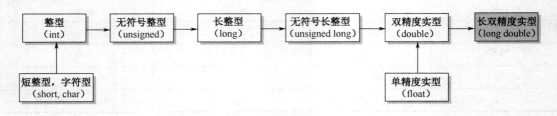

图 2.2　数据类型转换的顺序

2．强制转换

强制转换是在程序中通过指定数据类型来改变图 2.2 所示的类型转换顺序，将一个变量

从其定义的类型改变成为另一种不同的类型。由于这种转换可能会丢失有效的数据位，因而是不安全的。在强制转换操作时，C++有下列两种基本格式：

```
(<类型名>)<表达式>
<类型名>(<表达式>)
```

这里的类型名是任何合法的 C++数据类型，例如 float、int 等。通过类型的强制转换可以将表达式（含常量、变量等）转换成类型名指定的类型，例如：

```
double  f = 3.56;
int  nNum;
nNum = (int)f;                      // 强制使 double 转换成 int，小数部分被截去
```
或者
```
nNum = int(f);                      // 或者 nNum = (int)(f);
```

都是将使 nNum 的值变为 3。需要注意的是，当对一个表达式进行强制转换时，需将表达式用圆括号括起来。例如，(int)(x+y)是将表达式(x+y)转换为 int 型，若为(int)x+y，则是将 x 转换为 int 型后再与 y 相加，表达式最后的类型是否是 int 型还取决于 y 数据类型。

2.2.4 自增和自减

单目运算符自增（++）和自减（--）为左值加 1 或减 1 提供一种非常有效的方法。++和--既可放在左值的左边也可以出现在左值的右边，分别称为前缀运算符和后缀运算符。这里的左值可以是变量或结果为左值的表达式等，但不能是常量或其它右值。例如：

```
int  i = 5;
i++;                                // 合法：后缀自增，等效于 i = i + 1; 或 i += 1;
++i;                                // 合法：前缀自增，等效于 i = i + 1; 或 i += 1;
i--;                                // 合法：后缀自减，等效于 i = i - 1; 或 i -= 1;
--i;                                // 合法：前缀自减，等效于 i = i - 1; 或 i -= 1;
5++; 或 ++5;                        // 错误：5 是常量，不能作左值
(i+1)++; 或++(i+1);                 // 错误：i+1 是一个右值表达式
float f1, f2 = 3.0f;
f1 = f2++;                          // 合法：f1 的值为 3.0f，f2 的值为 4.0f
(f1 = 5.0f)++;                      // 合法：f1 = 5.0f 表达式的结果是 f1，可作为左值
```

若前缀运算符和后缀运算符仅用于某个变量的增 1 和减 1，则这两者是等价的。例如，若 a 的初值为 5，a++和++a 都是使 a 变成 6。但如果将这两个运算符和其它的运算符组合在一起，在求值次序上就会产生根本的不同：

● 如果用前缀运算符对一个变量增 1（减 1），则在将该变量增 1（减 1）后，用新的值在表达式中进行其它的运算。

● 如果用后缀运算符对一个变量增 1（减 1），则用该变量的原值在表达式进行其它的运算后，再将该变量增 1（减 1）。例如：

```
a = 5;  b = ++a;                    // A：相当于 a = a + 1;  b = a;
```
和
```
a = 5;  b = a++;                    // B：相当于 b = a;  a = a + 1;
```

运行后，a 值的结果都是 6，但 b 的结果却不一样，前者（a）为 6，后者（b）为 5。

2.2.5 sizeof 运算符

sizeof 的目的是返回操作数所占的内存空间大小（字节数），它具有下列两种格式：

```
sizeof(<表达式>)
sizeof(<数据类型>)
```

例如：

```
sizeof("Hello")                    // 计算"Hello"所占内存的字节大小，结果为 6
sizeof(int)                        // 计算整型 int 所占内存的字节数
```

事实上，由于同一类型的操作数在不同的计算机中占用的存储字节数可能不同，因此 sizeof 的结果有可能不一样。例如 sizeof(int)的值可能是 4，也可能是 2。

2.2.6 逗号运算符

逗号运算符"，"是优先级最低的运算符，它用于把多个表达式连接起来，构成一个逗号表达式。逗号表达式的一般形式为：

表达式 1，表达式 2，表达式 3，…，表达式 n

在计算时，C++将从左至右逐个计算每个表达式，最终整个表达式的结果是最后计算的那个表达式的类型和值，即表达式 n 的类型和值。例如：

```
a = 1, b = a + 2, c = b + 3
```

该表达式依次从左至右计算，最后的类型和值为最后一个表达式"c = b + 3"的类型和值，结果为左值 c（c 值为 6）。

要注意逗号运算符"，"的优先级是最低的，必要时要注意加上圆括号，以使逗号表达式的运算次序先于其他表达式。例如：

```
j = ( i = 12 , i + 8 )
```

则整个表达式可解释为一个赋值表达式。圆括号中，i = 12 , i + 8 是逗号表达式，计算次序是先计算表达式 i = 12，然后再计算 i + 8。整个表达式的类型和值是 j 的类型和值（为 20）。若不加上圆括号，则含义完全不一样。试比较：

```
j = i = 12 , i + 8
```

显然，此时整个表达式可解释为是一个逗号表达式，整个表达式的类型和值取决于 i+8 的类型和值。

2.2.7 位运算符

位运算符是对操作数按其在计算机内表示的二进制数逐位地进行逻辑运算或移位运算，参与运算的操作数只能是整型常量或整型变量。C++语言提供了 6 种位运算符：

```
~          按位求反，单目运算符
&          按位与，双目运算符
^          按位异或，双目运算符
|          按位或，双目运算符
<<         左移，双目运算符
>>         右移，双目运算符
```

按位求反"~"是将一个二进制数的每一位求反，即 0 变成 1，1 变成 0。

按位与"&"是将两个操作数对应的每个二进制位分别进行逻辑与操作。

按位或"|"是将两个操作数对应的每个二进制位分别进行逻辑或操作。

按位异或"^"是将两个操作数对应的每个二进制位分别进行异或操作，相同为 0，不同为 1。

左移"<<"（两个<符号连写）是将左操作数的二进制值向左移动指定的位数，它具有下列格式：

操作数<<移位的位数

左移后，低位补 0，移出的高位舍弃。例如：表达式 4<<2 的结果是 16（二进制为 00010000），

其中 4 是操作数，二进制为 00000100，2 是左移的位数。

右移">>"（两个>符号连写）是将左操作数的二进制值向右移动指定的位数，它的操作格式与"左移"相似，即具有下列格式：

操作数>>移位的位数

右移后，移出的低位舍弃。如果是无符号数则高位补 0；如果是有符号数，则高位补符号位（补 1）或补 0，不同的编译系统对此有不同的处理方法，Visual C++ 6.0 采用的是补符号位（补 1）的方法。例如：

(-8)>>2

由于-8（16 位）的二进制补码是 1111 1111 1111 1000，当右移 2 位后变成 **11**11 1111 1111 1110，这是 -2 的二进制补码，故该表达式的结果为 -2。补码的求法很简单：正数补码即原码；负数的补码是将其对应原码的各位（除符号位外）按位求反，然后加 1。

需要说明的是，由于左移和右移运算速度比较快，因此在许多场合下用来替代乘和除以 2 的 n 次方运算，n 为移位的位数。

2.2.8 优先级和结合性

C++将表达式的求值中多种运算之间的先后关系用运算符的优先级表示，优先级的数值越小优先级越高，如表 2.4 所示。

表 2.4　C++常用运算符一览表[*]

优 先 级	运 算 符	描　　述	目　　数	结 合 性
1	::	作用域（作用范围）运算符		
2	( )	圆括号	单目、双目	从左至右
	[ ]	数组（下标运算符）		
	• , ->	成员运算符		
	++, --	后缀自增，后缀自减运算符		
3	++, --	前缀自增，前缀自减运算符	单目	从右至左
	&	取对象的指针		
	*	引用对象的内存空间		
	!	逻辑非		
	~	按位求反		
	+, -	正号运算符，负号运算符		
	(类型)	强制类型转换		
	sizeof	返回操作数的字节大小		
	new delete	动态存储分配		
4	.*, ->*	成员指针运算符	双目	从左至右
5	* / %	乘法，除法，取余		
6	+ -	加法，减法		
7	<< >>	左移位，右移位		
8	< <= > >=	小于，小于等于，大于，大于等于		

---

[*]为便于记忆和教学，可用这样几句话来描述常用运算符的优先级（从高到低）："域符运算级最高，成员下标圆括号；自增自减后缀先，单目乘除余加减；左移右移关系紧，位与位或异或间；逻辑与或与为前，条件赋值逗号填。"

优 先 级	运 算 符	描 述	目 数	结 合 性
9	== !=	相等于，不等于	双目	从左至右
10	&	按位与		
11	^	按位异或		
12	|	按位或		
13	&&	逻辑与		
14	||	逻辑或		
15	?:	条件运算符	三目运算符	从右至左
16	= += -= *= /= %= &= ^= |= <<= >>=	赋值运算符	双目	从右至左
17	,	逗号运算符		从左至右

从表中可以看出：在算术运算符中，单目运算符的优先级最高，其次是乘、除和求余，最后是加减。所以说，在一个包含多种算术运算的混合运算中，先乘除后加减的运算规则是由运算符的优先级来保证的。

优先级相同的运算符，则按它们的结合性进行处理。所谓运算符的结合性是指运算符和操作数的结合方式，它有从左至右和从右至左两种。

从左至右的结合是指运算符左边的操作数先与运算符相结合，再与运算符右边的操作数进行运算；而自右至左的结合次序刚好相反，它是将运算符右边的操作数先与运算符相结合。在算术运算符中，除单目运算符外，其余算术运算符的结合性都是从左至右。

事实上，只有当两个同级运算符共用一个操作数时，结合性才会起作用。例如：2*3 + 4*5，则 2*3 和 4*5 不会按其结合性来运算，究竟是先计算 2*3 还是 4*5 是由编译器来决定。若有：2*3*4，则因为两个"*"运算符共用一个操作数 3，因此按其结合性来运算，即先计算 2*3，然后再与 4 进行"*"运算。

2.3 基本输入输出

在 C++中，输入输出操作是由"流"来处理的。所谓流，它是 C++的一个核心概念，数据从一个位置到另一个位置的流动抽象为"流"。当数据从键盘流入到程序中时，这样的流称为输入流，而当数据从程序中流向屏幕或磁盘文件时，这样的流称为输出流。当流被建立后就可以使用一些特定的操作从流中获取数据或向流中添加数据。从流中获取数据的操作称为"提取"操作，向流中添加数据的操作称为"插入"操作。

为了方便用户对基本输入输出流进行操作，C++提供了四个标准流对象：cin、cout、cerr和 clog，它们都是在库文件 iostream 中预定义，使用时要在程序中添加其头文件包含指令。其中，cin 用来处理标准输入，即键盘输入。cout 用来处理标准输出，即屏幕输出。cerr 和 clog都是用来处理标准出错信息，并将信息显示在屏幕上。

通过使用提取运算符">>"和插入运算符"<<"可向标准流进行输入输出操作，这里先来讨论 cin 和 cout 的用法。

2.3.1　输入流(cin)

cin 可以获得多个键盘的输入值，它具有下列格式：

```
cin>> <对象1 > [>> <对象2> ...];
```

其中，提取运算符"＞＞"可以连续写多个，每个提取运算符后面跟一个获得输入值的变量或对象。例如：

```
int  nNum1, nNum2, nNum3;
cin>>nNum1>>nNum2>>nNum3;
```

要求用户从键盘上输入三个整数。输入时，必须在 3 个数值之间加上一些空格来分隔，空格的个数不限，最后用回车键结束输入；或者在每个数值之后按回车键。例如，上述输入语句执行时，用户可以输入（*本书约定：书中出现的"↵"表示输入一个回车键*）：

```
12␣9␣20↵
```

或

```
12↵
9↵
20↵
```

此后变量 nNum1、nNum2 和 nNum3 的值分别为 12、9 和 20。

需要说明的是，提取运算符"＞＞"能自动将 cin 输入值转换成相应变量的数据类型，但从键盘输入数据的个数、数据类型及顺序，必须与 cin 中列举的变量一一匹配。如：

```
char    c;
int     i;
float   f;
long    l;
cin>> c >> i >> f >> l;
```

上述语句运行后，若输入：

```
1␣2␣9␣20↵
```

则变量 c 等于字符 '1'，i 等于 2，f 等于 9.0f，l 等于 20L。

注意： 输入字符时，不能像字符常量那样输入 '1'，而是直接输入字符，否则不会有正确的结果。例如，当输入：

```
'1'␣2␣9␣20↵
```

由于 c 是字符型变量，占一个字节，故无论输入的字符后面是否有空格，c 总是等于输入的第 1 个字符，即为一个单引号。此后，i 就等于 "1'，由于 i 需要输入的是一个整数，而此时的输入值有一个单引号，因而产生错误，但单引号前面有一个 "1"，于是 C++就将 1 提取给 i，故 i 的值为 1。一旦产生错误，输入语句运行中断，后面的输入就变为无效，因此 f 和 l 都不会有正确的值。

2.3.2　输出流(cout)

与 cin 相对应，通过 cout 可以输出一个整数、实数、字符及字符串，如下列格式：

```
cout<< <对象1> [<< <对象2> ...];
```

cout 中的插入运算符"＜＜"可以连续写多个，每个后面可以跟一个要输出的常量、变量、转义序列符以及表达式等，例如：

【例 Ex_Cout】cout 的输出及 endl 算子

```
#include <iostream>
using namespace std;
int  main()
```

```
{
    cout<<"ABCD\t"<<1234<<"\t"<<endl;
    return 0;                                  // 指定返回值
}
```

执行该程序，结果如下：

```
ABCD    1234
```

程序中，转义字符 '\t' 是制表符，endl 是 C++中控制输出流的一个操作算子（预定义的对象），它的作用和 '\n' 等价，都是结束当前行，并将屏幕输出的光标移至下一行。

综上所述，在外观上，提取运算符 ">>" 和插入运算符 "<<" 好比是一个箭头，它表示流的方向。显然，将数据从 cin 流入到一个变量时，则流的方向一定指向变量，即如 "cin…>>a" 格式；而将数据流入到 cout 时，则流的方向一定指向 cout，即如 "cout<<…" 格式。

2.3.3 使用格式算子 oct、dec 和 hex

格式算子 oct、dec 和 hex 能分别将输入或输出的整数转换成八进制、十进制及十六进制。

【例 Ex_ODH】格式算子的使用

```
#include <iostream>
using namespace std;
int  main()
{
    int nNum;
    cout<<"Please input a Hex integer:";
    cin>>hex>>nNum;
    cout<<"Oct\t"<<oct<<nNum<<endl;
    cout<<"Dec\t"<<dec<<nNum<<endl;
    cout<<"Hex\t"<<hex<<nNum<<endl;
    return 0;
}
```

执行该程序，结果如下：

```
Please input a Hex integer:7b↵
Oct     173
Dec     123
Hex     7b
```

2.4 常见问题解答

（1）什么是宽字符类型 wchar_t？

解答：wchar_t 是除 char 类型外的另一种 ANSI/ISO C++字符类型，用来表示双字节编码的字符，称为宽字符。由于 cin 和 cout 将输入和输出看作是 char 流，因此它们不适合处理 wchar_t 类型，但最新版本的头文件 iostream 提供了相类似的 wcin 和 wcout，用来输入和输出 wchar_t 流。需要说明的是，虽本书不使用 wchar_t 类型，但应知道有这样的类型。

（2）若字符串中本身需要双引号，则怎么办？

解答：由于双引号是字符串的分界符，因此如果需要在字符串中出现双引号则必须用"\""表示。例如：

```
"Please press \"F1\" to help!"
```

这个字符串被解释为：

```
Please press "F1" to help!
```

（3）在将代数式写成合法的 C++表达式时，要注意哪些？

解答： 要注意书写规范、使用圆括号、数据类型等，具体如下。

● 注意书写规范。在使用运算符进行数值运算时，对于双目运算符的两边与操作数之间常常要添加一些空格。若缺少空格，则有时编译会做出与自己理解不同的结果。例如：

```
-5*-6--7                                    // 不合法的表达式
```

和

```
-5␣*␣-␣6␣-␣-␣7                              // ␣表示空格
```

结果是不一样的，前者发生编译错误，而后者的结果是 37。但对于单目运算符来说，虽然也可以与操作数之间存在一个或多个空格，但最好与操作数写在一起。

● 注意加上圆括号。在书写 C++表达式时，应尽可能地有意识地加上一些圆括号。这不仅能增强程序的可读性，而且，尤其当对优先关系犹豫时，加上圆括号是保证正确结果的最好方法，因为括号运算符"( )"的优先级几乎是最高的。

● 注意数据类型。尽管在混合数据类型的运算中，C++会将数据类型向表达式最高类型自动转换，但这种转换是有条件的。例如：

```
1 / 2 * ( 3.0 + 4 )
```

其结果为 0.0。这是因为该表达式首先运算圆括号里的 3.0 + 4，由于 3.0 是 double 型实型，故结果也为 double 型，值为 7.0。此时表达式变为 1/2*7.0，按结合性应先运算 1/2，由于"/"运算符的两个操作数都是整型，类型不会自动转换成 double，故其计算结果是整数 0，最后运算 0*7.0，由于 7.0 是 double 型，所以整个表达式是 double 实数 0.0。

● 注意符号^。数学中的符号^是表示幂运算，而在 C++中，该符号是表示位运算的异或操作，要注意它们的区别。

（4）为什么下列程序输出是 16960 而不是 1000000？

```cpp
#include <iostream>
using namespace std;
int  main()
{
    short  nTotal, nNum1, nNum2;
    nNum1 = nNum2 = 1000;
    nTotal = nNum1*nNum2;
    cout<<nTotal<<"\n";
    return 0;
}
```

解答： 这是因为，任何变量的值在计算机内部都是以二进制存储的，由于短整数（short）为 16 位，最高位为符号位（正数 0 负数 1），故短整型数（short）的最大值 32767；nNum1*nNum2 的 1000000 结果很显然超过了短整型数的最大值，将 1000000 放入 nTotal 中，就必然产生高位溢出，也就是说，1000000 的二进制数$(11110100001001000000)_2$中只有后面 16 位的 $(0100001001000000)_2$ 有效，结果是十进制的 16960。其中最前面的 0 是正数符号位而不是数值本身。这个问题的最简单的解决方法是通过改变变量的数据类型来解决，例如将类型定义成整型（int）或长整型（long）。

2.5 实验实训

学习本章后，可按下列内容进行实验实训（实训的参考程序可在前言中提到的网站下载）：

（1）编写程序 Ex_CircleAndBall 求圆的周长、圆面积、圆球体积、圆柱体积。要求用 const 设定 PI 常量，定义适当数据类型的变量，并设圆或球半径和圆柱的高的初值分别为 2.5、4，依次计算上述结果并输出，输出时要有相应的文字提示。

（2）从键盘输入一个三位数，从左到右用 a、b、c 表示各位的数字，记为 abc，现要求依次输出从右到左的各位数字，即输出另一个三位数 cba。例如，输入 123，输出 321。试设计程序 Ex_Abc。

（3）用下列程序测试前缀和后缀自增自减运算符的区别。编译运行后，写出其结果，并加以分析。

```
int main(int argc, char* argv[])
{
    int i = 8, j = 10, m = 0, n = 0;
    m += i++;
    n -= --j;
    cout<<"i="<<i<<", j="<<j<<", m="<<m<<", n="<<n<<endl;      // A
    i = 8;    j = 10;
    cout<<i++<<","<<i++<<","<<j--<<","<<j--<<endl;             // B
    i = 2;    j = 3;
    cout<<i++ * i++ * i++<<","<<j++ * --j * --j<<endl;         // C
    return 0;
}
```

若将 C 行修改为下列代码，则结果又将如何？请分析之。

```
    i = j = 3;
    cout<<++i * ++i * --i * --i * ++i<<","<<++j * --j * --j * ++j * ++j<<endl;
```

思考与练习

1．下列常量的表示在 C++中是否合法？若不合法，指出原因；若合法，指出常量的数据类型。

| 32767 | 35u | 1.25e3.4 | 3L | 0.0086e-32 | '\87' |
| "Computer System" | "a" | 'a' | '\96\45' | .5 |

2．字符常量与字符串常量有什么区别？指出下列哪些表示字符？哪些表示字符串？哪些既不表示字符也不表示字符串？

| '0x66' | China | "中国" | "8.42" | '\0x33' | 56.34 |
| "\n\t0x34" | '\r' | '\\' | '8.34' | "\0x33" | '\0' |

3．将下列代数式写成 C++的表达式：

(1) $\sqrt{(\sin(x))^{2.5}}$ (2) $\dfrac{a+b}{2m}h$ (3) $\dfrac{e^{x^2}}{\sqrt{2\pi}}$

在 cmath 头文件中，正弦函数 sin 原型为：double sin(double x)，x 为弧度；平方根函数 sqrt 原型为：double sqrt(double x)。

4．求出下列算术表达式的值：

(1) 5+7/3*4   (2) 23.5+9/5+0.5

(3) 8+2*9/2   (4) 'a'+23

(5) x+a%3*(int)(x+y)%2/4   设 x=2.5, y=4.7, a=7

(6) (float)(a+b)/2 – (int)x%(int)y   设 a=2, b=3, x=3.5, y=2.5

(7) 'a'+x%3+5/2–'\24'   设 x=8

5．下列表达式中，哪些是合法的赋值表达式？哪些不是？为什么？(a,b,c,x,y 都是已定义的 int 型变量)

(1) a = b = 4.5+7.8　　　　　　　　　(2) c = 3.5+4.5 = x = y = 7.9

(3) x = (y=4.5) * 45　　　　　　　　　(4) a = x++ = ++y

6. 写出下面表达式运算后 a 的值，设原来的 a 都是 10。

(1) a+=a;　　　　　　(2) a%=(7%2);　　　　　　(3) a*=3+4

(4) a/=a+a;　　　　　　(5) a—=a;　　　　　　(6) a+=a—=a*=a;

7. 设 m、n 的值分别为 10、8，指出下列表达式运算后 a、b、c 和 d 的值。

(1) a = m++ + n++　　　　　　　　　(2) b = m++ + ++n

(3) c = ++m + ++n　　　　　　　　　(4) d = m-- + n++

8. 设 a、b、c 的值分别为 5、8、9；指出下列表达式运算后 x、y 和 z 的值。

(1) y = (a+b, c+a)　　　　　　　　　(2) x = y = a, z = a+b

(3) y = (x = a*b, x+x, x*x)　　　　　　(4) x = (y = a, z = a+b)

9. 设有变量：

float　x, y ;

int　a, b ;

指出运算下列表达式后 x、y、a 和 b 的值。

(1) x = a = 3.523　　　　　　　　　(2) a = x = 3.523

(3) x = a = y = 3.523　　　　　　　　(4) b = x = (a = 25, 15/2.)

10. 若有 char　x=15; 使得 x 的第 0 位（即二进制位的最右边的那一位，或称为最低位）为 0，其余位保持不变的赋值表达式是什么？

11. 用 sizeof 运算符编写一个测试程序，用来测试本机中各基本数据类型或字符串所占的字节数，并将其填写下表中，然后分析其结果。

基本数据类型	所占字节数	基本数据类型或字符串	所占字节数
char		float	
short		double	
int		long double	
long		"\nCh\t\v\0ina"	

12. 设有语句：

```
int　a, b, c;
cin>>hex>>a>>oct>>b>>dec>>c;
cout<<hex<<a<< '\t'<<oct<<b<<'\t'<<dec<<c;
```

若在执行过程中，输入

12　12　12↵

指出 cin 执行后，a、b、c 的值分别是什么？输出的结果是什么？

第 **3** 章

顺序、选择和循环

C++融入了 C 语言的面向过程的结构化程序设计模式，因而它也可实现结构化程序设计中所需要的三种基本结构：顺序结构、选择结构和循环结构。

3.1 顺序结构和块

语句是描述程序操作的基本单位，是 C++源程序的重要组成部分，每条语句均以分号（"；"）来结束，分号前面可以 0 个或多个空格。这里先讨论说明语句、表达式语句和块语句，它们是构成按书写顺序依次执行的顺序结构的主要语句。

3.1.1 说明语句

在 C++中，把完成对数据结构的定义和描述、对变量或标识符常量的属性说明（如初值、类型等）称为说明语句或声明语句。说明语句的目的是用来在程序中引入一个新的标识符（变量名、函数名、数组名、类名、对象名、引用名以及类型名等），本身一般不执行操作。例如：

```
int  a = 8, b;                    // 变量定义
int  sum(int x, int y)            // 函数定义，函数的使用以后会讨论
{    return (x+y);
}
class CStudent                    // 类声明，以后还会讨论
{ // …
};
```

3.1.2 表达式语句

表达式语句是 C++程序中最简单也是最常用的语句。任何一个表达式加上分号就是一个表达式语句，例如：

```
x + y;
nNum = 5;
```

这里的 "x+y;" 是一个由算术运算符 "+" 构成的表达式语句，其作用是完成 "x+y" 的操作，但由于不保留计算结果，所以无实际意义。"nNum=5;" 是一个由赋值运算符 "=" 构成的表达式语句，简称为赋值语句，其作用是改变 nNum 变量的值。除赋值语句外，常用的一般表达式语句还有复合赋值语句、逗号表达式语句、自增自减表达式语句等。

在书写格式上，可以将几个简单的表达式语句同时写在一行上，但此时的语句之间必须插入一些空格以提高程序的可读性。例如：

```
a = 1;   b = 2;   c = a + b;
```

此时 3 个赋值语句写在一行，各条语句之间需要增加空格。

如果表达式是一个空表达式，那么构成的语句称为**空语句**，也就是说仅由分号";"也能构成一个语句，这个语句就是空语句。空语句不执行任何动作，仅为语法的需要而设置。

3.1.3 块语句

块语句，简称为块（block），是由一对花括号"{}"括起来的语句，它又称为复合语句。例如：

```
{                                    // 块开始
    int  i = 2, j = 3, k = 4;
    cout<<i<<j<<k<<endl;             // 输出结果是 2、3 和 4
}                                    // 块结束
```

是由 2 条语句构成的块语句。其中，左花括号"{"表示块的开始，右花括号"}"表示块的结束，它们是成对出现的。要注意，块中的语句书写时一定要缩进。

事实上，任何合法的语句都可以出现在块中，包括空语句。需要说明的是：

（1）从整体上看，块语句等效于一条语句。反过来说，若需要将两条或两条以上的语句作为一个整体单条语句时，则必须将它们用花括号括起来。

（2）块中的语句可以是 0 个、1 个或多个语句。与空语句相类似，一个不含任何语句的块，即仅由一对花括号构成，称为空块，它也仅为语法的需要而设置，并不执行任何动作。

（3）在块中定义的变量仅在块中有效，块执行后，变量被释放。例如：

```
{                                    // 块开始
    int  i = 2, j = 3, k = 4;
    cout<<i<<j<<k<<endl;             // 输出结果是 2、3 和 4
}                                    // 块结束
cout<<i<<j<<k<<endl;                 // 错误：i, j, k 不再有效
```

（4）一个块中也可以再包含块，这就形成了块的嵌套，但此时外层块与内层块之间具有不同的作用域。外层块的变量可在内层块中使用，但内层块中的变量仅能内层块中使用。当外层块和内层块中有同名变量定义时，则外层块的同名变量在内层块中不起作用。例如：

【例 Ex_Blocks】块语句的变量使用范围

```
#include <iostream>
using namespace std;
int  main()
{                                    // 外层块开始
    int  i = 5, j = 6;
    cout<<i<<'\t'<<j<<endl;          // 输出的结果是 5 和 6
    {                                // 内层块开始
        int i = 2, j = 3, k = 4;
        cout<<i<<'\t'<<j<<'\t'<<k<<endl;  // 输出结果是 2、3 和 4
    }                                // 内层块结束
    cout<<i<<'\t'<<j<<endl;          // 输出的结果仍然是 5 和 6，但不能使用 k
    return 0;
}                                    // 外层块结束
```

程序运行的结果如下：

```
5        6
2        3        4
5        6
```

3.2 选择结构

选择结构是对给定条件进行判断，根据判断的结果（真或假）来决定执行二个分支或多

个分支程序段中的一个分支。在 C++中，用于构成选择结构的分支语句有：if 语句和 switch 语句，它们又称为条件语句。

3.2.1 条件的构成

在结构化程序设计中，常常要为选择结构或循环结构指定判断条件。对于 C++来说，判断条件可以是一个以前所讨论过的表达式，包括常量表达式，也可以是一个通过关系运算符或逻辑运算符所构成的表达式。

1. 关系运算符及其表达式

关系运算是逻辑运算中比较简单的一种。所谓关系运算实际上是比较两个操作数是否符合给定的条件。在 C++中，若符合条件，则关系表达式的值为 bool 型的 true 或非 0（"真"），否则为 bool 型的 false 或 0 （"假"）。

由于关系运算需要两个操作数，所以关系运算符都是双目运算符，其结合性是从左至右。C++提供了下列 6 种关系运算符：

```
<          小于，若表达式 e1 < e2 成立，则结果为 true，否则为 false
<=         小于等于，若表达式 e1 <= e2 成立，则结果为 true，否则为 false
>          大于，若表达式 e1 > e2 成立，则结果为 true，否则为 false
>=         大于等于，若表达式 e1 >= e2 成立，则结果为 true，否则为 false
==         相等于，若表达式 e1 == e2 成立，则结果为 true，否则为 false
!=         不等于，若表达式 e1 != e2 成立，则结果为 true，否则为 false
```

其中，前 4 种的优先级相同且高于后面的两种。例如，若有表达式：

```
a == b > c
```

则等效于 a == (b > c)。若设整型变量 a=3、b=4、c=5，则表达式中，先运算 b>c，结果该条件不满足，值为 false（以 0 表示），然后再运算 a==0，显然也为 false，故整个表达式的值是 false。

需要注意的是：

（1）关系运算符 "=="不要误写成赋值运算符 "="。为避免这种情况发生，作为技巧，若 "=="操作数有常量时，则应将常量写在 "=="的左边。如 "3==a"，这样即使不小心写成 "3=a"时，由于 3 不能作为左值，因此 C++编译系统还会检测出它的语法错误。

（2）注意 "a<c<b"的形式。在数学中，一个条件可以是 "a<c<b"的形式，表示 c 大于 a 且小于 b。在 C++中，这样的条件表达式是合法的，但含义则是：由于关系运算符的结合性是从左至右，因而等效于 "(a<c)<b"表达式，即先运算 "a<c"，它的结果是 false 或 true，即为 0 或 1，这时整个表达式就变成了 "0<b"或 "1<b"，最后结果取决于 b 的值。

（3）注意混合表达式的运算次序和结果。由于 true 或 false 可以看成是 0 或 1 的整数，因此关系表达式可以参与算术运算，此时要注意关系运算符的优先级低于算术运算符。例如："2+3<4-1"则先计算 "2+3"和 "4-1"，即为 "5<3"，结果为 false。若为 "2+(3<4)-1"则有 "2+0-1"，结果为值 1。

2. 逻辑运算符及其表达式

关系运算符所构成的条件一般比较简单，若需要满足多个条件时，则需使用逻辑运算符。例如，对于数学中的 "a<c<b"，则相应的 C++表达式可写成 "(a<c)&&(c<b)"，其中的 "&&"就是一个 C++逻辑运算符。逻辑运算符用于将多个关系表达式或逻辑量（"真"或 "假"）组成一个逻辑表达式。同样，逻辑表达式的结果也是 bool 型，要么为 true，要么为 false。

C++提供了下列 3 种逻辑运算符：

```
!          逻辑非 (单目)
```

&&	逻辑与 (双目)
||	逻辑或 (双目)

逻辑非"!"是指将 true 变 false，false 变 true。

逻辑与"&&"是指当两个操作数都是 true 时，结果才为 true，否则为 false。

逻辑或"||"是指当两个操作数中有一个是 true 时，结果就为 true，而只有当它们都为 false 时，结果才为 false。

要注意逻辑运算符的优先级，由于逻辑非"!"是单目运算符，它的优先等级是最高的，比算术运算符和关系运算符还要高。而逻辑与"&&"的优先等级虽比逻辑或"||"要高，但它们都比关系运算符要低。例如：

```
5 > 3 && 2 || 8 < 4 - !0
```

其表达式的运算过程是这样的：

① 因"!"优先级最高，故先进行"!0"的运算，结果为 1（true）。

② 进行"4-1"运算，结果为 3，这样表达式变成"5 > 3 && 2 || 8 <3"。

③ 处理"5 > 3"，结果为 true（1）。

④ 处理"8 < 3"，结果为 false（0）。这样表达式变成"1 && 2 || 0"

⑤ 进行"1&&2"的运算，因 1 和 2 都是不为 0 的数，故结果为 true。

⑥ 最后结果为 true。

需要说明的是，C++是一门高效的语言，它对运算次序进行了许多优化。对于逻辑表达式来说，当有 e1&&e2 时，若表达式 e1 为 0，则表达式 e2 不会计算，因为无论 e2 是何值，整个表达式都是为 false；类似的，当有 e1||e2 时，若 e1 为 1，则 e2 也不会计算，因为无论 e2 是何值，整个表达式都是为 true。

例如，若 int a，b = 3，c = 0; 则在下面表达式中

```
(a = 0) && ( c = a + b);          // 注意这里的 a=0 是赋值表达式
```

因(a=0)的表达式值为 0（false），故(c=a+b)不会被执行。这样，a、b 和 c 的值分别为 0、3、0。若有：

```
 (a = 2) || ( c = a + b);         // 注意这里的 a=2 是赋值表达式
```

因(a = 2)的表达式值为 2（true），故(c = a+b)也不会被执行（注意此时的逻辑符为"或"）。

3.2.2 if 语句

条件语句 if 具有下列一般形式：

```
if  (<表达式 e>) <语句 s₁>
[else    <语句 s₂>]
```

这里的 if、else 是 C++的关键字。注意，if 后的一对圆括号不能省。当"表达式 e"为 true 或不为 0 时，将执行"语句 s1"。当"表达式 e"为 false 或 0 时，"语句 s2"被执行。其中，else 可省略，即变成这样的简单的 if 语句：

```
if  (<表达式 e>) <语句 s>
```

这样，只有当"表达式 e"为 true 或不为 0 时，"语句 s"被执行。

【例 Ex_Compare】输入两个整数，比较两者的大小

```
#include <iostream>
using namespace std;
int  main()
{
    int nNum1, nNum2;
    cout<< "Please input two integer numbers: ";
    cin>>nNum1>>nNum2;
```

```
    if (nNum1!=nNum2)
        if (nNum1>nNum2)
            cout<<nNum1<< " > "<<nNum2<<endl;
        else
            cout<<nNum1<< " < "<<nNum2<<endl;
    else
    cout<<nNum1<< " = "<<nNum2<<endl;
    return 0;
}
```

程序运行的结果如下：

```
Please input two integer numbers: 10 123↵
10 < 123
```

需要注意的是：

（1）要注意 if 后的一对圆括号不能省略，且圆括号和语句 s 之间不能有分号 "；"，只有语句 s 中的后面才有分号。例如：

```
if (nMax<nNum3) ;                       // 若圆括号后面有了分号
    nMax = nNum3;
```

则 "nMax=nNum3;" 不再是 if 结构中的语句。也就是说，无论表达式 "nMax<nNum3" 的结果是 true 还是 false，语句 "nMax=nNum3;" 总会被执行。为了避免类似情况发生，习惯上将简单 if 结构中的语句 s 写在圆括号之后。即：

```
if (nMax<nNum3) nMax = nNum3;           // 习惯上按此形式书写
```

（2）如果在 if、esle 后有多条语句（复合语句）时，则必须用花括号将这些语句括起来，否则只有后面的第一条语句有效。例如：

```
if (nNum1>nNum2)
    cout<<nNum1<<" > "<<nNum2;          // 此句才是 if 后面的有效语句
    cout<<endl;                         // 此句无论 if 表达式是否为真都会执行
```

（3）条件语句中的表达式一般为逻辑表达式或关系表达式，如程序中的 nNum1>nNum2。当然，表达式的类型也可以是任意的数值类型（包括整型、实型、字符型等）。例如：

```
if (3) cout<<"This is a number 3";
```

执行结果是输出"This is a number 3"；因为 3 是一个不为 0 的数，条件总为 "真"。

（4）在书写时，if、圆括号和语句之间可插入一些以空格增强程序的可读性。也可适当添加花括号（"{ }"）来增加程序的可读性。例如，上面【例 Ex_Compare】中的条件语句还可写成下列形式，其结果是一样的。

```
if (nNum1!=nNum2) {
    if (nNum1>nNum2)
        cout<<nNum1<<" > "<<nNum2<<endl;
    else
        cout<<nNum1<<" < "<<nNum2<<endl;
} else
    cout<<nNum1<<" = "<<nNum2<<endl;
```

（5）条件语句中的语句 s、语句 s1 和语句 s2 也可是 if 条件语句，这就形成了 if 语句的嵌套。例如程序中 if (nNum1!=nNum2) 后面的语句也是一个 if 条件语句。

（6）else 不能单独使用，它总是和其前面最近的未配套的 if 相配套。例如，程序【例 Ex_Compare】中的第 1 个 else 是属于第 2 个 if，而第 2 个 else 是属于第 1 个 if 的。

3.2.3 ?:运算符

条件运算符 "?:" 是 C++中惟一的一个三目运算符，它具有下列格式：

```
<e1> ? <e2> : <e3>
```

表达式 e1、表达式 e2 和表达式 e3 是条件运算符 "?:" 的三个操作数。其中，表达式 e1

是 C++中可以产生 true 和 false 结果的任何表达式。其功能是：如果表达式 e1 的结果为 true，则执行表达式 e2，否则执行表达式 e3。例如：

```
nNum = (a > b) ? 10 : 8;
```

当(a > b)为 true 时，则表达式(a > b) ? 10 : 8 的结果为 10，从而 nNum = 10；否则(a > b) ? 10 : 8 的结果为 8，nNum = 8。

需要说明的是，由于条件运算符"?:"的优先级比较低，仅高于赋值运算符，因此"nNum = (a > b) ? 10 : 8"中的条件表达式"(a > b)"两边可以不加圆括号。即可写成：

```
nNum = a > b ? 10 : 8;
```

事实上，条件运算符"?:"是 if...else 语句的代码简化。

3.2.4 switch 语句

switch 语句又叫开关语句。当程序有多个条件判断时，若使用 if 语句则可能使嵌套太多，降低了程序的可读性。开关语句 switch 能很好地解决这种问题，它具有下列形式：

```
switch  ( <表达式 e> )
{
      case  <常量表达式 v₁>        : [语句 s₁]
      case  <常量表达式 v₂ > : [语句 s₂]
      ...
      case  <常量表达式 vₙ>  : [语句 sₙ]
      [default               : 语句 sₙ₊₁]
}
```

其中 switch、case、default 都是关键字，当"表达式 e"的值与 case 中某个常量表达式的值相等时，就执行该 case 中"："号后面的所有语句，直至遇到 break 语句跳出。若 case 中所有常量表达式的值都不等于"表达式 e"的值，则执行"default:"后面的语句，若 default 省略，则跳出 switch 结构。需要注意的是：switch 后面的"表达式 e"可以是整型、字符型或枚举型的表达式，而 case 后面的常量表达式的类型则必须与其相匹配。

【例 Ex_Switch】根据成绩的等级输出相应的分数段

```cpp
#include <iostream>
using namespace std;
int  main()
{
    char chGrade;
    cout<<"Please input a char(A~E): ";
    cin>>chGrade;
    switch(chGrade)
    {
        case 'A':
        case 'a':   cout<<"90--100"<<endl;
                break;
        case 'B':
        case 'b':   cout<<"80--89"<<endl;
                break;
        case 'C':
        case 'c':   cout<<"70--79"<<endl;
        case 'D':
        case 'd':   cout<<"60--69"<<endl;
        case 'E':
        case 'e':   cout<<"< 60"<<endl;
        default:    cout<<"error!"<<endl;
    }
    return 0;
}
```

程序运行的结果如下：

```
运行时，当用户输入 A，则输出：
Please input a char(A~E): A↵
90--100
但当用户输入 d 时，则结果如下：
Please input a char(A~E): d↵
60--69
< 60
error!
```

显然，这不是想要的结果，而应该只输出 60--69。

仔细比较上述两个结果，可以发现："case 'a':"后面含有 break 语句，而 "case 'd':"后面则没有。由于 break 语句能使系统跳出 switch 结构，因此当系统执行 "case 'a':"后面的语句 "cout<<"90--100"<<endl;"后，break 语句使其跳出 switch 结构，保证结果的正确性；若没有 break 语句，则后面的语句继续执行，直到遇到下一个 break 语句或 switch 结构的最后一个花括号（"}"）为止才跳出该结构。因此 break 语句对 switch 结构有时是不可缺少的（后面还会专门讨论）。

另外，还需注意的是：

（1）多个 case 可以共有一组执行语句，如程序中的：

```
case 'B':
case 'b':    cout<<"80--89"<<endl;
        break;
```

这时，当用户输入 B 或 b 将得到相同的结果。

（2）若同一个 case 后面的语句是复合语句，即有两条或两条以上的语句，则这些语句可以不用花括号（"{}"）括起来。

（3）由于 case 语句起标号作用，因此每一个 case 常量表达式的值必须互不相同，否则会出现编译错误。

3.3　循环结构

构成循环结构的循环语句提供了重复操作的能力，当指定的循环条件为 true 时，循环体中的语句就会被重复执行，并且每循环一次，就会测试一下循环条件，如果为 false，则循环结束，否则继续循环。C++为循环结构提供了 3 种形式的循环语句：while、do...while 和 for 语句。这些循环语句的功能是相似的，在许多情况下它们可以相互替换，唯一区别是它们的控制循环的方式是不同的。

3.3.1　while 语句

while 循环语句具有下列格式：

```
while (<表达式 e>)    <语句 s>
```

其中，while 是 C++的关键字，"语句 s"是循环体，它可以是一条语句，也可以是多条语句。当为多条语句时，一定要用花括号（"{}"）括起来，使之成为块语句，如果不加花括号，则 while 的循环体 s 只是紧跟 while (e)后面的第 1 条语句。当 "表达式 e" 为 true 或不为 0 时，便开始执行 while 循环体中的 "语句 s"，然后反复执行，每次执行都会判断表达式 e 是否为 true 或不为 0，若为 false 或为 0，则终止循环。

【例 Ex_SumWhile】求整数 1 到 50 的和

```
#include <iostream>
using namespace std;
int main()
{
    int nNum = 1, nTotal = 0;
    while (nNum<=50)
    {
        nTotal += nNum;
        nNum++;
    }
    cout<<"The sum from 1 to 50 is: "<<nTotal<<"\n";
    return 0;
}
```

程序运行的结果如下：

```
The sum from 1 to 50 is: 1275
```

需要说明的是，对于循环结构来说，循环体中一定要有使循环趋向结束的语句。比如上述示例中，nNum 的初值为 1，循环结束的条件是不满足 nNum<=50，随着每次循环都改变 nNum的值，使得 nNum 的值也越来越大，直到 nNum>50 为止。如果没有循环体中的"nNum++;"，则 nNum 的值始终不改变，循环就永不终止。

3.3.2 do...while 语句

do...while 循环语句具有下列格式：

```
do
        <语句 s>
while (<表达式 e>) ;
```

其中 do 和 while 都是 C++关键字，"语句 s"是循环体，它可以是一条语句，也可以是块语句。程序从 do 开始执行，然后执行循环体"语句 s"，当执行到 while 时，将判断"表达式 e"是否为 true，若是，则继续执行循环体"语句 s"，直到下一次"表达式 e"等于 false 为止。要注意：while 后面"表达式 e"的两边的圆括号不能省略，且"表达式 e"后面的分号不能漏掉。

例如，用 do...while 循环语句求整数 1 到 50 的和。

【例 Ex_SumDoWhile】求整数 1 到 50 的和

```
#include <iostream>
using namespace std;
int main()
{
    int nNum = 1, nTotal = 0;
    do{
        nTotal += nNum;        nNum++;
    } while (nNum<=50);
    cout<<"The sum from 1 to 50 is: "<<nTotal<<"\n";
    return 0;
}
```

程序运行的结果如下：

```
The sum from 1 to 50 is: 1275
```

由于程序总是自上而下地顺序运行，除非遇到 if、while 等流程控制语句，因此 do 语句中的循环会先执行，这样 sum 值为 1，i 为 2，然后判断 while 后面的"(i<=50)"是否为 true，若是，则流程转到 do 循环体中，直到"(i<=50)"为 false。从例中可以看出：

（1）do...while 循环语句至少执行一次循环体，而 while 循环语句可能一次都不会执行。

（2）从局部来看，while 和 do...while 循环都有"while (表达式 e)"。为区别起见，对于

do…while 循环来说，无论循环体是单条语句还是多条语句，习惯上都要用花括号将它们括起来，并将"while (表达式 e);"直接写在右花括号"}"的后面。如【例 Ex_SumDoWhile】中的格式。

3.3.3 for 语句

for 循环语句具有下列格式：

```
for ([表达式 e1]; [表达式 e2]; [表达式 e3])
<语句 s>
```

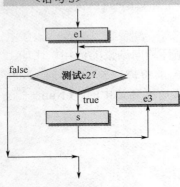

图 3.1　for 语句的流程

其中 for 是 C++的关键字，"语句 s"是循环体，它可以是一条语句，也可以是块语句。一般情况下，"表达式 e1"用作循环变量的初始化，"表达式 e2"用作循环体的循环条件，当等于 true 时，开始执行循环体"语句 s"，然后计算"表达式 e3"，再判断"表达式 e2"的值是否为 true，若是，再执行循环体"语句 s"，再计算"表达式 e3"，如此反复，直到"表达式 e2"等于 false 或 0 为止。如图 3.1 所示，图中箭头表示程序运行的方向，称为流向，程序运行的次序称为流程，这样的图称为流程图。下面用 for 语句来改写【例 Ex_SumDoWhile】中的代码。

【例 Ex_SumFor】求整数 1 到 50 的和

```cpp
#include <iostream>
using namespace std;
int main()
{
    int nTotal=0;
    for (int nNum=1; nNum<=50; nNum++)
        nTotal += nNum;
    cout<<"The sum from 1 to 50 is: "<<nTotal<<"\n";
    return 0;
}
```

程序运行的结果如下：

```
The sum from 1 to 50 is: 1275
```

需要说明的是：

（1）由于表达式 e1 用作循环变量的初始化，因此也可将循环变量的定义放在表达式 e1 中进行，如代码中 for 语句的"int nNum=1"。但此时 nNum 的作用范围仅限于 for 循环结构中，这是 ANSI/ISO C++中的新规定。但在 Visual C++ 6.0 中，nNum 的作用范围和在 for 前面定义的变量（如 nTotal）的作用范围是一样的。

（2）表达式 e1、表达式 e2 和表达式 e3 可以是一个简单的表达式，也可以是逗号表达式，即包含两个或两个以上的简单表达式，中间用逗号分隔。例如：

```
for (nNum=1,nTotal=0 ; nNum<=50 ; nNum++)
    nTotal += nNum;
```

（3）循环体 s 中的语句也可是一条空语句，这样的循环往往用于时间延时。例如：

```
for ( int i=0; i<10000; i++)    ;         // 注意后面的分号表示一条空语句
```

（4）实际运用时，for 循环还有许多变化的形式，这些形式都是将 for 后面括号中的表达式 e1、表达式 e2、表达式 e3 进行部分或全部可以省略，但要注意起分隔作用的分号";"不能省略。常见的省略形式可有下列几种：

① 若省略表达式 e1，不影响循环体的正确执行，但循环体中所需要的一些变量及其相关

的数值要在 for 语句之前定义。例如：

```
int nNum=1;
for ( ; nNum<=50 ; nNum++) nTotal += nNum;
```

② 若省略表达式 e2，则默认的表达式 e2 的值被认为是 true，循环无终止地进行下去，应在循环体中添加额外代码使之有跳出或终止循环的可能。例如：

```
for (int nNum=1;  ; nNum++)
{
    nTotal += nNum;
    if (nNum>50) break;            // 当 nNum>50 时，执行 break 语句，跳出循环
}
```

③ 若省略表达式 e3，应在设计循环结构时保证表达式 e2 的值有等于 false 的可能，以便能终止循环。例如：

```
for (int nNum=1; nNum<=50 ;)
{
    nTotal += nNum;
    nNum++;
}
```

④ 若省略表达式 e1 和表达式 e3，它相当于 while 循环。例如：

```
int nNum=1;                        int nNum=1;
for (; nNum<=50 ;) ◄───────►       while (nNum<=50)
{                                  {
    nTotal += nNum;                    nTotal += nNum;
    nNum++;                            nNum++;
}                                  }
```

⑤ 若表达式全部省略，例如：

```
int nNum=1;
for ( ; ; )
{
    nTotal += nNum;
    nNum++;
    if (nNum>50) break;
}
```

则循环体中所需要的一些变量及其相关的数值要在 for 语句之前定义，如"int nNum = 1;"，且应在循环体中添加额外代码使之有跳出或终止循环的可能，如 "if (nNum>50) break;"。

（5）由于循环体可由任何类型的语句组成的，因此在循环体内还可以包含前面的几种循环语句，这样就形成了循环的嵌套。例如：

```
for (... ; ... ; ...)             while (...)
{                                 {
    while (...)                       for (... ; ... ; ...)
    {                                 {
    }                                 }
}                                 }
```

以上是 C++几种类型的循环语句，使用时可根据实际需要进行适当选择。但不管是怎样的循环结构，在编程时应保证循环有终止的可能。否则，循环永不结束，仿佛"死机"一样。

3.3.4 break 和 continue

在 C++程序中，若需要跳出循环结构或提前结束本次循环，就需要使用 break 和 continue 语句，其格式如下：

```
break;
continue;
```

break 语句用于强制结束 switch 结构（如【例 Ex_Switch】）或从一个循环体跳出，即提

前终止循环。要注意：break 仅使流程跳出其所在的最近的那一层循环或 switch 结构，而不是跳出所有层的循环或 switch 结构。

continue 是用于那些依靠条件判断而进行循环的循环语句，如 for、while、do…while 语句，它的目的是提前结束本次循环。对于 while 和 do…while 语句来说，continue 提前结束本次循环后，流程转到 while 后面的表达式 e。对于 for 语句来说，continue 提前结束本次循环后，其流程转到 for 语句的表达式 e3，然后转到表达式 e2。

【例 Ex_Continue】把 1~100 之间的不能被 7 整除的数输出

```cpp
#include <iostream>
using namespace std;
int  main()
{
    for (int nNum=1; nNum<=100; nNum++)
    {
        if (nNum%7 == 0) continue;
        cout<<nNum<<"  ";
    }
    cout<<"\n";
    return 0;
}
```

程序运行的结果如下：

```
1  2  3  4  5  6  8  9  10  11  12  13  15  16  17  18  19  20  22  23  24  25
26  27  29  30  31  32  33  34  36  37  38  39  40  41  43  44  45  46  47  48
50  51  52  53  54  55  57  58  59  60  61  62  64  65  66  67  68  69  71  72
73  74  75  76  78  79  80  81  82  83  85  86  87  88  89  90  92  93  94  95
96  97  99  100
```

当 nNum 能被 7 整除时，执行 continue 语句，流程转到 for 语句中的 nNum++，并根据表达式 nNum<=100 的值来决定是否再做循环。而当 nNum 不能被 7 整除时，才执行 cout<<nNum<<" " 语句。

3.4　结构化程序设计应用

一个程序应包括两个方面的内容：对数据的描述和对操作的描述。对数据的描述是指在程序中指定数据的类型和数据的组成形式，称为数据结构。对操作的描述，即程序的算法（algorithm），是用来解决"做什么"和"怎么做"的问题。设计时，一般要经过 5 个步骤：①分析问题（包括确定输入、输出变量、中间变量以及所需要的数据类型和数据结构）。②选择算法。③根据算法绘制流程图。④流程图检查无误后，编制程序。⑤调试和运行。

3.4.1　算法和流程图

编写程序需要确定解决问题的方法和思路，并要正确地写出求解步骤，这就叫解决这个问题的算法。程序处理某一问题的过程与日常处理事情的过程十分相似，都要按一定的步骤和相应的方法来处理。例如，邮寄一封信的过程可分为写信、写信封、贴邮票、投入信箱等四个步骤，这些步骤可以看作是写信的算法。为了描述一个算法，可以用自然语言、流程图或其他形式进行。

自然语言就是人们日常使用的语言，用自然语言描述算法，比较习惯和容易接受，但是叙述较繁琐和冗长，容易出现"歧义性"，一般不采用这种方法。

流程图是用一组几何图形表示各种类型的操作，在图形上用扼要的文字和符号表示具体的操作，并用带有箭头的流程线表示操作的先后次序（流程），箭头的方向表示流程的流向。

用流程图描述算法，能够将解决问题的步骤清晰、直观地表示出来。表3.1列出了ANSI流程图的基本符号及其含义。

表3.1　ANSI流程图的基本符号及其含义

图形符号	名　称	含　义
	起止	表示算法的开始或结束
	输入、输出	表示输入输出操作
	处理	表示处理或运算的功能
	特定过程	一个定义过的过程，如函数
	判断	用来根据给定的条件是否满足决定执行两条路径中的某一路径
	流程线	表示程序执行的路径，箭头代表方向
	连接符	表示算法流向的出口连接点或入口连接点，同一对出口与入口的连接符内，必须标以相同的数字或字母

这样，对于结构化程序的三个基本结构就可使用ANSI流程图来描述。

（1）顺序结构。如图3.2所示，虚线框内是一个顺序结构，a表示入口点，b表示出口点。其中，A和B两个框是顺序执行的。即在执行完A框所指定的操作后，必然紧接着执行B框所指定的操作。顺序结构是最简单的一种基本结构。

（2）选择结构。如图3.3（a）所示，虚线框内是一个选择结构。该结构中，必须含有一个判断框，根据给定的条件e是否成立而选择执行A框或B框。要注意，只能执行A或B框之一，不可能既执行A框又执行B框。一旦执行完毕，流程经过出口点b，脱离该选择结构。A或B两个框中可以有一个是空，即不执行任何操作，如图3.3（b）所示。

可见，C++的if…else语句是图3.3（a）的基本结构，而if语句是图3.3（b）的基本结构。

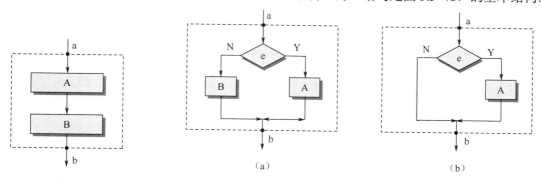

图3.2　顺序结构流程图　　　　　　图3.3　选择结构流程图

（3）循环结构。它有两种类型，如图3.4所示。虚线框内是一个循环结构，图3.4（a）是先判断条件e是否成立，如果成立，则执行A框，执行后再判断条件e是否成立，如果仍成立，再执行A框，如此反复执行，直到条件e不成立为止，然后流程经过出口点b，脱离该循环结构。图3.4（b）是先执行A框，然后判断条件e是否成立，如果成立，再执行A框，如此反复执行，直到条件e不成立为止，然后流程经过出口点b，脱离该循环结构。

事实上，C++的while语句是图3.4（a）的基本结构，而do…while语句则是图3.4（b）的基本结构，A框是其循环体，e是其表达式。对于for语句来说，它实际上可看成是while循环结构的一种扩展，如图3.5所示，A是循环体语句，e1、e2和e3是for中的表达式。

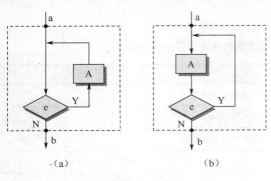

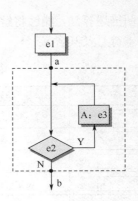

图 3.4　循环结构流程图　　　　图 3.5　for 语句流程图

3.4.2　自动出题器

自动出题器是利用 C++产生随机数的库函数 rand（需在程序的前面添加头文件 cstdlib 包含）而设计出来的一种自动出题的程序，用来对 2 个随机的 100 以内的整数进行加法运算。共出 10 题，每题 10 分，最后给出得分。

设定义的整型变量有 x、y、a、b 和 s。其中，x 和 y 表示产生的 100 以内的两个整数，a 和 b 分别是正确的答案和用户回答的答案，s 是用户的得分。由于需要 10 道题，因此用 for 循环来实现，具体算法如图 3.6 的流程图。

根据算法可有下列程序：

【例 Ex_Quiz】自动出题器

```
#include <iostream>
#include <cstdlib>
using namespace std;
int  main()
{
    int  x, y, a, b, s = 0;
    for (int i=1; i<=10; i++)
    {
        x = rand() % 100;
        y = rand() % 100;
        a = x + y;
        cout<<"第"<<i<<"题: "<<x<<" + "<<y<<" = ";
        cin>>b;
        if ( a == b) s += 10;
    }
    cout<<"您的总得分是: "<<s<<endl;
    return 0;
}
```

程序运行的结果如下：

第 1 题：41 + 67 = 108↵
第 2 题：34 + 0 = 34↵
第 3 题：69 + 24 = 93↵
第 4 题：78 + 58 = 136↵
第 5 题：62 + 64 = 126↵
第 6 题：5 + 45 = 50↵
第 7 题：81 + 27 = 108↵
第 8 题：61 + 91 = 152↵
第 9 题：95 + 42 = 137↵

需要说明的是，当程序第 2 次运行时，其所出的题目与第 1次一样。这是因为随机数的序列总是和一个随机种子相关联，也就是说，相同随机种子对应的随机数的序列是相同的。由于该程序没有指定随机种子，因此程序运行后均是以默认的随机种子来产生相应的随机数的序列，因而程序每一次运行所出的题目都是一样的。为避免这情况的发生，需在 for 循环之前，使用 srand 库函数来重新指定随机种子，并可通过系统时间来指定随机种子号。这样，就可保证程序在每一次运行所出的题目不一样了。如下面代码：

```
…
#include <ctime>
using namespace std;
int  main()
{
    int  x, y, a, b, s = 0;
    srand((unsigned)time( NULL ));
    …
}
```

其中，库函数 time 用来获取系统时间，调用该函数时需在程序前面添加头文件 ctime 包含指令。

图 3.6　自动出题器流程图

3.4.3　打印图案

图案打印几乎是每一种计算机高级语言刚开始学习时的经典应用。在上个世纪 80 至 90年代期间，很多爱好者编写很有趣的程序打印出由各种 ASCII 字符组成的“名画”或年历，那种“蒙太奇（montage）”的感觉至今仍令人回味。这里以打印一幅倒三角形图案为例，来说明这种图案打印的一般方法。如图 3.7 所示。

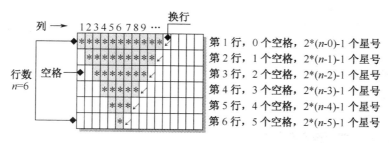

图 3.7　打印图案

从图中可以看出，打印图案实质上可看成是从上到下顺序输出一行字符，而每行字符又可分解为输出空格和图案字符。因此，图案打印可用外层的行循环和内层的列循环来实现。要注意：每行图案字符后面的空格一般勿需输出，每行输出后还必需进行换行处理。由于每行图案字符及图案字符前面的空格的个数都有规律可遵，因而只要正确设置好循环条件，就可实现图案的打印。如图 3.8 所示是本图案打印的流程图，其中整型变量 row、col 和 n 分别表示行、列及行数。

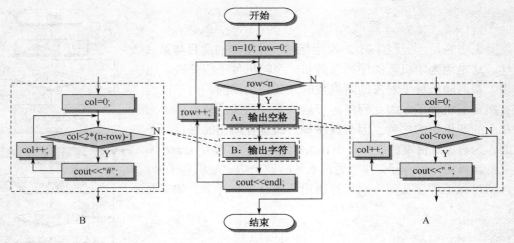

图 3.8　例 Ex_Print 流程图

根据算法流程图可有下列程序。

【例 Ex_Print】打印图案

```cpp
#include <iostream>
using namespace std;
int  main()
{
    int  row, col, n = 6;                        // 打印 10 行
    for (row=0; row<n; row++)
    {
        for (col=0; col<row; col++)              // A：输出空格
            cout<<" ";
        for (col=0; col<2*(n-row)-1; col++)      // B：输出字符
            cout<<"#";
        cout<<endl;
    }
    return 0;
}
```

程序运行的结果如下：

```
###########
 #########
  #######
   #####
    ###
     #
```

3.5　常见问题解答

（1）下列代码执行后，为什么 y 值是 13？

```cpp
int   x=3,  y;
y = x>5?++x:x>5?++x:x=x+10;
cout<<y<<endl;
cout<<x<<endl;
```

解答：由于语句 "y = x>5?++x:x>5?++x:x=x+10;" 中的 "x>5" 是两个条件运算符的共用操作数，因此它相当于 "y = x>5?++x:(x>5?++x:x=x+10);"。按其从右向左的结合性，应先运算 "(x>5?++x:x=x+10)"，由于 "x>5" 此时为 false，因而执行 "x=x+10"，即 x=13。然后计算 "y = x>5?++x:13"，由于 "x>5" 此时为 true，因而执行 "++x"，这样 y=14。但实际结果：

y=13。

上述理解是没有错误的，只是 C++对条件运算符进行了优化，也就是说，当有：

```
e1 ? e2 : e3
```

只有当 e1 为 true 时，e2 才会被执行，而不会考虑 e3 是怎样的表达式。同样，只有当 e1 为 false 时，e3 才会被执行。因此，代码"y = x>5?++x:x>5?++x:x=x+10;"的实际运算次序是：先判断最前面的"x>5"，由于该表达式为 false，因此执行"(x>5?++x:x=x+10)"，因这里的"x>5"仍为 false，故运算 x=x+10。这样，y=(x=x+10)，结果为 **x=13，y=13**。

（2）如何使用和设计循环程序？

解答：循环程序设计时，要考虑变量个数、类型和初值的确定，同时还要设定循环条件。例如，前面的示例中的求 1 到 50 的和，即求 1+2+...+50，则应有下列考虑：

① 因为从 1 到 50 数值不断的变化，因此需要一个整型变量 i，值的范围应为 1~50。一般地将 i 的初值取为数值变化时的最初值，即 i=1。由于求和的结果总要存储，以便后面输出或进行其他操作，因此需要一个变量 sum，又因这里的"和"一般不会太大，故将 sum 定义成 int。显然，在求和之前，sum 的初值应设为 0。

② 一旦所需的变量确定后，就可对循环条件和循环体进行设计了。当指定 i 后，则应设计的循环条件是"i<=50"，循环体包含了 2 条语句、"sum+=i; i++;"，由于循环体是多条语句，因此要用花括号括起来。循环开始前，i 的初值为 1，此时条件表达式"i<=50"为 true，循环开始，执行"sum+=i; i++;"后，sum 值为 1，i 为 2，流程转到 while 后面的条件表达式"i<=50"上，然后再判断再循环，随着每次循环，i 和 sum 的值都会变化，直到 i>50 为止。注意：如果没有循环体中的"i++;"，则 i 的值始终不改变，"i<=50"条件表达式永远为 true，循环就永不终止。因此，i 又可称作是循环变量。

再如，求 $\dfrac{1}{2} + \dfrac{2}{3} + \dfrac{3}{4} + ... + \dfrac{99}{100}$ 的值。

则有下列分析：

① 由于各分式中分子是从 1 变化到 99，因此可定义一个 int 变量 i，并设初值为 1，这样各分式可表示为 i/(i+1)。但因它是整除，因此需要对其进行强制类型转换，即各分式计算式为(double)i/(double)(i+1)。

② 由于各分式的计算结果总要加在变量 sum 中，因此 sum 的初值为 0.0，且 sum 类型应与强制转换的类型相同，即为 double。

③ 由于变量 i 变化范围为 1~99，因此设循环条件 i<100 或 i<=99。循环体语句只要包含分式值求和及 i 的自增语句就可以了。

3.6　实验实训

学习本章后，可按下列内容进行实验实训：

（1）编写程序 Ex_If 计算下列数学函数：

$$y = \begin{cases} x-1 & (x \geq 10) \\ 2x+2 & (1 < x < 10) \\ 3x^2 + 3x - 1 & (x \leq 1) \end{cases}$$

当输入 x 后，输出 y 的值。

（2）完善【例 Ex_Switch】程序。

（3）编写程序 Ex_Taylor 用来用泰勒（Taylor）级数求 e 的近似值，直到最后一项小于 10^{-6} 为止。

$$e = 1 + \frac{1}{1!} + \frac{1}{2!} + ... + \frac{1}{n!}$$

思考与练习

1. 设有变量：int　a = 3, b = 4, c = 5; 求下列表达式的值：
   (1) a+b>c&&b==c　　　　　　　　　　(2) a||b+c&&b>c
   (3) !a||!c||b　　　　　　　　　　　　(4) a*b&&c+a

2. 设 a、b、c 的值分别为 15、18、19，指出下列表达式运算后 x、y、a、b 和 c 的值。
   (1) x = a<b||c++　　　　　　　　　　(2) y = a>b&&c++
   (3) x = a+b>c&&c++　　　　　　　　　(4) y = a||b++||c++

3. 输入 3 个整数 a、b、c，要求按从小到大的顺序输出。

4. 已知：int a, b; 下列 switch 语句中，(　　)是正确的。

   A.　switch(a)　　　　　　　　　　B.　switch(a+b)
   　　{　　　　　　　　　　　　　　　　{
   　　　case a:　a++;　break;　　　　　　case 1:　a+b; break;
   　　　case b:　b++;　break;　　　　　case 2:　a-b
   　　}　　　　　　　　　　　　　　　　}
   C.　switch(a*a)　　　　　　　　　　D.　switch(a/10+b)
   　　{　　　　　　　　　　　　　　　　{
   　　　case 1,2:　++a;　　　　　　　　case 5:　a/5;　break;
   　　　case 3,4:　++b;　　　　　　　　default:　a+b;
   　　}　　　　　　　　　　　　　　　　}

5. 下列循环的循环次数各为多少。

   (1)　for (int i=0, x=0 ; !x&&i<=5 ; i++) ;
   (2)　while (int i=0) i-- ;
   (3)　int i = 5 ;
   　　do {
   　　cout<<i--<<endl;　i--;
   　　} while (i!=0);

6. 编程求 100 以内被 7 或 5 整除的最大自然数。

7. 分析下列程序的输出结果。

   (1)
```
#include <iostream>
using namespace std;
int main()
{
    int x = 3, y = 6, z = 0;
    while (x++!=(y-=1))
    {
        z++;
        if (y<x)  break;
    }
```

```
        cout<<"x="<<x<<", y="<<y<<", z="<<z<<endl;
        return 0;
    }
(2) #include <iostream>
    using namespace std;
    int main()
    {
        char  c = 'A';
        int  k = 0;
        do {
            switch(c++)
            {
                case 'A':    k++;        break;
                case 'B':    k--;
                case 'C':    k+=2;  break;
                case 'D':    k%=2;  continue;
                case 'E':    k*=10; break;
                default:     k/=3;
            }
            k++;
        } while (c <'G');
        cout<<"k = "<<k<<endl;
        return 0;
    }
(3) #include <iostream>
    using namespace std;
    int main()
    {
        int  i;
        for (i=1; i<=5; i++)
        {
            if (i%2)  cout<<'<';
            else  continue;
            cout<<'>';
        }
        cout<<'#';
        return 0;
    }
```

8. 菲波纳契(Fibonacci)数列中的头两个数是 1 和 1，从第三个数开始，每个数等于前两个数的和。编程计算并输出此数列的前 30 个数，且每行输出 5 个数。

9. 编程求 n!，即 n!=1×2×3×...×n。

10. 从键盘上输入一个整数 n 的值，按下式求出 y 的值，并输出 n 和 y 的值(y 用浮点数表示)：

$$y = 1! + 2! + 3! + ... + n!$$

11. 设计一个程序，输出所有的水仙花数。所谓水仙花数是一个三位整数，其各位数字的立方和等于该数的本身。例如：$153 = 1^3 + 5^3 + 3^3$。

12. 设计一个程序，输入一个四整数，将各位数字分开，并按其反序输出。例如：输入 1234，则输出 4321。要求必须用循环语句实现。

13. 求 π/2 的近似值的公式为：

$$\frac{\pi}{2} = \frac{2}{1} \times \frac{2}{3} \times \frac{4}{3} \times \frac{4}{5} \times ... \times \frac{2n}{2n-1} \times \frac{2n}{2n+1} \times ...$$

其中，n = 1、2、3……设计一个程序，求出当 n = 1000 时 π 的近似值。

14．用迭代法求 $x = \sqrt{a}$。其公式如下：

$$x_{n+1} = \frac{1}{2}(x_n + \frac{a}{x_n})$$

要求前后两次求出的 x 的差的绝对值小于 10^{-5}。

15．打印下列菱形图案：

```
      *
    * * *
  * * * * *
* * * * * * *
  * * * * *
    * * *
      *
```

第 **4** 章

函数、作用域和编译预处理

在 C++ 中，函数是实现模块化程序中的基本单位。事实上，函数还能体现代码重用的思想，因为一个函数可以在同一个程序中被多次调用或在多个程序中被调用。不过，在进行 C++ 编程时，可以在源程序中包括一些编译命令，以告诉编译器对源程序如何进行编译，它们称之为编译预处理。

4.1 函数

模块化的思想是在进行程序设计时把一个大的程序按照功能划分为若干个小的程序，每个小的程序完成一个特定的功能。这些小的程序称为模块，在 C/C++ 中，称为函数。

4.1.1 函数的定义和调用

以前提到过，一个程序开始运行时，系统自动调用 main 主函数。主函数可以调用子函数，子函数还可以调用其他子函数。调用其它函数的函数称为主调函数，被其它函数调用的函数称为被调函数。

一般来说，C++ 程序中除主函数 main 外，其它函数可以是库函数或自定义函数。库函数，又称标准函数，是 ANSI/ISO C++ 编译系统已经预先定义好的函数，程序设计时可根据实际需要，直接使用这类函数，而不必重新定义。自定义函数是用户根据程序的需要，将某一个功能相对独立的程序定义成一个函数，或将解决某个问题的算法用一个函数来组织。在 C++ 程序中，与变量的使用规则相同，自定义函数一定要先说明并定义，然后才能被调用。

1. 函数的定义

在 C++ 程序中，定义一个函数的格式如下：

```
<函数类型> <函数名>( <形式参数表> )
{
        <若干语句>
}
```

它是由函数类型、函数名、形式参数表和函数体四个部分组成的。需要说明的是：

（1）函数类型决定了函数所需要的返回值类型，它可以是函数或数组之外的任何有效的 C++ 数据类型，包括构造的数据类型、指针等。如果不需要函数有返回值，只要定义函数的类型为 void 即可。

（2）函数名必须是一个有效的 C++ 标识符（注意命名规则），函数名后面必须跟一对圆括号 "()"，以区别于变量名及其他用户定义的标识名。函数的形式参数写在括号内，参数表中参数个数可以是 0，表示没有参数，但圆括号不能省略，也可以是一个或多个参数，但多个参数间要用逗号分隔。

（3）函数的函数体由一对花括号构成，它包含若干条语句，用于实现这个函数执行的动作。

（4）C++不允许在一个函数体中再定义函数。

这样，若设计一个计算两个整数的绝对值之和的函数，则可有下列定义：

```
int  sum(int x, int y)
{
    if (x<0)  x = -x;
    if (y<0)  y = -y;
    int z = x + y;
    return z;
}
```

其中，x 和 y 是此函数的形式参数，简称形参。所谓形参，是指调用此函数所需要的参数个数和类型。一般地，只有当函数被调用时，系统才会给形参分配内存单元，而当调用结束后，形参所占的内存单元又会被释放。

上述函数定义中，int 可以省略，因为 C++规定凡不加类型说明的函数，一律自动按整型（int）处理。由于 sum 的类型是整型，因此必须要有返回值，且返回值的类型应与函数类型相同，也是整型；若返回值的类型与函数类型不相同，则按类型自动转换方式转换成函数的类型。关键字 return 负责将后面的值作为函数的返回值，并将流程返回到调用此函数的位置处。由于 return 的后面可以是常量、变量或任何合法的表达式，因此函数 sum 也可简化为：

```
int  sum(int x, int y)
{
    if (x<0)  x = -x;
    if (y<0)  y = -y;
    return  (x+y);                    // 括号可以省略，即 return  x+y;
}
```

若函数类型是 void，函数体就不需要 return 语句或 return 的后面只有一个分号。需要注意的是，因为 return 是返回语句，它将退出函数体，所以一旦执行 return 语句后，在函数体内 return 后面的语句不再被执行。例如：

```
void  f1( int a )
{
    if (a > 10) return;
    // …
}
```

在这里，return 语句起了一个改变语句顺序的作用。

2. 函数的调用

定义一个函数就是为了以后的调用。调用函数时，先写函数名，然后紧跟括号，括号里是实际调用该函数时所给定的参数，称为实际参数，简称实参，并与形参相对应。函数调用的一般形式为：

```
<函数名>( <实际参数表> );
```

调用时，实参与形参的个数应相等，类型应一致，且按顺序对应，一一传递数据。例如，下面的示例用来输出一个三角形的图案。

【例 Ex_Call】函数的调用

```
#include <iostream>
using namespace std;
void  printline( char ch,  int n )
{
    for (int i = 0 ;  i<n ;  i++)
        cout<<ch;
    cout<<endl ;
}
int  main()
{
```

```
        int  row = 5;
        for (int i = 0; i<row; i++)
            printline('*', i+1);                    // A
        return 0;
    }
```

程序运行的结果如下：

```
*
**
***
****
*****
```

代码中，main 函数的 for 循环语句共调用了 5 次 printline 函数（A 句），每次调用时因实参 i+1 值不断改变，从而使函数 printline 打印出来的星号个数也随之改变。

printline 函数由于没有返回值，因此它作为一个语句来调用。事实上，对于有返回值的函数也可进行这种方式的调用，只是此时不使用返回值，仅要求函数完成一定的操作。实际上，在 C++中，一个函数的调用方式还有很多。例如，对于前面 sum 函数还可有下列调用方式：

```
sum(3, 4);                          // B
int  c = 2 * sum(4,5);              // C
c = sum(c, sum(c,4));               // D
```

其中，B 是将函数作为一个语句，不使用返回值，只要求函数完成一定的操作；C 把函数作为表达式的一部分，将返回值参与运算，结果 c = 18；D 是将函数作为函数的实参，等价于 "c = sum(18, sum(18,4));"，执行函数参数内的 sum(18,4)后，等价于 "c = sum(18,22) ;"，最后结果为 c = 40。

3. 函数的声明

在【例 Ex_Call】中，由于函数 printline 的定义代码位置是调用语句 A（在 main 函数中）之前，因而 A 语句执行不会有问题。但若将函数 printline 的定义代码位置放在调用语句 A 之后，即函数定义在后，而调用在前，就会产生 "printline 标识符未定义" 的编译错误。此时必须在调用前进行函数声明。

函数声明消除了函数定义的位置的影响，也就是说，不管函数是在何处定义的，只要在调用前进行函数的声明就可保证函数调用的合法性。虽然，函数不一定在程序的开始就声明，但为了提高程序的可读性，保证简洁的程序结构，最好将主函数 main 放在程序的开头，而将函数声明放在主函数 main 之前。

声明一个函数按下列格式进行：

```
<函数类型> <函数名>( <形式参数表> );
```

可见，函数声明的格式是在函数头的后面加上分号 ";"。但要注意，函数声明的内容应和函数的定义应相同。例如，对于前面遇到的 sum 函数和 printline 函数可有如下声明：

```
int  sum(int x,  int y);
void printline( char ch,  int n );
```

由于函数的声明仅是对函数的原型进行说明，即函数原型声明，其声明的形参变量名在声明语句中并没有任何语句操作它，因此这里的形参名和函数的定义时的形参名可以不同，且函数声明时的形参名还可以省略，但函数名、函数类型、形参类型及个数应与定义时相同。例如，下面几种形式都是对 sum 函数原型的合法声明：

```
int sum(int a, int b);              // 允许原型声明时的形参名与定义时不同
int sum(int, int);                  // 省略全部形参名
int sum(int a, int);                // 省略部分形参名
int sum(int, int b);                // 省略部分形参名
```

不过，从程序的可读性考虑，在声明函数原型时，为每一个形参指定有意义的标识符，并且和函数定义时的参数名相同，是一个非常好的习惯。

4.1.2 函数的参数传递

在讨论函数的参数传递前先简单介绍全局变量和局部变量的概念。

C++中每一个变量必须先定义后使用，若变量是在函数体内使用变量前定义的，则此变量就是一个局部变量，它只能在函数体内使用，而在函数体外则不能使用它。若变量是在函数外部（例如在 main 主函数前）定义的，它能被后面的所有函数或语句引用，这样的变量就是全局变量。但如果一个函数试图修改一个全局变量的值，也会引起结构不清晰、容易混淆等副作用；因此许多函数都尽量使用局部变量，而将形参和函数类型作为公共接口，以保证函数的独立性。

C++中函数的参数传递有两种方式，一种是按值传递，另一种是地址传递或引用传递。这里先来说明按值传递的参数传递方法。所谓按值传递（简称值传递），是指当一个函数被调用时，C++根据实参和形参的对应关系将实际参数的值一一传递给形参，供函数执行时使用。函数本身不对实参进行操作，也就是说，即使形参的值在函数中发生了变化，实参的值不会受到影响。

【例 Ex_SwapValue】交换函数两个参数的值

```cpp
#include <iostream>
using namespace std;
void swap(float x, float y)
{
    float temp;
    temp = x; x = y; y = temp;
    cout<<"x = "<<x<<", y = "<<y<<"\n";
}
int main()
{
    float a = 20, b = 40;
    cout<<"a = "<<a<<", b = "<<b<<"\n";
    swap(a, b);
    cout<<"a = "<<a<<", b = "<<b<<"\n";
    return 0;
}
```

程序运行的结果如下：

```
a = 20, b = 40
x = 40, y = 20
a = 20, b = 40
```

可以看出，虽然函数 swap 中交换了两个形参 x 和 y 的值，但交换的结果并不能改变实参的值，调用该函数后，变量 a 和 b 的值仍然为原来的值。

所以，当函数的形参是一般变量时，由于其参数传递方式是值传递，因此函数调用时所指定的实参可以是常量、变量、函数或表达式等，总之只要有确定的值就可以。例如前面的"printline('*', i+1);"、"c = sum(c, sum(c,4));"等。函数值传递方式的最大好处是保持函数的独立性。在值传递方式下，函数只有通过指定函数类型并在函数体中使用 return 来返回某一类型的数值。

4.1.3 带默认形参值的函数

在 C++中，允许在函数的声明或定义时给一个或多个参数指定默认值。这样在调用时，可以不给出参数，而按指定的默认值进行工作。例如：

```
void delay(int loops=1000);                          // 函数声明
//...
void delay(int loops)                                // 函数定义
{
    if (loops==0) return;
    for (int i=0; i<loops; i++);                     // 空循环，起延时作用
}
```

这样，当调用

```
delay();                                             // 和 delay(1000) 等效
```

时，程序都会自动将 loops 当作成 1000 的值来进行处理。当然，也可重新指定相应的参数值，例如：

```
delay(2000);
```

在设置函数的默认参数值时要注意：

（1）当函数既有原型声明又有定义时，默认参数只能在原型声明中指定，而不能在函数定义中指定。例如：

```
void delay(int loops);                               // 函数原型声明
// …
void delay(int loops = 1000)                         // 错误：此时不能指定默认参数
{// …}
```

（2）当一个函数中需要有多个默认参数时，在形参分布中，默认参数应严格从右到左逐次定义和指定，中间不能跳开。例如：

```
void display(int a, int b, int c = 3);       // 合法
void display(int a, int b = 2, int c = 3);   // 合法
void display(int a = 1, int b = 2, int c = 3);   // 合法：可以对所有的参数设置默认值
void display(int a, int b = 2, int c);       // 错误：默认参数应从最右边开始
void display(int a = 1, int b = 2, int c);   // 错误：默认参数应从最右边开始
void display(int a = 1, int b, int c = 3);   // 错误：多个默认参数中间不能有非默认
参数
```

（3）当带有默认参数的函数调用时，系统按从左到右的顺序将实参与形参结合，当实参的数目不足时，系统将按同样的顺序用声明或定义中的默认值来补齐所缺少的参数。

（4）由于对同一个函数的原型可作多次声明，因此在函数声明中指定多个默认参数时，可用多条函数原型声明语句来指定，但同一个参数的默认值只能指定一次。

（5）默认参数值可以是全局变量、全局常量，甚至是一个函数。但不可以是局部变量，因为默认参数的函数调用是在编译时确定的，而局部变量的值在编译时无法确定。例如：

```
int a = 1;
int f1(int);
int g1(int x = f1(a));                               // 正确，允许默认参数值为函数值
// …
{
    int i;
    void g2(int x = i);                              // 错误，处理 g2 函数时，i 不可见
}
```

4.1.4 函数重载

函数重载是指 C++允许多个同名的函数存在，但同名的各个函数的形参必须有区别：要么形参的个数不同；要么形参的个数相同，但参数类型有所不同。

【例 Ex_OverLoad】编程求两个或三个操作数之和

```
#include <iostream>
using namespace std;
```

```
int sum(int x, int y);
int sum(int x, int y, int z);
double sum(double x, double y);
double sum(double x, double y, double z);
int main()
{
    cout<<sum(2, 5)<<endl;                    // 结果为 7
    cout<<sum(2, 5, 7)<<endl;                 // 结果为 14
    cout<<sum(1.2, 5.0, 7.5)<<endl;           // 结果为 13.7
    return 0;
}
int sum(int x, int y)
{
    return x+y;
}
int sum(int x, int y, int z)
{
    return x+y+z;
}
double sum(double x, double y)
{
    return x+y;
}
double sum(double x, double y, double z)
{
    return x+y+z;
}
```

程序运行的结果如下:

```
7
14
13.7
```

从上面的例子可以看出:由于使用了函数的重载,因而不仅方便函数名的记忆,而且更主要的是完善了同一个函数的代码功能,给调用带来了许多方便。程序中各种形式的 sum 函数都称为 sum 的重载函数。

需要说明的是,重载函数必须具有不同的参数个数或不同的参数类型,若只有返回值的类型不同是不行的。例如:

```
void fun(int a, int b);
int fun(int a, int b);
```

是错误的。因为如果有函数调用 fun(2, 3)时,编译器无法准确地确定应调用哪一个函数。

同样,当函数的重载带有默认参数时,也要应该注意避免上述的二义性情况。例如:

```
int fun(int a, int b = 0);
int fun(int a);
```

是错误的。因为如果有函数调用 fun(2)时,编译器也是无法准确地确定应调用哪一个函数。

4.1.5 函数的递归调用

如果在调用一个函数的过程中出现直接地或间接地调用函数本身,这种情况称为函数的递归调用。递归(Recursion)是一种常用的程序方法(算法),相应的函数称为递归函数。

例如,用递归函数编程求 n 的阶乘 n!。n!=n*(n-1)*(n-2)*...*2*1。它也可用下式表示:

$$n! \begin{cases} 1 & \text{当 } n=0 \text{ 时} \\ n*(n-1)! & \text{当 } n>0 \text{ 时} \end{cases}$$

由于 n!和(n-1)!都是同一个问题的求解,因此可将 n!用递归函数 long factorial(int n)来描述,程序代码如下。

【例 Ex_Factorial】编程求 n 的阶乘 n!

```cpp
#include <iostream>
using namespace std;
long factorial(int n);
int main()
{
    cout<<factorial(4)<<endl;              // 结果为24
    return 0;
}
long factorial(int n)
{
    long result = 0;
    if (0 == n)
        result = 1;
    else
        result = n*factorial(n-1);         // 进行自身调用
    return result;
}
```

程序运行的结果如下：

```
24
```

代码中，主函数 main 调用了求阶乘的函数 factorial，而函数 factorial 中的语句"result = n * factorial(n-1);"又调用了函数自身，因此函数 factorial 是一个递归函数。在分析 main 函数中"factorial(4);"语句之前，先来说一说函数的调用过程。

在 C++中，函数的调用实际上包括两个过程：一是调用初始化，二是调用后处理。函数调用时，首先进行初始化的步骤：建立被调函数的栈空间（栈的工作原理是后进先出）；然后保护主调函数的现场（运行状态和返回地址）；如果有参数，则传递参数；最后将控制权交给被调函数。而函数在返回时，就进行函数调用后处理，即将返回值保存在临时变量空间中（如果有返回值的话）；然后恢复主调函数的运行状态，释放栈空间；最后根据返回地址，回到主调函数，执行下一句代码。

所以，"factorial(4);"语句是这样的执行过程：

① 进行函数 factorial(4)调用初始化，传递参数值 4，分配形参 n 内存空间，执行函数体中的代码，此时 result = 0，因 n = 4，不等于 0，故执行"result = 4*factorial(3);"，因语句中有函数 factorial(3)调用，故进行下一步操作。

② 进行函数 factorial(3)调用初始化，传递参数值 3，分配形参 n 内存空间，执行函数体中的代码，此时 result = 0，因 n = 3，不等于 0，故执行"result = 3*factorial(2);"，因语句中有函数 factorial(2)调用，故进行下一步操作。

③ 进行函数 factorial(2)调用初始化，传递参数值 2，分配形参 n 内存空间，执行函数体中的代码，此时 result = 0，因 n = 2，不等于 0，故执行"result = 2*factorial(1);"，因语句中有函数 factorial(1)调用，故进行下一步操作。

④ 进行函数 factorial(1)调用初始化，传递参数值 1，分配形参 n 内存空间，执行函数体中的代码，此时 result = 0，因 n = 1，不等于 0，故执行"result = 1*factorial(0);"，因语句中有函数 factorial(0)调用，故进行下一步操作。

⑤ 进行函数 factorial(0)调用初始化，传递参数值 0，分配形参 n 内存空间，执行函数体中的代码，此时 result = 0，因 n = 0，故执行 result = 1。然后执行函数后面的语句。

⑥ 当执行"return result;"后，进行调用后处理，factorial(0)函数返回到主调函数 factorial(1)。在主调函数 factorial(1)中，result = 1*1=1，然后执行函数后面的语句。

⑦ 当执行"return result;"后，进行调用后处理，factorial(1)函数返回到主调函数

factorial(2)。在主调函数 factorial(2)中，result = 2*1=2，然后执行函数后面的语句。

⑧ 当执行"return result;"后，进行调用后处理，factorial(2)函数返回到主调函数 factorial(3)。在主调函数 factorial(3)中，result = 3*2=6，然后执行函数后面的语句。

⑨ 当执行"return result;"后，进行调用后处理，factorial(3)函数返回到主调函数 factorial(4)。在主调函数 factorial(4)中，result = 4*6=24，然后执行函数后面的语句。

⑩ 当执行"return result;"后，进行调用后处理，factorial(4)函数返回到主调函数 main。在主调函数 main 中，执行下一条指令，输出结果 24。

上述过程可用图 4.1 来表示，图中序号与上述执行步骤相对应。从中可以看出：递归函数实际上是同名函数的多级调用。但要注意，递归函数中必须要有结束递归过程的条件，即函数不再进行自身调用，否则递归会无限制地进行下去。

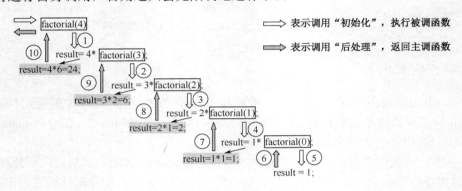

图 4.1　factorial(4)递归函数执行过程

4.2　作用域和存储类型

当程序越来越大时就需要考虑将程序分解成若干文件来组织，此时每个文件中的标识符，如变量名、函数名、数组名、类名、对象名等就会遇到重名等冲突，并且标识符存储类型、作用范围等都要作更为全面的考虑，这些内容都属于程序的结构和组织。

4.2.1　作用域

作用域又称作用范围，是指程序中标识符（变量名、函数名、数组名、类名、对象名等）的有效范围。一个标识符是否可以被引用，称之为标识符的可见性。在一个 C++程序项目中，一个标识符只能在声明或定义它的范围内可见，在此之外是不可见的。根据标识符的作用范围，可将其作用域分为 5 种：函数原型作用域、块作用域、类作用域和文件作用域。其中，类作用域以后介绍，这里介绍其它几种。

1．块作用域

这里的块就是前面已提到过的块语句（复合语句）。在块中声明的标识符，其作用域从声明处开始，一直到结束块的花括号为止。块作用域也称作局部作用域，具有块作用域的变量是局部变量（这些内容以前已讨论过，这里不再赘述）。

但需要重申的是，在 Visual C++中，for 语句声明的标识符，其作用域是包含 for 语句的那个内层块，而不是仅仅作用于 for 语句，这与标准 C++不一样。

2. 函数原型作用域

函数原型作用域指的是在声明函数原型所指定的参数标识符的作用范围。这个作用范围是在函数原型声明中的左、右圆括号之间。正因为如此，在函数原型中声明的标识符可以与函数定义中说明的标识符名称不同。由于所声明的标识符与该函数的定义及调用无关，所以可以在函数原型声明中只作参数的类型声明，而省略参数名。例如：

```
double  max(double x, double y);
```

和

```
double  max(double, double);
```

是等价的。不过，从程序的可读性考虑，在声明函数原型时，为每一个形参指定有意义的标识符，并且和函数定义时的参数名相同，是一个非常好的习惯。

3. 文件作用域

在函数外定义的标识符或用 extern 说明的标识符称为全局标识符。全局标识符的作用域称为文件作用域，它从声明之处开始，直到文件结束一直是可见的。需要说明的是：

（1）全局的常量或变量的作用域是文件作用域，它从定义开始到源程序文件结束。例如：

```
const float PI = 3.14;          // 全局常量 PI，其作用域从此开始到文件结束
int a;                          // 全局变量 a，其作用域从此开始到文件结束
void main( )
{   // …
}
void funA(int x)
{   // …
}
```

其中，全局常量 PI 和全局变量 a 的作用域是文件作用域。

（2）若函数定义在后，调用在前，必须进行函数原型声明。若函数定义在前，调用在后，函数定义包含了函数的原型声明。一旦声明了函数原型，函数标识符的作用域是文件作用域，它从定义开始到源程序文件结束。例如：

```
void funA(int x );              // 函数 funA 的作用域从此开始到文件结束
void funB( )                    // 函数 funA 的作用域从此开始到文件结束
{   // …
}
void main( )
{   // …
}
void funA(int x)
{   // …
}
```

（3）在 C++中，若在块作用域内使用与局部标识符同名的块外标识符时，则须使用域运算符"::"来引用，且该标识符一定要是全局标识符，即它具有文件作用域。

【例 Ex_Process】在块作用域内引用文件作用域的同名变量

```
#include <iostream>
using namespace std;
int  i = 10;                    // A
int  main()
{
   int  i = 20;                 // B
   {
      int  i = 5;               // C
      int  j;
      ::i = ::i + 4;            // ::i 是引用 A 定义的变量 i，不是 B 中的 i
      j = ::i + i;              // 这里不加::的 i 是 C 中定义的变量
      cout<<"::i = "<<::i<<", j = "<<j<<"\n";
   }
```

```
        cout<<"::i = "<<::i<<", i = "<<i<<"\n";  // 这里不加::的 i 是 B 中定义的变量
        return 0;
}
```
程序运行的结果如下：
```
::i = 14, j = 19
::i = 14, i = 20
```

4.2.2 存储类型

存储类型是针对变量而言的，它规定了变量的生存期。无论是全局变量还是局部变量，编译系统往往根据其存储方式定义、分配和释放相应的内存空间。变量的存储类型反映了变量在哪开辟内存空间以及占用内存空间的有效期限。

在 C++中，变量有 4 种存储类型：自动类型、静态类型、寄存器类型和外部类型，这些存储类型是在变量定义时来指定的，其一般格式如下：
```
<存储类型>  <数据类型>  <变量名表>;
```
1. 自动类型（auto）

一般说来，用自动存储类型声明的变量都是限制在某个程序范围内使用，即为局部变量。从系统角度来说，自动存储类型变量是采用动态分配方式在栈区中来分配内存空间。因此，当程序执行到超出该变量的作用域时，就释放它所占用的内存空间，其值也随之消失了。

在 C++语言中，声明一个自动存储类型的变量是在变量类型前加上关键字 auto，例如：
```
auto  int i;
```
若自动存储类型的变量是在函数内或语句块中声明的，则可省略关键字 auto，例如：
```
void fun()
{
    int i;                              // 省略 auto
    // …
}
```
2. 寄存器类型（register）

使用关键字 register 声明寄存器类型的变量的目的是将所声明的变量放入寄存器内，从而加快程序的运行速度。例如：
```
register  int i;                        // 声明寄存器类型变量
```
但有时，在使用 register 声明时，若系统寄存器已经被其他数据占据时，寄存器类型的变量就会自动当作 auto 变量。

3. 静态类型

从变量的生存期来说，一个变量的存储空间可以是永久的，即在程序运行期间该变量一直存在，如全局变量；也可以是临时的，如局部变量，当流程执行到它的说明语句时，系统为其在栈区中动态分配一个临时的内存空间，并在它的作用域中有效，一旦流程超出该变量的作用域时，就释放它所占用的内存空间，其值也随之消失。

但是，若在声明局部变量类型前面加上关键字 static，则将其定义成了一个静态类型的变量。这样的变量虽具有局部变量的作用域，但由于它是用静态分配方式在静态数据区中来分配内存空间。因此，在这种方式下，只要程序还在继续执行，静态类型变量的值就一直有效，不会随它所在的函数或语句块的结束而消失。简单地说，静态类型的局部变量虽具有局部变量的作用域，但却有全局变量的生存期。

需要说明的是，静态类型的局部变量只在第一次执行时进行初始化，正因为如此，在声明静态类型变量时一定要指定其初值，若没有指定，编译器还会将其初值置为 0。

【例 Ex_Static】使用静态类型的局部变量

```cpp
#include <iostream>
using namespace std;
void count()
{
    int  i = 0;
    static int j = 0;                      // 静态类型
    i++;
    j++;
    cout<<"i = "<<i<<", j = "<<j<<"\n";
}
int  main()
{
    count();
    count();
    return 0;
}
```

程序运行的结果如下：

```
i = 1, j = 1
i = 1, j = 2
```

程序中，当第 1 次调用函数 count 时，由于变量 j 是静态类型，因此其初值设为 0 后不再进行初始化，执行 j++后，j 值为 1，并一直有效。第 2 次调用函数 count 时，由于 j 已分配内存且进行过初始化，因此语句"static int j = 0;"被跳过，执行 j++后，j 值为 2。

事实上，在程序中声明的全局变量总是静态存储类型，若在全局变量前加上 static，使该变量只在这个源程序文件内使用，称之为全局静态变量或静态全局变量。

同静态全局变量相类似，静态函数也是在某个函数声明前加上 static，它的目的也是使该函数只在声明的源文件中使用，对于其它源文件则无效。

4. 外部类型

使用关键字 extern 声明的变量称为外部变量，一般是指定义在本程序外部的变量。当某个变量被声明成外部变量时，不必再次为它分配内存就可以在本程序中引用这个变量。在 C++中，只有在两种情况下需要使用外部变量。

第 1 种情况：在同一个源文件中，若定义的变量使用在前，声明在后，这时在使用前要声明为外部变量。

第 2 种情况：当由多个文件组成一个完整的程序时，在一个源程序文件中定义的变量要被其它若干个源文件引用时，引用的文件中要用 extern 对该变量作外部声明。

需要注意的是：

（1）可以对同一个变量进行多次 extern 的声明。若在声明时，给一个外部变量赋初值，则编译器认为是一个具体的变量定义，而不是一个外部变量的声明，此时要注意同名标识符的重复定义。例如：

```cpp
extern int n = 1;                  // 变量定义
…
int n;                             // 错误：变量 n 重复定义
```

（2）虽然外部变量对不同源文件中或函数之间的数据传递特别有用。但也应该看到，这种能被许多函数共享的外部变量，其数值的任何一次改变，都将影响到所有引用此变量的函数的执行结果，其危险性是显然的。

4.3 编译预处理

在进行 C++编程时，可以在源程序中包括一些编译命令，以告诉编译器对源程序如何进行编译。由于这些命令是在程序编译的时候被执行的，也就是说，在源程序编译以前，先处理这些编译命令，所以，也把它们称之为编译预处理。实际上，编译预处理命令不能算是 C++语言的一部分，但它扩展了 C++程序设计的能力，合理地使用编译预处理功能，可以使得编写的程序便于阅读、修改、移植和调试。

C++提供的预处理命令主要有 3 种：宏定义命令、文件包含命令、条件编译命令。这些命令在程序中都是以 "#" 来引导，每一条预处理命令必须单独占用一行；由于它不是 C++的语句，因此在结尾没有分号 ";"。

4.3.1 宏定义

宏定义就是用一个指定的标识符来代替一个字符串，C++中宏定义是通过宏定义命令 #define 来实现的，它有 2 种形式：不带参数的宏定义和带参数的宏定义。

1. 不带参数的宏定义

在以前的程序中，曾用#define 定义一个标识符常量，如：

```
#define    PI 3.141593
```

其中，#define 是宏定义命令，PI 称为宏名。在程序编译时，编译器首先将程序中的 PI 用 3.141593 来替换，然后再进行代码编译。

宏被定义后，使用下列命令后可再次重新定义：

```
#undef  宏名
```

一个定义过的宏名可以用来定义其它新的宏，但要注意其中的括号，例如：

```
#define    WIDTH    80
#define    LENGTH  ( WIDTH + 10 )
```

宏 LENGTH 等价于：

```
#define    LENGTH  ( 80 + 10 )
```

但其中的括号不能省略，因为当

```
var = LENGTH * 20;
```

若宏 LENGTH 定义中有括号，则预处理后变成：

```
var = ( 80 + 10 ) * 20;
```

若宏 LENGTH 定义中没有括号，则预处理后变成：

```
var = 80 + 10 * 20;
```

显然，两者的结果是不一样的。

2. 带参数的宏定义

带参数的宏定义命令的一般格式为：

```
#define    <宏名>(参数名表)  字符串
```

例如：

```
#define MAX(a,b)  ((a)>(b)?(a):(b))
```

其中(a,b)是宏 MAX 的参数表，如果在程序出现下列语句：

```
x = MAX(3, 9);
```

则预处理后变成：

```
x = ((3)>(9)?(3):(9));                          // 结果为 9
```

很显然，带参数的宏相当于一个函数的功能，但却比函数简洁。但要注意：

（1）定义有参宏时，宏名与左圆括号之间不能留有空格。否则，编译器将空格以后的所有字符均作为替代字符串，而将该宏视为无参数的宏定义。

（2）带参数的宏内容字符串中，参数一定要加圆括号，否则不会有正确的结果。例如：

```
#define AREA(r)   (3.14159*r*r)
```

如果在程序出现下列语句：

```
x = AREA(3+2);
```

则预处理后变成：

```
x = (3.14159*3+2*3+2);              // 结果显然不等于 3.14159*5*5
```

4.3.2　文件包含命令

所谓"文件包含"是指将另一个源文件的内容合并到源程序中，这样的好处是显而易见的。例如，在编程中，有时要经常使用一些符号常量（如 PI=3.14159265，E=2.718），用户可以将这些宏定义命令组成一个文件，然后其他人都可以用#include 命令将这些符号常量包含到自己所写的源文件中，避免了这些符号常量的再定义。

C++语言提供了#include 命令用来实现文件包含的操作，它有下列两种格式：

```
#include <文件名>
#include "文件名"
```

第 1 种格式是将文件名用尖括号"<>"括起来的，用来包含那些由系统提供的并放在指定子目录中的头文件，这称为标准方式。第 2 种格式是将文件名用双引号括起来的，这时，系统先在当前工作目录中查找要包含的文件，这称为用户方式，若找不到再按标准方式查找（即再按尖括号的方式查找）。所以，一般来说，用尖括号的方式来包含系统库函数所在的文件，以节省查找时间；而用双引号来包括用户自己编写的文件。

在使用#include 命令需要注意的是，一条#include 命令只能包含一个文件，若想包含多个文件须用多条文件包含命令。例如：

```
#include <iostream>
#include <cmath>
//...
```

需要说明的是，为了能在 C++使用 C 语言中的库函数，又能使用 C++新的头文件包含格式，ANSI/ISO 将有些 C 语言的头文件去掉.h，并在头文件前面加上"c"变成 C++的头文件，如表 4.1 所示，实际上它们的内容是基本相同的。

表 4.1　保留 C 语言库函数的常用 ANSI/ISO C++头文件

C++头文件	C 头文件	作　　用	函 数 举 例
cctype	ctype.h	标准 C 的字符类型处理	如：int isdigit(int);判断 c 是否是数字字符
cmath	math.h	标准 C 的数值计算	如：float fabs(float); 求浮点数 x 的绝对值
cstdio	stdio.h	标准 C 的输入输出	如：输出 printf，输入 scanf
cstdlib	stdlib.h	标准 C 的通用函数	如：void exit(int); 退出程序
cstring	string.h	标准 C 的字符串处理	如：strcpy 是用来复制字符串
ctime	time.h	标准 C 的时间处理	如：time 是用来获取当前系统时间

4.3.3　条件编译命令

一般情况下，源程序中所有的语句都参加编译，但有时也希望程序按一定的条件去编译源文件的不同部分，这就是**条件编译**。条件编译使得同一源程序在不同的编译条件下得到不同的目标代码。C++提供的条件编译命令有几种常用的形式，现分别介绍如下。

（1）第 1 种形式

```
#ifdef <标识符>
        <程序段 1>
[#else
        <程序段 2>]
#endif
```

其中，#ifdef、#else 和#endif 都是关键字，程序段是由若干条预处理命令或语句组成的。这种形式的含义是：如果"标识符"被#define 命令定义过，则编译"程序段 1"，否则编译"程序段 2"。

（2）第 2 种形式

```
#ifndef <标识符>
        <程序段 1>
[#else
        <程序段 2>]
#endif
```

这与前一种形式的区别仅在于，如果"标识符"没有被#define 命令定义过，则编译"程序段 1"，否则就编译"程序段 2"。

（3）第 3 种形式

```
#if <表达式 1>
        <程序段 1>
[#elif <表达式 2>
        <程序段 2>
        ...]
[#else
        <程序段 n>]
#endif
```

其中，#if 、#elif、#else 和#endif 是关键字。它的含义是，如果"表达式 1"为 true 或不为 0 就编译"程序段 1"，否则如果"表达式 2"为 true 或不为 0 就编译"程序段 2"，...，如果各表达式都不为 true 就编译"程序段 n"。

例【Ex_UseIf】使用#if 条件编译命令

```
#include <iostream>
using namespace std;
#define A  -1
int  main()
{
#if A>0
    cout<<"a>0\n";
#elif  A<0
    cout<<"a<0\n";
#else
    cout<<"a==0\n";
#endif
    return 0;
}
```

程序运行的结果如下：

```
a<0
```

若将"#define A -1"中的-1 改为 0，则程序的运行结果为：

```
a==0
```

4.3.4 包含重复处理

文件包含重复在比较大的程序中经常出现。例如，设有 a.h 和 b.h，其内容如图 4.2 所示。

```
// a.h 文件内容
int a = 10;
```

```
// b.h 文件内容
#include "a.h"
int b = 20;
```

图 4.2　头文件 a.h 和 b.h 内容

在主文件 test.cpp 中，其内容如下：

```
#include <iostream>
#include "a.h"          // a.h 文件包含
#include "b.h"          // b.h 文件包含
using namespace std;
int main()
{
    cout<<a<<"\t"<<b<<endl;
    return 0;
}
```

则程序编译时会出现 a 重复定义编译错误。这是由于主文件 test.cpp 包含了头文件 a.h 和 b.h，而 b.h 文件中又包含了头文件 a.h，这样主文件包含进来的代码就是有两个 "int a = 10;" 语句，从而发生了编译错误。解决这个问题的方法有如下 2 种：

一种方法是将头文件中的代码使用条件编译命令来限定。例如，对于 a.h 和 b.h 文件内容可改写为图 4.3 所示的代码。

```
// a.h 文件内容
#ifndef   A_H
#define   A_H
int a = 10;
    #endif
```

```
// b.h 文件内容
#include "a.h"
#ifndef   B_H
#define   B_H
int b = 20;
    #endif
```

图 4.3　改写头文件 a.h 和 b.h 内容

这样，当第一次包含 a.h 或 b.h 时，相应的宏名 A_H 或 B_H 被定义，而当第二次包含 a.h 或 b.h 时，因为文件宏名已定义，因而#ifndef 和#endif 的代码不会再包含进来，从而保证了每个头文件只包含一次。

作为技巧，每个头文件所定义的宏名应与文件名相同，并将文件名中的点 "." 用下划线代替，且宏名应大写以示区别。这样约定能避免两个不同文件的宏名相同后，其中一个头文件无法被打开。

另一种方法使用 Visual C++等大多数编译器都支持的预编译命令#pragma once，它用来指定文件只被编译器包含（打开）一次。例如，对于 a.h 和 b.h 文件内容可改写为图 4.4 所示的代码。

以上是 C++的最常用的预处理命令，它们都是在程序被正常编译之前执行的，而且它们可以根据需要放在程序的任何位置，但为了保证程序结构的清晰性，提高程序的可读性，应将它们放在程序的开头。

```
// a.h 文件内容
#pragma once
int a = 10;
```

```
// b.h 文件内容
#include "a.h"
#pragma once
int b = 20;
```

图 4.4   头文件 a.h 和 b.h 内容

4.4   常见问题解答

（1）什么是内联函数？

解答：函数调用时，内部过程需要进行调用初始化、执行函数代码、调用后处理等步骤。当函数体比较小，且执行的功能比较简单时，这种函数调用方式的系统开销相对较大。为了解决这一问题，C++引入了内联函数的概念，它把函数体的代码直接插入到调用处，将调用函数的方式改为顺序执行直接插入的程序代码，这样可以减少程序的执行时间，但同时增加了代码的实际长度。

内联函数的使用方法与一般函数相同，只是在内联函数定义时，需在函数的类型前面加上 inline 关键字。但要注意使用内联函数的一些限制：

① 内联函数中不能有数组定义，也不能有任何静态类型的定义。

② 内联函数中不能含有循环、switch 和复杂嵌套的 if 语句。

③ 内联函数不能是递归函数。

（2）函数作用域具有怎么样的可见性？

解答：具有函数作用域的标识符仅在声明它的函数内可见（有效），但在此函数之外是不可见的。在 C++语言中，只有 goto 语句中的标号具有函数作用域。由于 goto 语句的滥用导致程序流程无规则、可读性差。因此现代程序设计方法不主张使用 goto 语句，所以也就不讨论它了。

4.5   实验实训

学习本章后，可按下列内容进行实验实训：

（1）编写程序 Ex_AreaFunc 用来根据已知三角形的三边 a、b、c 求三角形的面积。求解公式为：

$$area = \sqrt{s(s-a)(s-b)(s-c)}$$

其中 s = (a+b+c)/2。需要说明的是，三角形的三边的边长由 cin 输入，需要判断这三边是否构成一个三角形，若是，则计算其面积并输出，否则输出"错误：不能构成三角形！"。编写一个完整的程序，其中需要两个函数，一个函数用来判断，另一个函数用来计算三角形的面积。

（2）在上述内容的基础上，改用带参数的宏编写程序 Ex_AreaMacro 来求三角形的面积。

（3）编写程序 Ex_NumToStr，用递归法将一个整数 n 转换成字符串，例如输入 1234，应输出字符串"1234"。n 的位数不确定，可以是任意位数的整数。

思考与练习

1. 选择填空

（1）在 C++中，若对函数类型未加说明，则函数的隐含类型是（　　　）。

    A．void   B．double   C．int   D．char

（2）要求调用下述函数时能够实现交换变量值的功能，合乎要求的是（　　　）。

```
A. void  swapa(int  *x, int  *y)          B. void  swapb(int  x, int  y)
   {                                         {
       int  *p;                                  int  p;
       *p=*x;  *x=*y;  *y=*p;                     p=x;  x=y;  y=p;
   }                                         }
C. void  swapc(int  *x, int  *y)          D. void  swapd(int  *x, int  *y)
   {                                         {
       int  *p;                                  *x= *x + *y;
       *x= *y;  *y= *x;                          *y= *x - *y;
   }                                             *x= *x - *y;
                                             }
```

（3）系统在调用重载函数时往往根据一些条件确定哪个重载函数被调用，在下列选项中，不能作为依据的是（　　　）。

    A．参数个数   B．参数的类型

    C．函数名称   D．函数的类型

（4）在 C++中，关于下列设置参数默认值的描述中，（　　　）是正确的。

    A．不允许设置参数的默认值；

    B．设置参数默认值只能在定义函数时设置；

    C．设置参数默认值时，应该是先设置右边的再设置左边的；

    D．设置参数默认值时，应该全部参数设置。

（5）下列的标识符中，（　　　）是文件作用域的：

    A．函数形参   B．语句标号

    C．外部静态类标识符   D．自动标识符

（6）有一个 int 型变量，在程序中使用频率很高，最好定义它为（　　　）。

    A．register   B．auto   C．extern   D．static

（7）下列标识符中，（　　　）不是局部变量。

    A．register 类   B．auto 类   C．函数形参   D．外部 static 类

（8）在一个函数中，要求通过函数来实现一种不太复杂的功能，并且要求加快执行速度，选用（　　　）最合适。

    A．内联函数   B．重载函数   C．递归调用   D．嵌套调用

（9）预处理命令在程序中都是以（　　　）开头的。

    A．*   B．#   C．:   D．/

（10）文件包含命令中被包含的文件的扩展名(　　　)。

    A．必须为.h   B．不能用.h   C．必须是.c   D．不一定是.h

2．编写两个函数：一个是将一个不大于 9999 的整数转换成一个字符串；另一个是求出转换后的字符串的长度。由主函数输入一个整数，并输出转换后的字符串和长度。

3．设计一个程序，输入一个十进制数，输出相应的十六进制数。设计一个函数实现数制转换。

4．设计一个程序，通过重载求两个数中最大数的函数 max()，分别实现求两个实数和两个整数以及两个字符的最大数。

5．设计一个程序，通过重载求两个整数、三个整数和四个整数的最小值。

6．设计一个程序，通过重载实现两个整数、两个实数和两个复数的加、减运算。

7．输入 4 个学生 4 门功课的成绩，然后求出：

    A．每个学生的总成绩   B．每门课程的平均成绩

    C．输出最高分的学生姓名和总成绩

8．用至少两种方法编程求下式的值，其中编写函数时，设置参数 n 的默认值为 2：

$$n^1 + n^2 + n^3 + n^4 + ... + n^{10}, \qquad \text{其中 } n = 1,2,3。$$

9．有返回值和无返回值的递归函数的运行过程有没有区别？如果有，则有哪些区别？

10．当 x>1 时，Hermite 多项式定义为：

$$H_n(x) = \begin{cases} 1 & n = 0 \\ 2x & n = 1 \\ 2xH_{n-1} - 2(n-1)H_{n-2}(x) & n > 1 \end{cases}$$

当输入浮点数 x 和整数 n 后，求出 Hermite 多项式的前 n 项的值。分别用递归函数和非递归函数来实现。

11．设计一个程序，定义带参数的宏 MAX(A, B) 和 MIN(A, B)，分别求出两数中的最大值和最小值。在主函数 main 中输入三个数，并求出这三个数中的最大值和最小值。

12．分析下列程序的结果。

```
#include <iostream.h>
#define   MIN(x, y)    (x)<(y)?(x):(y)
void main()
{
    int  i=10, j=15, k;
    k = 10*MIN(i, j);
    cout<<k<<endl;
}
```

第 5 章
数组、指针和引用

迄今为止，所使用的数据类型都是基本数据类型，如 int、float、double 等。但 C++ 还允许用户按一定的规则进行数据类型的构造，如定义数组、指针、结构和引用等，这些类型统称为构造类型。

5.1 数组

在 C++中，数组是相同类型的元素的有序集合，每一个元素在内存中占用相同大小的内存单元，这些内存单元在内存空间中都是连续存放的。C++中，数组有一维、二维和多维，它们分别应用于不同的场合。

5.1.1 一维数组

这里先来讨论一维数组。

1. 一维数组的定义和引用

C++中，一维数组的一般定义格式如下：

```
<数据类型>  <数组名>[<常量表达式>];
```

其中，方括号"[ ]"是数组区分变量的标志。方括号中的常量表达式的值必须是一个确定的整型数值，且必须大于 0。它反映维的大小，对于一维数组来说，也是一维数组元素的个数或一维数组的大小、数组的长度。数据类型用来指定数组中元素的数据类型以及每一个元素所占内存空间的大小，它必须是 C++合法的数据类型。数组名与变量名一样，遵循标识符命名规则。例如：

```
int a[10];
```

这个定义会使编译为其分配 10 个 int 元素连续的内存空间。其中，a 表示数组名，方括号里的 10 表示该数组有 10 个元素，每个元素的类型都是 int。在定义中，还可将同类型的变量或其他数组的定义写在一行语句中，但它们须用逗号隔开。例如：

```
int a[10], b[20], n;
```

其中，a 和 b 被定义成整型数组，n 是整型变量。

一般地，数组方括号中的常量表达式中不能包含变量，但可以包括常量和符号常量。如：

```
int     a[4 - 2];           // 合法，表达式 4-2 是一个确定的值 2
float   b[3 * 6];           // 合法，表达式 3*6 是一个确定的值 18
const int size = 18;
int     c[size];            // 合法，size 是一个标识符常量
int SIZE = 18;
int     d[SIZE];            // 不合法，SIZE 是一个变量，不能用作下标大小的定义
int     d[0];               // ANSI/ISO C++不合法，定义时，下标必须大于 0
```

数组定义后，就可以用下标运算符通过指定下标序号来引用和操作数组中的元素，引用时按下列格式：

<数组名> [<下标表达式>]

其中，方括号 "[ ]" 是 C++ 的下标运算符，下标表达式的值就是下标序号，反映该元素在数组中的位置。需要说明的是：

（1）C++ 数组的下标序号总是从 0 开始的。若一维数组定义时指定的大小为 n 时，则下标序号范围为 0 ~ (n-1)。

（2）在引用数组元素时，下标序号必须是一个整型值，它可以是一个整型常量或是整型变量，也可以是一个值为整型的表达式。

（3）在操作上，数组中的每一个元素可看成是一个同样数据类型的变量。

2. 一维数组的初始化和赋值

数组元素既可以在数组定义的同时赋初值，即初始化，也可以在定义后赋值。一维数组的初始化格式如下：

<数据类型> <数组名>[<常量表达式>] = {初值列表};

它是在数组定义格式中，在方括号之后，用 "={初值列表}" 的形式进行初始化。其中，初值列表中的初值个数不得多于数组元素个数，且多个初值之间要用逗号隔开。例如：

int a[5] = {1, 2, 3, 4, 5};

是将花括号 "{ }" 里的初值（整数）1,2,3,4,5 分别依次填充到数组 a 的内存空间中，亦即将初值依次赋给数组 a 的各个元素。它的作用与下列的赋值语句相同：

a[0] = 1;   a[1] = 2;   a[2] = 3;   a[3] = 4;   a[4] = 5;

对于一维数组的初始化和赋值需注意以下几点：

（1）可以给其中的一部分元素赋初值。例如：

```
int b[5] = {1, 2};                      // A
```

是将数组 b 的元素 b[0] = 1，b[1] = 2。

（2）在对数组进行初始化中，若没有明确列举元素值的元素，则其值均为 0。即 "A" 中的元素 b[2]、b[3]、b[4] 的值均为默认的值 0。正因如此，若有：

int b[5] = {0};

则使得数组 b 的各个元素的值均设为 0。

（3）在初始化的 "={初值列表}" 中，花括号中的初值可以是常量，也可以是常量表达式，但不能有变量。例如：

```
double  f[5] = {1.0, 3.0*3.14, 8.0};    // 合法
double  d = 8.0;
double  f[5] = {1.0, 3.0*3.14, d};      // 不合法，d 是变量
```

（4）在对全部一维数组元素赋初值时，有时可以不指定一维数组的长度。例如：

int c[ ] = {1, 2, 3, 4, 5};

编译将根据数值的个数自动设定 c 数组的长度，这里是 5。要注意，必须在编译时让系统能知道数组的大小。若只有：

int c[ ];   // 不合法，未指定数组大小

则是错误的。

（5）"={初值列表}" 的方式只限于数组的初始化，不能出现在赋值语句中。例如：

```
int c[4];                               // 合法
c[4] = {1, 2, 3, 4};                    // 错误
```

（6）两个一维数组不能直接进行赋值 "=" 运算，但数组元素可以。例如：

```
int  a1[4] = {1, 2, 3, 4};              // 合法
int  a2[4];                             // 合法
a2 = a1;                                // 错误，数组名表示一个地址常量，
```

```
                                          // 不能作左值（后面还会讨论）
a2[0] = a1[0];                            // 合法：数组元素就是一个变量
a1[2] = a2[1];                            // 合法：数组元素就是一个变量
```

5.1.2 二维数组

在 C++数组定义中，数组的维数是通过方括号的对数来指定的。显然，若在数组定义时指定多对方括号，则定义的是多维数组。最常用的多维数组是二维数组，这里就来讨论。

1. 二维数组的定义和引用

二维数组定义的格式如下：

<数据类型> <数组名>[<常量表达式 1>][<常量表达式 2>];

从中可以看出，二维数组定义的格式与一维数组定义基本相同，只是多了一对方括号。同样，若定义一个三维数组，则在二维数组定义格式的基础上再增加一对方括号，依此类推。显然，对于数组定义的统一格式可表示为：

<数据类型> <数组名>[<常量表达式 1>][<常量表达式 2>]...[<常量表达式 n>];

其中，各对方括号中的常量表达式用来相应维的大小。例如：

```
float    b[2][3];
char       c[4][5][6];
```

其中，b 是二维数组，每个元素的类型都是 float 型。c 是三维数组，每个元素的类型都是字符型。需要说明的是：

（1）要注意数组定义中维的高低。如图 5.1 所示，四维数组 d 的维的次序依次从右向左逐渐升高，最右边的是最低维，最左边的是最高维。

（2）对于多维数组来说，数组元素的个数是各维所指定的大小的乘积。例如，上述定义的二维数组 b 中的元素个数为 2x3=6 个，三维数组 c 中的元素个数为 4x5x6=120 个。

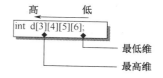

图 5.1 多维数组的维次序

一旦定义了二维数组，就可以通过下面的格式来引用数组中的元素：

<数组名> [<下标表达式 1>][<下标表达式 2>]

对于多维数组来说，引用的格式为：

<数组名> [<下标表达式 1>][<下标表达式 2>]...[<下标表达式 n>]

这里的下标表达式 1、下标表达式 2 等分别与数组定义时的维一一相对应。同一维数组一样，通过对二维或多维数组元素的引用，二维或多维数组元素可与相同数据类型的普通变量一样进行赋值、算术运算以及输入输出等操作。

2. 二维数组的初始化和赋值

在程序设计中，常将二维数组看成一个具有行和列的数据表，例如：

```
int a[3][4];
```

由于它在内存空间的存放次序可以写成：

```
a[0]: a[0][0],    a[0][1],    a[0][2],    a[0][3],    // 第 0 行
a[1]: a[1][0],    a[1][1],    a[1][2],    a[1][3],    // 第 1 行
a[2]: a[2][0],    a[2][1],    a[2][2],    a[2][3],    // 第 2 行
```

因此，可以认为在数组a[3][4]中，3 表示行数，4 表示列数。故在进行二维数组进行初始化时一般采用以"行"为单位来进行。

在 C++中，"行"的数据是使用"{}"来构成，且每一对"{}"根据其书写的次序依次对应于二维数组的第 0 行、第 1 行、第 2 行、...第 i 行。例如：

```
int a[3][4] = { {1, 2, 3, 4}, {5, 6, 7, 8}, {9, 10, 11, 12}};
```

其中，{1, 2, 3, 4}是对第 0 行元素进行初始化，{5, 6, 7, 8}是对第 1 行元素进行初始化，{9, 10, 11, 12}是对第 2 行元素进行初始化，它们是依次进行，行与行之间用逗号分隔。每对花括号里的数据个数均不能大于列数。需要说明的是：

（1）可以只对部分元素赋初值，例如：

```
int  a[3][4] = {{1, 2}, {3}, {4, 5, 6}};
```

凡没有明确列举元素值的元素，其值均为 0，即等同于：

```
int  a[3][4] = {{1, 2, 0, 0}, {3, 0, 0, 0}, {4, 5, 6, 0}};
```

又如：

```
int  a[3][4] = {1, 2, 3};
```

此时数据中没有花括号时，则将其按元素在内存空间的存放次序依次赋初值，即 a[0][0] = 1，a[0][1] = 2，a[0][2] = 3，其余的各个元素的初值为 0。

（2）要注意二维数组中以"行"为单位的混合形式的初始化情况，例如：

```
int a[3][4] = {{1, 2}, {3, 4, 5}, 6};
```

则{1,2}对应于 a 的第 0 行，{3,4,5}对应于 a 的第 1 行，后面的 6 无论是否有花括号，都对应于 a 的下一行。因此上述初始化等同于：

```
int a[3][4] = {{1, 2, 0, 0}, {3, 4, 5, 0}, {6, 0, 0, 0}};
```

（3）对于多维数组来说，若有初始化，则定义数组时可只忽略最高维的大小，但其他维的大小不能省略。也就是说，在二维数组定义中，最左边方括号的大小可以不指定，但最右边方括号的大小必须指定。例如：

```
int b[][4] = {1, 2, 3, 4, 5, 6, 7, 8, 9, 10, 11, 12};
// 结果为b[3][4]
int b[][4] = {{1, 2, 3, 4}, {5, 6}, {7},{ 8, 9, 10, 11}, 12};
// 结果为b[5][4]
int b[][4] = {1, 2, 3};                    // 结果为b[1][4]
int b[][4] = {{1}, 2, 3};                  // 结果为b[2][4]
```

5.1.3 数组与函数

以前所讨论的函数调用都是按实参和形参的对应关系将实际参数的值传递给形参，这种参数传递称为值传递。在值传递方式下，函数本身不对实参进行操作，也就是说，即使形参的值在函数中发生了变化，实参的值不会受到影响。但如果传递函数的参数是某个内存空间的地址时，则对这一个函数的调用就是按地址传递的函数调用，简称传址调用。由于函数形参和实参都是指向同一个内存空间的地址，形参值的改变也就是实参地址所指向的内存空间的内容改变，从而实参的值也将随之改变。通过地址传递，可以由函数带回一个或多个值。

数组也可作为函数的形参和实参，若数组元素作为函数的实参，则其用法与一般变量相同。当数组名作为函数的实参和形参时，由于数组名表示数组内存空间的首地址，因此是函数的地址传递。当函数的形参是一个数组时，要注意：

（1）函数调用时，实参数组与形参数组的数据类型应一致，如不一致，结果将出错。

（2）形参数组也可以不指定大小，在定义数组时数组名后面跟一个空的方括号，为了在被调用函数中处理数组元素的需要，可以另设一个参数，传递数组元素的个数。例如：

```
float  ave(int data[], int n);
```

【例 Ex_Ave】求一个一维数组中所有元素的平均值

```
#include <iostream>
using namespace std;
float ave(int data[], int n);                    // 声明函数原型
int  main()
{
```

```
        int a[] = {60, 70, 80, 87, 94};
        int n = sizeof(a)/sizeof(int);              // 计算数组 a 中的元素
        cout<<"数组 a 的平均值为: "<<ave( a, n )<<endl;
        return 0;
}
float ave(int data[], int n)                        // 函数定义
{
        float sum = 0.0f;
        for (int i=0; i<n; i++) sum += data[i];
        return  sum/(float)n;
}
```

程序运行的结果如下：

数组 a 的平均值为: 78.2

5.1.4 排序

排序是数组最典型的一个应用实例，是程序经常进行的一种操作，其目的是将一组无序的序列调整为有序的序列。排序算法有许多，这里仅介绍三种：冒泡排序法、选择排序法和直接插入排序法。

1. 冒泡排序法

冒泡排序法又称起泡法。设有一维数组 data，元素个数为 n，若按从小到大排序，则其算法过程是这样的：

首先将 n 个元素中相邻两个元素进行比较，若当前的元素比下一个元素大，则相互交换，再与下一个相邻的元素逐一比较，直到最大的元素"沉"到 data[n-1]位置为止，再将剩下的前 n-1 个元素，从头开始进行相邻两个元素的比较，直到最大的元素"沉"到 data[n-2]位置为止，这样不断重复下去，直到剩下最后一个元素 data[0]。

例如，设 int 数组 data 中的元素为 20，40，-50，7，13，当按从小到大排序时，其过程可如图 5.2 所示，图中带底纹的是比较后的相邻两个元素，若需要相互交换，则它们两边还带有箭头符号。

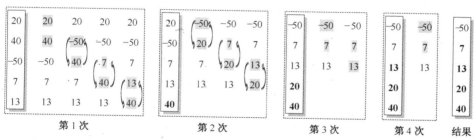

图 5.2　冒泡排序过程

显然，若将待排序的元素看作是竖着排列的"气泡"，则较小的元素比较轻，从而要往上浮，故而得名。通常把每一轮比较交换过程称为一次起泡。可以看出，完成一次起泡后，已排好序的元素就增加一个，要排序的元素就减少一个，从而使下次起泡过程的比较运算就减少一次，因此对于 n 个元素来说，各轮比较的次数依次为：n-1, n-2, …, 2, 1。

根据上述过程，可有下列程序。函数 bubblesort 用来对一维 int 数组 data 中的 n 个元素按从小到大的次序用起泡法排序。

【例 Ex_BubbleSort】用起泡法将一维数组元素按从小到大排序
```
#include <iostream>
```

```
using namespace std;
void bubblesort( int data[], int n );
int  main()
{
    int a[] = {20, 40, -50, 7, 13};
    int n = sizeof(a)/sizeof(int);              // 计算数组 a 中的元素
    bubblesort( a, n );
    for (int j=0; j<n; j++)
        cout<<a[j]<<"\t";
    cout<<endl;
    return 0;
}
void bubblesort( int data[], int n )
{
    int temp;
    for (int i=1; i<n; i++)                      // 外循环
        for (int j=0; j<n-i; j++)                // 内循环
            if (data[j]>data[j+1])
            {
                temp = data[j]; data[j] = data[j+1];   data[j+1] = temp;
            }
}
```

执行该程序，结果如下：

-50	7	13	20	40

2. 选择排序法

设有一维数组 data，元素个数为 n，若按从小到大排序，则选择排序法的算法过程是这样的：首先从数组 data 中的 n 个元素中找出最小元素，放在第一个元素即 data[0]位置上，再从剩下的 n-1 个元素中找出最小元素，放在第二个元素即 data[1]位置上，这样不断重复下去，直到剩下最后一个元素。例如，设 int 数组 data 中的元素为 20, 40, -50, 7, 13，当按从小到大排序时，则选择排序法的过程如图 5.3 所示，其中括号中的数表示已排好的元素。

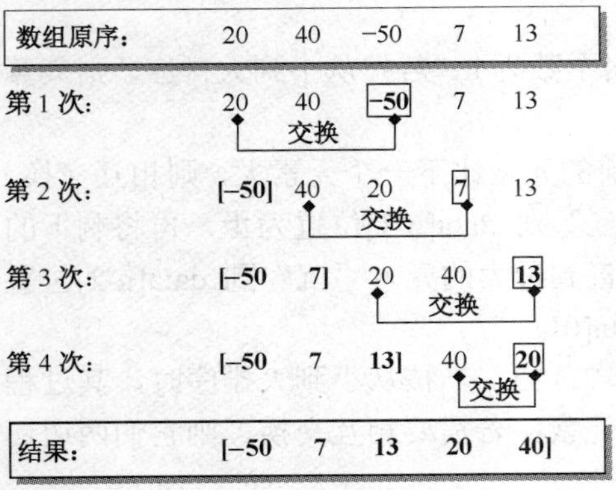

图 5.3 选择排序过程

【例 Ex_SelSort】用选择法将一维数组元素按从小到大排序

```
#include <iostream>
using namespace std;
void selsort( int data[], int n );
int  main()
{
    int a[] = {20, 40, -50, 7, 13};
    int n = sizeof(a)/sizeof(int);              // 计算数组 a 中的元素
    selsort( a, n );
    for (int j=0; j<n; j++)
        cout<<a[j]<<"\t";
    cout<<endl;
    return 0;
}
void selsort(int data[], int n)
{
    int  min, k, temp;
    for (int i=0; i<n-1; i++)                    // 外循环
    {
        // 从 data[i]~data[n-1]中找出最小元素 data[k]
        min = data[i];      k = i;
        for (int j=i+1; j<n; j++)                // 内循环
```

```
        if (min>data[j])     { min = data[j];        k = j;   }
    // data[i]和data[k]交换，目的是将最小元素data[k]放到data[i]位置上
    temp = data[i]; data[i] = data[k]; data[k] = temp;
    }
}
```

执行该程序，结果如下：

```
-50     7       13      20      40
```

程序中，由于最小元素 data[k] 的值等于 min，因此 data[i] 和 data[k] 交换代码可直接写成：

```
data[k] = data[i];      data[i] = min;
```

3. 直接插入排序法

设有一维数组 data，元素个数为 n，若按从小到大排序，则直接插入排序法的算法过程是这样的：先将下标为 0 的元素作为已排好的元素，然后从下标为 1 的元素开始，依次把后面的元素按大小插入到前面已排好序的元素中，直到将全部元素插完为止，从而完成排序过程。例如，设 int 数组 data 中的元素为 20、40、-50、7、13，当按从小到大排序时，则直接插入排序法的过程如图 5.4 所示，其中括号中的数表示已排好的元素。

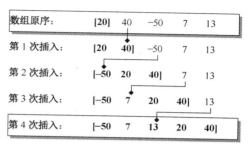

图 5.4　直接插入排序过程

从图可以看出，直接插入排序法的关键是如何将一个元素插入到前面已排好序的元素中。实际上，一个元素插入的算法可包含二步操作：一是找到元素要插入的位置，通常用比较判断来进行；二是当该元素后面有已排序的元素，则将它们依次后移一个位置，后移时要从已排序的最后一个元素开始操作，以避免元素的值被覆盖。

根据直接插入排序法的算法过程和上述分析，可有下列程序。

【例 Ex_InsertSort】用直接插入法将一维数组元素按从小到大排序

```
#include <iostream>
using namespace std;
void insertsort( int data[], int n );
int main()
{
    int a[] = {20, 40, -50, 7, 13};
    int n = sizeof(a)/sizeof(int);              // 计算数组 a 中的元素
    selsort( a, n );
    for (int j=0; j<n; j++)
        cout<<a[j]<<"\t";
    cout<<endl;
    return 0;
}
void insertsort( int data[], int n )
{
    int nInsert, nPos;                          // 要插入的元素和要插入的位置
    int nPosMax = 0;                            // 已排好序的元素的最大下标，初始时为 0
    int j;
    for (int i=1; i<n; i++)                     // 从下标 1 开始
    {
        // 默认时，假设要插入的元素是要插入到已排好序的元素的最后面
        nInsert = data[i];                     // 被插入的元素
        nPos    = i;                           // 要插入的默认位置
        // 在已排好序的元素中查找 nInsert 实际要插入的位置
        for (j=0; j<=nPosMax; j++) {
            if (nInsert<data[j])               // 一旦为真，后面就无需判断
            {
```

```
                    nPos = j;                      // j 就是要插入的实际位置
                    break;
                }
            }
            //当 nPos 后面有已排序的元素时，nPos 以后的已排好序的元素要后移
            j = nPosMax;
            while ( j >= nPos)
            {
                data[j+1] = data[j];            j--;
            }
            // 插入 nInsert
            data[nPos] = nInsert;
            // 已排序好的元素的最大下标要加 1
            nPosMax++;
        }
    }
```

执行该程序，结果如下：
```
-50     7       13      20      40
```
事实上，函数 insertsort 中的代码还可进一步优化，即可将查找、移位、插入等操作一起在一个循环中进行，即：

```
void insertsort( int data[], int n )
{
    int nInsert, j;
    for (int i=1; i<n; i++) {              // 要插入的次数
        nInsert = data[i];                 // 被插入的元素
        j = i-1;
        while ((j>= 0)&&(nInsert<data[j])) {
            data[j+1] = data[j];            j--;
        }
        data[j+1] = nInsert;               // 插入 nInsert
    }
}
```

5.2　指针和引用

　　指针和引用是 C++语言非常重要的概念。由于指针的使用比较复杂，但一旦正确熟练地掌握后，便能使程序变得简洁高效。因此，在学习时要注意领会其特点和本质。

5.2.1　地址和指针

　　1. 地址
　　在计算机中，内存区中的一个最小单元通常是一个字节（byte）的存储空间。为了便于内存单元的访问，系统为每一个内存单元分配一个相对固定的 32 位编码（在 32 位机器中），这个编码就是内存单元的地址。在计算机内部，地址是内存单元的标识。
　　2. 变量和内存空间
　　如果在程序中定义了一个变量，编译就会给这个变量分配一定数量的连续的内存单元，且内存单元的具体数量由变量定义时的数据类型来决定。例如：
```
int nNum;                    // 整型变量
```
　　因是 int 型，故编译会为其分配 4 个字节（32 位机器）的连续内存单元的内存空间。之后，在程序中就可通过变量名 nNum 对其内存空间进行存取操作。例如：
```
nNum = 258;
```

则赋值运算符"="负责将右边的 258 存储到左边变量名 nNum 所对应的内存空间中。若设 nNum 对应的内存空间的第 1 个内存单元的地址（即首地址）是 0012FF7C，则其值 258 存储在内存空间的结果如图 5.5 所示。

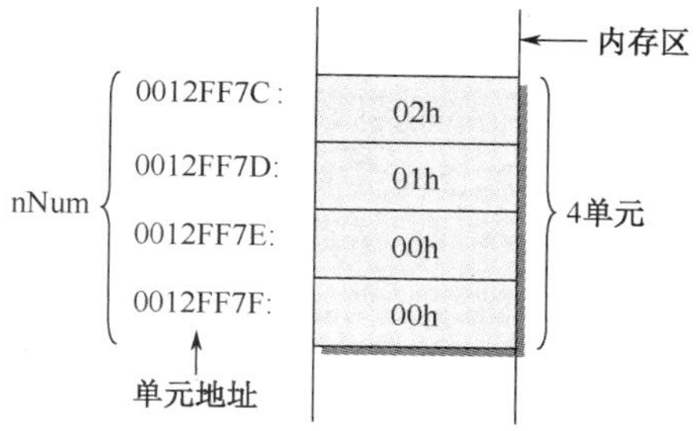

可见，一个变量对应的内存空间可用其首地址和数据类型来唯一确定。在程序中，变量名是变量所对应的内存空间的标识，对变量名的操作也是对其内存空间的操作。

图 5.5　变量 nNum 对应的内存空间

3. 指针

在程序中用变量名来操作其内存空间的最大好处是不必关心其内存空间的地址，但同时，由于变量一旦定义后，变量名和内存空间的对应关系在编译时就确定下来了，在变量的运行生命期中这种对应关系是不能被改变的。因而，用变量名来操作其他内存空间受到了一定的限制。为了能像变量名那样来引用它所对应的内存空间，又能在程序中比较随意地访问其它不同的内存空间，C++引入了指针（pointer）这个概念。

由于一个内存空间可用其首地址和单元个数（大小）来唯一确定，而不同的内存空间的首地址也各不相同，因此为了能让一个指针访问不同的内存空间，则指针本身存放的值必须是不同内存空间的首地址。由于可以存放地址值，所以指针必须是一个变量，这样就可以在程序中进行定义了，但此时指针的数据类型，不是反映它存取的数值类型，而是用来确定该指针所能访问的内存空间的大小。这样，指针一旦定义并初始化后，通过指针名和专门的运算符就可在程序中建立、操作和引用不同的内存空间了。

5.2.2　指针定义和引用

C++中定义一个指针变量可按下列格式：

```
<数据类型> *<指针变量名1>[,*<指针变量名2>,...];
```

式中的"*"是一个定义指针变量的说明符，它不是指定变量名的一部分。每个指针变量前面都需要这样的"*"来标明。数据类型决定了指针所指向的内存空间的大小。例如：

```
int *pInt1, *pInt2;     // pInt1,pInt2 是指向整型变量的指针
float *pFloat;          // pFloat 是一个指向实型变量的指针
char     *pChar;        // pChar 是一个指向字符型变量的指针，它通常用来处理字符串
```

则定义了整型指针 pInt1、pInt2，单精度实型指针 pFloat 和字符型指针 pChar。其中，由于指针 pInt1 和 pInt2 的类型是 int，因此 pInt1 和 pInt2 用来指向一个 4 字节的内存空间。由于指针的值是某个内存空间的首地址，而地址的长度都是一样的，因此指针自身所占的内存空间大小都是相同的，在 32 位机器中都是 4 个字节。

一般地，为了使指针变量与其他普通变量相区别，在定义时常将指针名前面的第 1 个字母用小写字母 p 来表示。

5.2.3　&和*运算符

C++中有两个专门用于指针的运算符"&"和"*"，它们都是单目运算符，其格式如下：

1.（取地址运算符）&

运算符"&"的功能是获取操作对象的指针。对于变量来说，其指针值就是该变量所对应的内存空间的首地址。例如：

```
int    a[5], i;
```
则 "&i" 用来获取变量 i 的指针，它的值是 i 内存空间的首地址，类型为 "int *"，"&a[0]" 用来获取 a[0]的指针，它的值是 a[0]内存空间的首地址，其类型也是 "int *"。但 "&a" 用来获取数组 a 的指针，其类型为 "int (*)[5]"（后面还会讨论）。注意 "&a[0]" 和 "&a" 的区别。

2. （取值运算符）*

运算符 "*" 的功能是引用指针所指向的内存空间。当其作为左值时，则被引用的内存空间应是可写的；当其作为右值时，则 "引用" 的操作是读取被引用的内存空间的值。

例如：
```
int    *p;
…
*p = 8;                                // A，写入
int a = *p;                            // B，读取
```
A 语句中，是将 8 存放（写入）到 "*p" 的内存空间中，而 B 语句将 "*p" 内存空间的值读取，然后 "赋给" 变量 a。

需要说明的是，"*" 和 "&" 运算符在逻辑（功能）上是**互斥**的，即当它们放置在一起时可以相互抵消。例如，若有变量 i，则&i 用来获取 i 的指针，此时*(&i)就是引用 i 的指针的内存空间，即变量 i。正因为如此，C++将 "*" 运算符的功能解释为 "解除&操作"。同样，使用&*p 就是使用指针 p。

需要注意的是：

（1）在使用指针变量前，一定要进行初始化或有确定的地址数值。例如下面的操作会产生致命的错误：
```
int *pInt, a = 10;
*pInt = 10;              //
```
或
```
*pInt = a;
```
（2）指针变量只能赋以一个指针的值，若给指针变量赋了一个变量的值而不是该变量的地址或者赋了一个常量的值，则系统会以这个值作为地址。根据这个 "地址" 读写的结果将是致命的。

（3）两个指针变量进行赋值，必须使这两个指针变量类型相同，这样才能保证操作的内存 "单元" 的大小是相同的。否则，结果将是不可预测的。例如：
```
int *pi;
float    f = 1.22, *pFloat = &f;
pi = pFloat;                         // 尽管本身的赋值没有错误，但结果是不可预测的。
                                     // 因为 (*pi) 的值不会等于 1.22，也不会等于 1
```

5.2.4 指针运算

除了前面的赋值运算外，指针还有算术运算和关系运算。

1. 指针的算术运算

在实际应用中，指针的算术运算主要是对指针加上或减去一个整数。
```
<指针变量> + n
<指针变量> - n
```
指针的这种运算的意义和通常的数值加减运算的意义是不一样的。这是因为一旦指针赋初值后，指针的指向也就确定了，由于指针指向一块内存空间，因此当一个指针加减一个整数值 n 时，实际上是将指针的指向向上（减）或向下（加）移动 n 个位置，因此指针加上或减去一个整数值 n 后，其结果仍是一个指针。

由于指针的数据类型决定了指针所指向的内存空间的大小，因此，相邻两个指向的间距是 sizeof(指针数据类型)个内存单元。因此一个指针加减一个常数 n 后，其指向的地址是在原指向基础上加上或减去 sizeof(指针数据类型)*n 字节。

例如，若有：int *ptr; 当指针初始化后，若设当前指向的位置地址值为 0012FF70h，则当指针 ptr 加上整数 2 时，即 ptr + 2。编译会将指针 ptr 的当前指向向下移动 2 个指向位置，由于指针类型是 int，因而指向位置的间距是 sizeof(int)个内存单元，故(ptr + 2)指针的位置地址值为 0012FF70h + sizeof(int)*2，即为 0012FF78h，如图 5.6 所示。

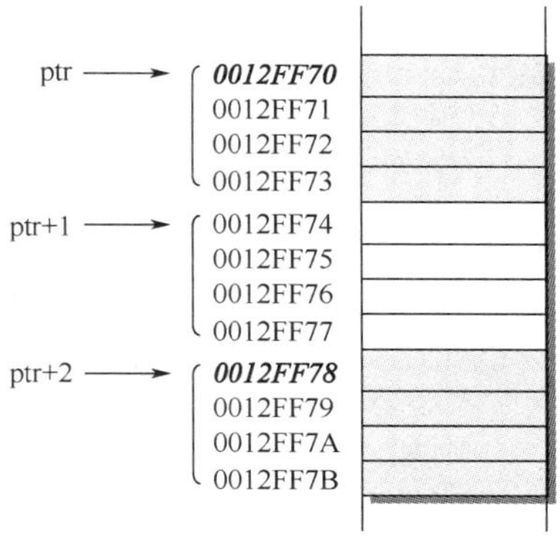

当 n 为 1 时，若有 ptr = ptr ± n 时，则为 ptr++或 ptr--，这就是指针 ptr 的自增(++)、自减(--)运算。

2. 指针的关系运算

两个指针变量的关系运算是根据两个指针变量值的大小来进行比较。在实际应用中，通常是比较两个指针反映地址的前后关系或判断指针变量的值是否为 0。

图 5.6　指针的算术运算

【例 Ex_PointerOp】将字符数组 a 中的 n 个字符按相反顺序存放

```cpp
#include <iostream>
using namespace std;
int  main()
{
    char a[] = "Chinese";
    char *p1 = a, *p2 = a, temp;
    while (*p2!='\0') p2++;
    p2--;                          // 将 p2 指向 a 的最后一个元素
    while (p1<p2)
    {
        temp = *p1;    *p1 = *p2;    *p2 = temp;// 交换内容
        p1++;
        p2--;
    }
    cout<<a<<endl;                 // 输出结果
    return 0;
}
```

程序运行的结果如下：

esenihC

程序中，先将指针 p1 和 p2 分别指向同一个字符数组 a，然后将 p2 指向字符数组 a 的最后一个元素，p1 从数组 a 的首地址向后移动，p2 从数组 a 的末地址向前移动，当 p1 的地址在 p2 之前时，交换地址的内容，即交换字符数组 a 的元素内容，从而实现数组 a 中的字符按相反顺序存放。

5.2.5　指针和数组

在 C++中，下标运算符"[]"具有下列含义（设数组名为 a）：

a[i] = *(a+i)

由这个等式可知：当 i = 0 时，a[0] = *(a+0) = *a，&a[0] = &(*a)；从而：a = &a[0]。也就是说，一维数组名 a 可以看成是一个指针。又由于数组定义后，编译只为数组每个元素开辟相同的内存空间，但没有为数组名本身分配内存空间。因此，一维数组的数组名 a 只能看成是一个指针常量。

从 "a = &a[0]" 可知,一维数组中数组名 a 的值等于下标序号为 0 的元素(即数组第一个元素 a[0])的地址,也就是整个一维数组 a 的内存空间的首地址。

事实上,下标运算符 "[ ]" 左边的操作对象除可以是指针常量外,还可以是指针变量,甚至是一个指针表达式。例如:

```
(a+i)[j] = *((a+i)+j) = *(a+i+j) = *(a+(i+j)) = a[i+j]
```

若当一个指针变量 p 指向一维数组 a 时,由于一维数组名是一个指针常量,因此它可以直接赋给指针变量 p。即:

```
int  a[5];
int *p = a;                          // 或 int *p = &a[0];
此时,若有:
*(p+1) = 1;
则和
a[1] = 1;
```

是等价的。由于指针变量和数组的数组名在本质上是一样,都是反映地址值。因此指向数组的指针变量实际上也可像数组变量那样使用下标,而数组变量又可像指针变量那样使用指针。例如:p[i]与*(p+i)及 a[i]是等价的,*(a+i)与*(p+i) 是等价的。

【例 Ex_SumUsePointer】用指针运算来计算数组元素的和

```
#include <iostream>
using namespace std;
int  main()
{
    int a[6]={1, 2, 3, 4, 5, 6};
    int *p = a;                       // 用数组名 a 给指针初始化
    int sum = 0;
    for (int i=0; i<6; i++)
    {
        sum += *p;  p++;
    }
    cout<<sum<<endl;                  // 输出结果
    return 0;
}
```

程序运行的结果如下:

```
21
```

上述的一维数组的指针比较容易理解,但对于多维数组的指针来说要复杂许多。为了叙述方便,下面以二维数组的指针为例来进一步阐述(对于三维、四维数组等也可同样分析)。

设有二维数组 a,它有 2 x 3 个元素,如下面的定义:

```
int  a[2][3] = {{1, 2, 5}, {7, 9, 11}};
```

可以理解成:a 是数组名,a 数组包含二个元素 a[0]、a[1],而每一个元素又是一个一维数组,例如 a[0]有 3 个元素:a[0][0]、a[0][1]、a [0][2],它可以用一个指针来表示,例如:

```
int *p1, *p2;
p1 = a[0];
p2 = a[1];
```

而数组名 a 代表整个二维数组的首地址,又可理解成是指向一维数组的指针的一维数组,也就是说 a 可以用指向指针的指针来表示:

```
int **p;                           // 该指针又称为二级指针
p = a;
```

其中,p[0]或*p 等价于 p1 或 a[0],p[1]或*(p+1)等价于 p2 或 a[1]。

【例 Ex_MultiArrayAndPointer】分析下列程序的输出结果

```
#include <iostream>
using namespace std;
int  main()
```

```
{
    int a[3][3]={1, 2, 3, 4, 5, 6, 7, 8, 9};
    int y = 0;
    for (int i=0; i<3; i++)
        for (int j=0; j<3; j++)
            y += (*(a+i))[j];
    cout<<y<<endl;
    return 0;
}
```

程序运行的结果如下：

```
45
```

程序中，"y += (*(a+i))[j];"是理解本程序的关键。事实上，*(a+i)就是 a[i]，因而(*(a+i))[j]
就是 a[i][j]。这里的 "y += (*(a+i))[j];" 语句就是求数组 a 中各个元素之和，结果是 45。

5.2.6 指针和函数

指针既可以作为函数的形参和实参，又可以作为返回值，应用非常广泛。这里仅讨论指
针作为函数的参数的应用情况。

由于函数的参数可以是 C++任意合法变量，自然，也可以是一个指针。如果函数的某个
参数是指针，对这一个函数的调用就是按地址传递的函数调用，简称传址调用。由于函数形
参指针和实参指针指向同一个地址，因此形参内容的改变必将影响实参。在实际应用中，函
数可以通过指针类型的参数带回一个或多个值。

【例 Ex_SwapUsePointer】指针作为函数参数的调用方式

```
#include <iostream>
using namespace std;
void swap(int *x, int *y);
int main()
{
    int a = 7, b = 11;
    swap(&a, &b);
    cout<<"a = "<<a<< ", b = "<<b<<"\n";
    return 0;
}
void swap(int *x, int *y)
{
    int temp;
    temp = *x; *x = *y; *y = temp;
    cout<<"x = "<<*x<<", y = "<<*y<<"\n";
}
```

程序运行的结果如下：

```
x = 11, y = 7
a = 11, b = 7
```

传递指针的函数调用实现过程如下：

（1）函数声明中指明指针参数，即示例中的 "void swap(int *x, int *y);"；

（2）函数调用的实参中指明变量的地址，即示例中的 "swap(&a, &b);"；

（3）函数定义中对形参进行间接访问。对*x 和*y 的操作，实际上就是访问函数的实参变
量 a 和 b，通过局部变量 temp 的过渡，使变量 a 和 b 的值被修改。

5.2.7 new 和 delete

C++中的运算符 new 和 delete 能有效地、直接地进行动态内存的分配和释放。运算符 new
返回指定类型的一个指针，如果分配失败（如没有足够的内存空间）时则返回 null（空指针）。

例如：

```
double *p;
p = new double;
*p = 30.4;                          // 将值存在在开辟的单元中
```

系统自动根据 double 类型的空间大小开辟一个内存单元，并将地址放在指针 p 中。当然，也可在开辟内存单元时，对单元里的值进行初始化。例如上述代码可写成：

```
double *p;
p = new double(30.4);
```

运算符 delete 操作是释放 new 请求到的内存。例如：

```
delete p;
```

它的作用是将 p 指针的内存单元释放，指针变量 p 仍然有效，它可以重新指向另一个内存单元。

需要注意的是：

（1）new 和 delete 须配对使用。也就是说，用 new 为指针分配内存，当使用结束之后，一定要用 delete 来释放已分配的内存空间。

（2）运算符 delete 必须用于先前 new 分配的有效指针。如果使用了未定义的其它任何类型的指针，就会带来严重问题，如系统崩溃等。

（3）new 可以为数组分配内存，但当释放时，也可告诉 delete 数组有多少个元素。例如：

```
int *p;
p = new int[10];                    // 分配整型数组的内存，数组中有 10 元素
if ( !p ){
    cout<<"内存分配失败! ";
    exit(1);                        // 中断程序执行
}
for (int i=0; i<10; i++)
    p[i] = i;                       // 给数组赋值
//...
delete  [10]p;                      // 告诉 delete 数组有多少个元素，或 delete [ ]p;
```

5.2.8 引用和引用传递

C++中提供了一个与指针密切相关的特殊数据类型——引用。

1. 引用定义和使用

定义引用类型变量，实质上是给一个已定义的变量起一个别名，系统不会为引用类型变量分配内存空间，只是使引用类型变量与其相关联的变量使用同一个内存空间。定义引用类型变量的一般格式为：

```
<数据类型>  &<引用名> = <变量名>
<数据类型>  &<引用名>  (<变量名>)
```

其中，变量名必须是一个已定义过的变量。例如：

```
int a = 3;
int &ra = a;
```

这样，ra 就是一个引用，它是变量 a 的别名。所有对这个引用 ra 的操作，实质上就是对被引用对象 a 的操作。例如：

```
ra = ra + 2;
```

实质上是 a 加 2，a 的结果为 5。当然，在使用引用时，还需要注意的是：

（1）定义引用类型变量时，必须将其初始化。而且引用变量类型必须与为它初始化的变量类型相同。例如：

```
float fVal;
int &rfVal = fVal;                  // 错误：类型不同
```

（2）当引用类型变量的初始化值是常数时，则必须将该引用定义成 const 类型。例如：

```
const int &ref = 2;                    // const 类型的引用
```

（3）可以引用一个结构体（以后讨论），但不能引用一个数组，这是因为数组是某个数据类型元素的集合，数组名表示该元素集合空间的起始地址，它自己不是一个真正的数据类型。例如：

```
int a[10];
int &ra = a;                           // 错误：不能建立数组的引用
```

（4）引用本身不是一种数据类型，所以没有引用的引用，也没有引用的指针。例如：

```
int a;
int &ra = a;
int &rra = ra;                         // 正确，变量 a 的另一个引用
int& *p = &ra;                         // 错误：企图定义一个引用的指针
```

2. 引用传递

前面已提到过，当指针作为函数的参数时，形参的改变后相应的实参也会改变。但是如果在函数中反复使用指针，容易产生错误且难以阅读和理解。如果以引用作为参数，则既可以实现指针所带来的功能，而且简便自然。一个函数能使用引用传递的方式是在函数定义时将形参前加上引用运算符"&"。

【例 Ex_SwapUseReference】引用作为函数参数的调用方式

```
#include <iostream>
using namespace std;
void swap(int &x, int &y);
int  main()
{
    int  a(7),  b(11);
    swap(a, b);
    cout<<"a = "<<a<< ", b = "<<b<<"\n";
    return 0;
}
void swap(int &x, int &y)
{
    int temp;
    temp = x;  x = y;  y = temp;
    cout<<"x = "<<x<<", y = "<<y<<"\n";
}
```

程序运行的结果如下：

```
x = 11, y = 7
a = 11, b = 7
```

函数 swap 中的&x 和&y 就是形参的引用说明。在执行 swap(a, b);时，虽然看起来是简单的变量传递，但实际上传递的是实参 a, b 的地址，也就是说，形参的任何操作都会改变相应的实参的数值。引用除了可作为函数的参数外，还可作为函数的返回值。

5.3 字符串及其操作

在 C++中，字符串既可以通过字符数组来存取，也可以用字符指针来操作。但使用字符数组时，有时其数组大小与字符串的长度不一定相匹配，因此在许多场合中使用字符指针更为恰当。另外，字符串本身还有拼接、截取以及比较等操作。

5.3.1　字符数组

当定义的数组的数据类型为 char 时，这样的数组就称为字符数组，字符数组的每个元素都是字符。由于字符数组存放的是一个字符序列，因而它跟字符串常量有着密切的关系。在C++中，可用字符串常量来初始化字符数组，或通过字符数组名来引用字符串等。

1. 一维字符数组

对于一维字符数组来说，它的初始化有两种方式。一是：

```
char  ch[ ] = {'H', 'e', 'l', 'l', 'o', '!', '\0'};
```

另一种方式是使用字符串常量来给字符数组赋初值。例如：

```
char    ch[ ] = {"Hello!"};
```

其中的花括号可以省略，即：

```
char    ch[ ] = "Hello!";
```

这几种方式都是使元素 ch[0]= 'H'，ch[1]= 'e'，ch[2]= 'l'，ch[3]= 'l'，ch[4]= 'o'，ch[5]= '!'，ch[6]= '\0'。

需要说明的是，如果指定的数组长度大于字符串中的字符个数，那么其余的元素将自动设定为'\0'。例如：

```
char    ch[9] = "Hello!";
```

因"Hello!"的字符个数为 6，但还要包括一个空字符'\0'，故数组长度至少是 7，从 ch[6]开始到 ch[8]都等于空字符'\0'。

要注意，不能将字符串常量直接通过赋值语句赋给一个字符数组。例如，下列赋值语句是错误的：

```
char    str[20];
str = "Hello!";                          // 错误
```

因为这里字符数组名 str 是一个指针常量（以后还会讨论），不能作左值。

2. 二维字符数组

一维字符数组常用于存取一个字符串，而二维字符数组可存取多个字符串。例如：

```
char str[][20]={ "How",  "are",  "you"};
```

这时，数组元素 str[0][0]表示一个 char 字符，值为'H'；而 str[0]表示字符串"How"，str[1]表示字符串"are"，str[2]表示字符串"you"。由于省略了二维字符数组的最高维的大小，编译会根据初始化的字符串常量，自动设为 3。要注意，二维字符数组的最右边的大小应不小于初始化初值列表中最长字符串常量的字符个数+1。

5.3.2　字符指针

当一个指针定义时指定的类型是 char*时，则这样定义的指针为字符指针。与普通指针变量一样，在 C++中定义一个字符指针变量（指针）的格式如下：

```
char *<指针名 1>[, *<指针名 2>, ...];
```

例如：

```
char *str1, *str2;                    // 字符指针
```

则定义的 str1 和 str2 都是字符指针变量。对于字符指针变量的初始化，可以用字符串常量或一维字符数组进行。

由于一个字符串常量也有一个地址，因而它可以赋给一个字符指针变量。例如：

```
char    *p1 = "Hello";
```

或

```
char    *p1;
p1 = "Hello";
```

都使得字符指针变量 p1 指向 "Hello" 字符串常量的内存空间。

由于一维字符数组可以存放字符串常量，此时的字符数组名就是一个指向字符串的指针常量，因此它也可用于字符指针变量的初始化或赋值操作。例如：

```
char    *p1, str[] = "Hello";
p1 = str;
```

则使得字符指针变量 p1 指向字符数组 str 的内存空间，而 str 存放的内容是 "Hello" 字符串常量，因此这种赋值实际上是使 p1 间接指向 "Hello" 字符串常量。

字符指针一旦初始化或赋初值后，就可在程序中使用它，并且以前讨论过的指针操作都可以用于字符指针。例如，下面的示例是将一个字符串逆序输出。

【例 Ex_StrInv】字符串逆序输出

```
#include <iostream>
using namespace std;
int  main()
{
    char *p1 = "ABCDEFG", *p2 = p1;
    while (*p1 != '\0') p1++;        /* 将指针指向到字符常量的最后的结束符 */
    while (p2<=p1--)    cout<<*p1;
    cout<<endl;
    return 0;
}
```

程序运行的结果如下：
```
GFEDCBA
```

5.3.3 带参数的 main 函数

到目前为止，所接触到的 main 函数都是不带参数的。但在实际应用中，程序有时需要从命令行输入参数。例如：
```
c:\>copy file1 file2
```

这是一个常用的 DOS 命令。当它运行时，操作系统将命令行参数以字符串的形式传递给main()。为了能使程序处理这些参数，需要 main 带有参数，其最常用的格式是：
```
数据类型 main(int argc, char * argv[])
```

其中，第一个 int 型参数 argc 用来存放命令行参数的个数。实际上 argc 所存放的数值比命令行参数的个数多 1，即将命令字（或称为可执行文件名，如 copy）也计算在内。第二个参数 argv 是一个一维的指针数组，用来存放命令行中各个参数和命令字的字符串，且规定：
```
argv[0]存放命令字
argv[1]存放命令行中第一个参数
argv[2]存放命令行中第二个参数
argv[3]存放命令行中第三个参数
...
```

这里，argc 的值和 argv[] 各元素的值都是系统自动赋值的。

【例 Ex_Main】处理命令行参数

```
#include <iostream>
using namespace std;
int  main(int argc, char *argv[])
{
    cout<<"这个程序的程序名是："<<argv[0]<<"\n";
    if (argc<=1)    cout<<"没有参数！";
    else
```

```
    {
        int nCount = 1;
        while(nCount < argc)
        {
            cout<<"第"<<nCount<<"个参数是: "<<argv[nCount]<<"\n";
            nCount++;
        }
    }
    return 0;
}
```

程序编译连接后，将 Ex_Main.exe 复制到 C 盘，然后切换到 DOS 命令提示符进行测试。

```
C:\>Ex_Main_ab_cd_E_F↵
```

程序运行的结果如下：

这个程序的程序名是：Ex_Main

第 1 个参数是：ab
第 2 个参数是：cd
第 3 个参数是：E
第 3 个参数是：F

5.3.4 字符串处理函数

由于字符串使用广泛，几乎所有版本的 C++ 都提供了若干个字符串处理函数，放在 cstring 头文件中，这里介绍几个常用的函数。

1. strcat 和 strncat

函数 strcat 是"<u>s</u>tring（字符串）<u>cat</u>enate（连接）"的简写，其作用是将两个字符串连接起来，形成一个新的字符串。它的函数原型如下：

```
char    *strcat(char *dest, const char *src);
```

其功能是将第 2 个参数 src 指定的字符串连接到由第 1 个参数 dest 指定的字符串的末尾，连接成新的字符串由参数 dest 返回。函数成功调用后，返回指向 dest 内存空间的指针，否则返回空指针 NULL。例如：

```
char s1[50] = "good⌴";
char s2[] = "morning";
strcat(s1,s2);
cout<<s1;
```

结果输出 good⌴morning。需要说明的是：

（1）dest 指向的内存空间必须足够大，且是可写的，以便能存下连接的新的字符串。这就是说，dest 位置处的实参不能是字符串常量，也不能是 const 字符指针。

（2）尽管 dest 和 scr 指定的字符串都有'\0'，但连接的时候，dest 字符串后面的'\0'被清除，这样连接后的新字符串只有末尾仍保留'\0'结束符。

（3）在 cstring 头文件中，还有一个 strncat 函数，其作用也是用于两个字符串的连接，其函数原型如下：

```
char    *strncat(char *dest, const char *src, size_t maxlen);
```

只不过，它还限定了连接到 dest 的字符串 src 的最大字符个数 maxlen。若字符串 src 字符个数小于或等于 maxlen，则等同于 strcat。若字符串 src 字符个数大于 maxlen，则只有字符串 src 的前 maxlen 个字符被连接到 dest 字符串末尾。例如：

```
char s1[50] = "good_";
char s2[] = "morning";                    /* 7 个字符 */
strncat(s1,s2, 3);
cout<<s1;
```

则输出结果为 good⌴mor。

2. strcpy 和 strncpy

函数 strcpy 是"<u>string copy</u>（字符串复制）"的简写，用于字符串的"赋值"。其函数原型如下：

```
char    *strcpy(char *dest, const char *src);
```

其功能是将第 2 个参数 src 指定的字符串复制到由第 1 个参数 dest 指定的内存空间中，包括结尾的字符串结束符'\0'。复制后的字符串由参数 dest 返回。函数成功调用后，返回指向 dest 内存空间的指针，否则返回空指针 NULL。例如：

```
char s1[50];
char s2[]="word";
strcpy(s1,s2);
cout<<s1;
```

结果输出 word，说明 strcpy 已经将 s2 的字符串复制到了 s1 中。需要说明的是：

（1）复制是内存空间的写入操作，因而需要 dest 所指向的内存空间足够大，且内存空间是可写入的，以便能容纳被复制的字符串 src。要注意，dest 所指向的内存空间的大小至少是 scr 字符个数+1，因为末尾还有一个结束符'\0'。例如，下面的错误代码比较隐蔽：

```
char s2[]="ABC";
char s1[3];
strcpy(s1,s2);
cout<<s1;
```

表面上看 s2 只有 3 个字符，s1 定义长度 3 就够了。但 strcpy 执行过程是将字符串结束符也一起拷贝过去的，因此 s1 的长度应该至少定义为 4。

（2）不要试图通过指针的指向改变来复制字符串。例如，下面的代码都不是真正的复制：

```
char s2[]="ABC";
char s1[10], *pstr;
s1 = s2;                            /* 错误：s1 是指针常量，不能作为左值 */
pstr = s1;                  /* pstr 指向 s1 内存空间 */
pstr = s2;                  /* pstr 指向 s2 内存空间 */
cout<<s1;
```

虽然输出的结果也是 ABC，看似复制成功，但事实上只是 pstr 指向 s2 内存空间，并非 s1 的内存空间的内容是字符串"ABC"。

（3）可以使用 strncpy 函数来限制被复制的字符串 src 的字符个数。strncpy 函数原型如下：

```
char    *strncpy(char *dest, const char *src, size_t maxlen);
```

其中，maxlen 用来指定被复制字符串 src 的最大字符个数（不含结束符'\0'）。若字符串 src 字符个数小于或等于 maxlen，则等同于 strcpy。若字符串 src 字符个数大于 maxlen，则只有字符串 src 的前 maxlen 个字符连同结束符'\0'被复制到 dest 指定的内存空间中。例如：

```
char s1[50];
char s2[]    =    "word";
strncpy(s1,s2, 2);
cout<<s1;
```

结果输出 wo。

3. strcmp 和 strnccmp

cstring 头文件中定义的函数 strcmp 是"<u>string compare</u>（字符串比较）"的简写，用于两个字符串的"比较"。其函数原型如下：

```
int strcmp(const char *s1, const char *s2);
```

其功能是：如果字符串 s1 和字符串 s2 完全相等，则函数返回 0；如果字符串 s1 大于字符串 s2，则函数返回一个正整数；如果字符串 s1 小于字符串 s2，则函数返回一个负整数。

在 strcmp 函数中，字符串比较的规则是：将两个字符串从左至右逐个字符按照 ASCII 码值的大小进行比较，直到出现 ASCII 码值不相等的字符或遇到'\0'为止。如果所有字符的 ASCII

码值都相等，则这两个字符串相等。如果出现了不相等的字符，以第一个不相等字符的 ASCII 码值比较结果为准。需要说明的是：

（1）在字符串比较操作中，不能直接使用"关系运算符"来比较两个字符数组名或字符串常量或字符指针来决定字符串本身是否相等、大于或小于等。例如：

```
char s1[100], s2[100];
cin>>s1>>s2;
if( s1 == s2 ) cout<<"same!"<<endl;
```

则这种比较只是比较 s1 和 s2 所在的内存空间的首地址，并非是字符串内容的比较。

（2）可以使用 strncmp 函数来限制两个字符串比较的字符个数。strncmp 函数原型如下：

```
int strncmp(const char *s1, const char *s2, size_t maxlen);
```

其中，maxlen 用来指定两个字符串比较的最大字符个数。若字符串 s1 或 s2 中任一字符串的字符个数小于或等于 maxlen，则等同于 strcmp。若字符串 s1 和 s2 字符个数都大于 maxlen，则参与比较的是前 maxlen 个字符。例如：

```
char s1[] = "these";
char s2[] = "that";
int i = strncmp(s1,s2, 2);
cout<<i<<endl;
```

结果输出为 0，因为 s1 和 s2 字符串的前 2 个字符是相等的。

事实上，字符串操作还不止上述论及的库函数，cstring 头文件中定义的还有许多，例如 strlen（求字符串长度，字符个数，不是字节数）、strlwr（转换成小写）、strupr（转换成大写）以及 strstr（查找子串）等。

5.4 常见问题解答

（1）什么是函数指针？

解答：指向函数地址的指针称为函数指针。同变量相似，每一个函数都有地址。函数指针指向内存空间中的某个函数，通过函数指针可以调用相应的函数。函数指针的定义如下：

```
<函数类型>( * <指针名>)( <参数表> );
```

例如：

```
int (*func)(char a, char b);
```

就是定义的一个函数指针。int 为函数的返回类型，*表示后面的 func 是一个指针变量名。该函数具有两个字符型参数 a 和 b。

一旦定义了函数指针变量，就可以给它赋值。由于函数名表示该函数的入口地址，因此可以将函数名赋给指向函数的指针变量。但一般来说，赋给函数指针变量的函数的返回值类型与参数个数、顺序要和函数指针变量相同。例如：

```
int fn1(char a, char b);
int *fn2(char a, char b);
int fn3(int n);
int (*fp1)(char x, char y);
int (*fp2)(int x);
fp1 = fn1 ;          // 正确，fn1 函数与指针 fp1 指向的函数一致
fp1 = fn2 ;          // 错误，fn2 函数的返回值类型与指针 fp1 指向的函数不一致
fp2 = fn3 ;          // 正确，fn3 函数与指针 fp2 指向的函数一致
fp2 = fp1 ;          // 错误，两个指针指向的函数不一致
fp2 = fn3(5) ;       // 错误，函数赋给函数指针时，不能加括号
```

函数指针变量赋值后，就可以使用指针来调用函数了。调用函数的格式如下：

```
( * <指针名>)( <实数表> );
```

或
```
<指针名>( <实数表> );
```
例如：
```
(*fp2)(5); 或  fp2(5) ;
```
与一般变量指针数组一样，函数指针也可构成指针数组，并可用作函数的参数。

（2）用字符串常量和字符数组来初始化字符指针，有什么区别？

解答： 它们的区别主要体现：

① 在有的编译系统中，相同字符串常量的地址可能是相同的，但相同字符串内容的两个字符数组的地址一定不同。例如：
```
char    *p1, *p2;
p1 = "Hello";  p2 = "Hello";
```
由于字符指针 p1 和 p2 指向的是同一个字符串变量，因此它们的地址值在有的编译系统（如 Visual C++）中是相同的。正因为如此，许多操作系统允许用一个字符串常量来标识一个内存块。但如果：
```
char    *p1, *p2;
char    str1[] = "Hello", str2[] = "Hello";
p1 = str1;  p2 = str2;
```
则虽字符指针 p1 和 p2 间接指向的是同一个字符串变量，但它们的地址值一定是不同的。因为它们指向的字符数组空间的地址不一样。

② 在大多数编译系统（如 Visual C++）中，字符串常量所在的是常量区，其内存空间的内容在程序运行时是不可修改的。而字符数组的内存空间的内容是可修改的。例如，若：
```
char    str[80], *p1 = str;
cin>>str;                        /* 合法 */
cout<<p1;                /* 合法 */
```
但
```
char    *p1 = "Hello";
cin>>p1;                        /* A: 合法，但在 Visual C++会使程序异常终止*/
cout<<p1;                /* 合法 */
```
这里 p1 指向"Hello"所在的常量内存区。由于该内存空间的内容不可在程序运行中修改，因此 A 语句虽在编译时是合法的，但运行时它会修改常量区的内容，这是不允许的，因而造成程序异常终止。

（3）什么是空指针？

解答： 值为 0 或 NULL 的指针称为空指针。其中，NULL 被定义成值为 0 的宏。在 C++中，一个空指针就是一个无效指针，它不指向任何有效空间。在程序中，可以通过判断指针是否等 NULL 而防止指针的非法访问。

5.5 实验实训

学习本章后，可按下列内容进行实验实训：

（1）编写程序 Ex_Sort 用来将输入的 10 个整数按升序排序后输出。要求编写一个通用的插入排序函数 InsertSort，它带有三个参数，第一个参数是含有 n 个元素的数组，这 n 个元素已按升序排序；第二个参数给出当前数组中元素个数；第三个参数是要插入的整数。该函数的功能是将一个整数插入到数组中，然后进行排序。另外还需要一个用于输出数组元素的函数 Print，要求每一行输出 5 个元素。

（2）编写程序 Ex_MatAdd 求下列两个矩阵的加法（结果矩阵的元素值是这两个矩阵相应

元素之和）。要求：函数 MatAdd 用来求矩阵的加法，函数 Show 用来输出矩阵。

$$\begin{bmatrix} 1 & 2 & -1 \\ -2 & 1 & 0 \\ 1 & 0 & 3 \end{bmatrix} + \begin{bmatrix} 5 & 7 & 8 \\ 2 & -2 & 4 \\ 1 & 1 & 1 \end{bmatrix}$$

（3）编写程序 Ex_Strcpy 实现函数 void strcpy(char a[], char b[])功能：将 b 中的字符串拷贝到数组 a 中（要求不能使用 C++的库函数 strcpy）。

思考与练习

1. 选择填空。

（1）下列数组声明错误的是（　　）

  A. #define n 5

   char a[n] = {"Good"};

  B. const int n = 5;

   char a[n] = {"Good"};

  C. int n = 5;

   char a[n] = {"Good"};

  D. const int n = 5;

   char a[n+2] = {"Good"};

（2）若有以下定义，则对 b 数组元素正确的引用是（　　）

  int b[2][3] = {1, 2, 3, 4, 5, 6};

  A. b[1] B. b[0][3] C. b[2][2] D.b[1][1]

（3）若有以下语句：

  static char x[] = "12345";

  static char y[] = {'1','2','3','4','5'};

  则正确的说法是(　　)。

  A. x 和 y 数组的长度相同

  B. x 数组长度大于 y 数组长度

  C. x 数组长度小于 y 数组长度

  D. x 数组等价于 y 数组

  若有定义

（4）下述程序的输出结果是（　　）。

```
struct   COMPLEX
{
    int   x;
    int   y;
}cNum[2]={1,3,2,7};
void main()
{
    cout<<cNum[0].y/cNum[0].x*cNum[1].x<<endl;
}
```

  A. 0 B. 1 C. 3 D. 6

（5）下述程序的输出结果是（　　）。

```
union
{
    unsigned char  c;
    unsigned int   i[4];
}z;
```

```
void main()
{
    z.i[0]=0x39;
    z.i[1]=0x36;
    cout<<z.c<<endl;
}
```
A. 6   B. 9   C. 0   D. 3

2. 下列 invert 函数的功能是将数组 a 中 n 个元素逆序存放，填充下列程序中的方框。
```
void invert(int a[], int n)
{
    int i = 0, j = n - 1;
    while (    (1)    )
    {
        int t;
        t = a[i];    (2)    ; a[j] = t;
        i++;
          (3)        ;
    }
}
```

3. 函数 findmax 的功能是，找出数组 a 中最大值的下标，并返回主函数，输出下标及最大值，填充下列程序中的方框。
```
int findmax(int a[], int n)
{
    int i, k;
    for (k=0, i=1; i<n; i++)
    if (    (1)    )    k = i;
    return    (2)    ;
}
void main()
{
    int data[10], i, n = 10;
    int pos;
for (i=0; i<n; i++) cin>>data[i];
pos = findmax(data, n);
cout<<pos<<","<<    (3)    ;
}
```

4. 输入一组非 0 整数（以输入 0 作为输入结束标志）到一维数组中，设计一程序，求出这一组数的平均值，并分别统计出这一组数中正数和负数的个数。

5. 输入 10 个数到一维数组中，按升序排序后输出。分别用三个函数实现数据的输入、排序及输出。

6. 已知 int   d=5, *pd=&d, b=3; 求下列表达式的值。

A. *pd*b   B. ++*pd-b   C. *pd++   D. ++(*pd)

7. 选择填充。

(1) 选择正确的说明语句（　　）。

    A. int　N['b'];　　　　　　　　　B. int　N[4,9];

    C. int　N[ ][ ];　　　　　　　　　D. int　*N[10];

(2) 若有定义：int a = 100, *p = &a; 则*p 的值是（　　）。

    A. 变量 p 的地址　　　　　　　　B. 变量 a 的地址值

    C. 变量 a 的值　　　　　　　　　　D. 无意义

(3) 下述程序的输出结果是（　　）。

```
#include <iostream.h>
void main()
{
    int  a[5]={2,4,6,8,10};
    int  *p=a, **q=&p;
    cout<<*(p++)<<','<<**q;
}
```

    A. 4,4　　　　　　B. 2,2　　　　　　C. 4,2　　　　　　D. 4,5

(4) 下述程序片段的输出是(　　)。

```
int  a[3][4]={{1,2,3,4},{5,6,7,8}};
int  x, *p=a[0];
x=(*p)*(*p+2)*(*p+4);
cout<<x<<endl;
```

    A. 15　　　　　　B. 14　　　　　　C. 16　　　　　　D. 13

(5) 下列表示引用的方法中，（　　）是正确的。

    已知：int m = 10;

    A. int &x = m;　　B. int &y = 10;　　C. int &z;　　D. float &t = &m;

8. 编写函数 void fun(int *a, int *n, int pos, int x);其功能是将 x 值插入到指针 a 所指的一维数组中，其中指针 n 所指存储单元中存放的是数组元素个数，pos 为指定插入位置的下标。

9. 编写函数 void fun(char *s)，其功能是将 s 所指的字符串逆序存放。

10. 输入一个字符串，串内有数字和非数字字符，例如，"abc2345 345fdf678 jdhfg945"。将其中连续的数字作为一个整数，依次存放到另一个整型数组 b 中。如将 2345 存放到 b[0]、345 放入 b[1]、678 放入 b[2]、……统计出字符串中的整数个数，并输出这些整数。要求在主函数中完成输入和输出工作。设计一个函数，把指向字符串的指针和指向整数的指针作为函数的参数，并完成从字符串中依次提取出整数的工作。

11. 输入一组非 0 整数（以输入 0 作为输入结束标志）到一维数组中，设计一程序，求出这一组数的平均值，并分别统计出这一组数中正数和负数的个数。

12. 输入 10 个数到一维数组中，按升序排序后输出。分别用三个函数实现数据的输入、排序及输出。

第 **6** 章

结构和链表

　　程序中所描述的数据往往来源于日常生活，比如一个学生有多门课程成绩，此时用一维数组来组织数据则可满足需要。若是多个学生有多门课程成绩，则此时用二维数组来组织仍可满足，但若还有每门课程的学分数据，则用三维数组就无法反映其对应关系了。事实上，可将数据这个概念拓展为信息，每条信息看作一条记录。显然，对记录的描述就不能用简单的一维或多维数组来组织，而应该使用从 C 语言继承下来的结构体类型来构成。同时，基于结构体的链表模型是常见的数据结构之一。除结构体之外，C++还允许构造共用体等类型，它们从另一个方面来诠释数据类型的构造方法。

6.1　结构体

　　结构体是从 C 语言继承下来的一种构造数据类型，它是由多种类型的数据（变量）组成的整体。组成结构类型的各个分量称为结构的数据成员（简称为成员，或称为成员变量）。

6.1.1　结构体变量

1. 结构类型声明

在 C++中，结构类型的声明可按下列格式进行：

```
struct  [结构类型名]
{
        <成员定义 1>;
        <成员定义 2>;
              . . .
        <成员定义 n>;
};
```

要注意的是：

　　（1）成员的数据类型可以是基本数据类型，也可以是数组、结构等构造类型或其他已声明的合法的数据类型。成员变量定义与一般变量定义规则相同。

　　（2）结构类型的声明仅仅是一个数据类型的说明，编译不会为其分配内存空间，只有当用结构类型定义结构类型的变量时，编译才会为这种变量分配内存空间。

　　（3）结构类型声明中的最后分号"；"不要漏掉。

　　例如，若声明的学生成绩结构类型为：

```
struct  STUDENT
{
    int     no;                        // 学号
    float   score[3];                  // 三门课程成绩
    float   edit[3];                   // 三门课程的学分
```

```
        float   total, ave;                    // 总成绩和平均成绩
        float   alledit;                // 总学分
    };                                  // 分号不能漏掉
```
则结构体中的成员变量有 no（学号）、score[3]（三门课程成绩）、edit[3]（三门课程的学分）、total（总成绩）、ave（平均成绩）和 alledit（总学分）。需要说明的是：

（1）结构体中的成员变量的定义次序只会影响在内存空间中分配顺序（当定义该结构类型变量时），而对所声明的结构类型没有影响。

（2）结构类型名是区分不同类型的标识。例如，若再声明一个结构类型 PERSON，其成员变量都与 STUDENT 相同，但却是两个不同的结构类型。结构类型名通常用大写来表示，以便与其它类型名相区别。

2. 结构类型变量的定义

一旦在程序中声明了一个结构类型，就为程序添增了一种新的数据类型，也就可以用这种数据类型定义该结构类型的变量。虽然结构类型变量的定义与基本数据类型定义基本相同，但也有一些区别。在 C++ 中，定义一个结构类型变量可有 3 种方式：

（1）先声明结构类型，再定义结构类型变量，称为声明之后定义方式。例如：
```
    struct  STUDENT  stu1, stu2;
```
其中，结构类型名 STUDENT 前面的关键字 struct 可以省略。一旦定义了结构类型变量，编译就会为其分配相应的内存空间，其内存空间的大小就是声明时指定的各个成员所占的内存空间大小之和。

（2）在结构类型声明的同时定义结构类型变量，称为声明之时定义方式。这种方式是将结构类型的声明和变量的定义同时进行。在格式上，被定义的结构类型变量名应写在最后花括号和分号之间，多个变量名之间要用逗号隔开。例如：
```
    struct  STUDENT
    {
    //...
    } stu1, stu2;                       // 定义结构类型变量
```
（3）在声明结构类型时，省略结构类型名，直接定义结构类型变量。由于这种方式一般只用于程序不再使用该结构类型的场合，因此称这方式为一次性定义方式。例如：
```
    struct {
    //...
    } stu1, stu2;                       // 定义结构类型变量
```
此时应将左花括号"{"和关键字 struct 写在一行上，以便与其它方式相区别，也增加了程序的可读性。

3. 结构类型变量的初始化

同一般变量和数组一样，结构类型变量也允许在定义的同时赋初值，即结构类型变量的初始化，其一般形式是在定义的结构类型变量后面加上"= {<初值列表>};"。例如：
```
    STUDENT  stu1 = {1001, 90, 95, 75, 3, 2, 2};
```
它是将花括号中的初值依次按其成员变量定义的顺序依次给成员变量赋初值，也就是说，此时 stu1 中的 no = 1001，score[0] = 90，score[1] = 95，score[2] = 75，edit[0] = 3，edit[1] = 2，edit[2] = 2。由于其他成员变量的初值未被指定，因此它们的值是默认值或不确定。

需要说明的是，可以在上述 stu1 的初值列表中，适当地增加一些花括号，以增加可读性，例如 stu1 的成员 score 和 edit 都是一维数组，因此可以这样初始化：
```
    STUDENT  stu1 = {1001, {90, 95, 75}, {3, 2, 2}};
```
此时初值中花括号仅起分隔作用。但若是对结构类型数组进行初始化时，则不能这么做。

4. 结构类型变量的引用

当一个结构类型变量定义之后，就可引用这个变量。使用时，遵循下列规则：

（1）只能引用结构类型变量中的成员变量，并使用下列格式：

`<结构体变量名>.<成员变量名>`

例如：

```
struct POINT
{
    int x, y;
} spot = {20, 30};
cout<<spot.x<<spot.y;
```

其中，"."是成员运算符，它的优先级很高，仅次于域运算符"::"，因而可以把 spot.x 和 spot.y 作为一个整体来看待，它可以像普通变量那样进行赋值或进行其它各种运算。

（2）若成员本身又是一个结构类型变量，引用时需要用多个成员运算符一级一级地找到最低一级的成员。例如：

```
struct RECT
{
    POINT    ptLeftTop;
    POINT    ptRightDown;
} rc = {{10,20},{40,50}};
```

则有：

```
cout<<rc.ptLeftTop.x<< rc.ptLeftTop.y;
```

（3）多数情况下，结构类型相同的变量之间可以直接赋值，这种赋值等效于各个成员的依次赋值。如：

```
struct POINT
{
    int x, y;
};
POINT pt1 = {10, 20};
POINT pt2 = pt1;                    // 用pt1 直接赋给pt2
cout<<pt2.x<<"\t"<<pt2.y<<endl;     // 输出 10    20
其中，pt2 = pt1 等效于：pt2.x = pt1.x;    pt2.y = pt1.y;
```

6.1.2 结构数组

数组是相同数据类型的元素的集合，当然元素的数据类型也可以是结构类型。由结构类型的元素组成的数组称为结构数组。

1.结构数组的初始化

结构数组的初始化方法与普通数组相同。但要注意，由于结构类型声明的是一条记录信息，而一条记录在二维线性表中就表示一个行，因此一维结构数组的初始化的形式与二维普通数组相同。例如：

```
struct STUDENT
{
    int      no;                  // 学号
    float    score[3];            // 三门课程成绩
    float    edit[3];             // 三门课程的学分
    float    total, ave;          // 总成绩和平均成绩
    float    alledit;             // 总学分
};
STUDENT  stu[3] = {{1001, 90, 95, 75, 3, 2, 2},
                   {1002, 80, 90, 78, 3, 2, 2},
                   {1003, 75, 80, 72, 3, 2, 2}};
```

此时初值中的花括号起到类似二维数组中的行的作用，并与二维数组初始化中的花括号的使用规则相同。这里依次将初值中的第 1 对花括号里的数值赋给元素 stu[0]中的成员，将初

值中的第 2 对花括号里的数值赋给元素 stu[1]中的成员，将初值中的第 3 对花括号里的数值赋给元素 stu[2]中的成员。

需要说明的是，在结构数组初始化中，凡成员未被指定初值时，则这些成员的初值均为 0。

2. 结构数组元素的引用

一旦定义结构数组后，就可以在程序引用结构数组元素。由于结构数组元素等同于一个同类型的结构变量，因此它的引用与结构变量相类似，如下列格式：

```
<结构数组名>[<下标表达式>].<成员>
```

例如：

```
for (int i=0; i< sizeof(stu)/sizeof(STUDENT); i++)
{
    stu[i].total       =      stu[i].score[0]     +     stu[i].score[1]     +
stu[i].score[2];
    stu[i].ave     = stu[i].total/3.0;
    stu[i].alledit = stu[i].edit[0] + stu[i].edit[1] + stu[i].edit[2];
    if (stu[i].ave > stu[nMax].ave) nMax = i;
}
```

6.1.3　结构与函数

当结构类型变量作为函数的参数时，它与普通变量一样，由于结构类型变量不是地址，因此这种传递是值传递方式，整个结构都将被复制到形参中去。

【例 Ex_StructValue】将结构体的值作为参数传给函数

```
#include <iostream>
using namespace std;
struct PERSON
{
    int     age;                // 年龄
    float   weight;             // 体重
    char    name[25];           // 姓名
};
void print(PERSON one)
{
    cout    <<one.name<<"\t"
        <<one.age<<"\t"
        <<one.weight<<"\n";
}
PERSON all[4] = {  {20, 60, "Zhang"},
                {28, 50, "Fang "},
                {33, 78, "Ding "},
                {19, 65, "Chen "}};
int main()
{
    for (int i=0; i<4; i++)
        print(all[i]);
    return 0;
}
```

程序运行的结果如下：

```
Zhang   20      60
Fang    28      50
Ding    33      78
Chen    19      65
```

事实上，结构体还可以作为一个函数的返回值。

【例 Ex_StructReturn】函数返回结构体

```cpp
#include <iostream>
using namespace std;
struct PERSON
{
    int     age;                    // 年龄
    float   weight;                 // 体重
    char    name[25];               // 姓名
};
void print(PERSON one)
{
    cout     <<one.name<<"\t"
         <<one.age<<"\t"
         <<one.weight<<"\n";
}
PERSON getperson()
{
    PERSON temp;
    cout<<"请输入姓名、年龄和体重: ";
    cin>>temp.name>>temp.age>>temp.weight;
    return temp;
}
int  main()
{
    PERSON one = getperson();
    print(one);
    return 0;
}
```

程序运行的结果如下:

请输入姓名、年龄和体重: ding␣41␣90↵
ding   41   90

由于函数 getperson 返回的是一个结构类型的值,因此可以先在函数中定义一个局部作用域的临时结构体变量 temp,当用户输入的数据保存在 temp 后通过 return 返回。

6.1.4　结构指针

当定义一个指针变量的数据类型是结构类型时,则这样的指针变量就称为结构指针变量。

【例 Ex_StructPointer】指针在结构体中的应用

```cpp
#include <iostream>
using namespace std;
#include <cstring>
struct PERSON
{
    int     age;                    // 年龄
    char    sex;                    // 性别
    float   weight;                 // 体重
    char    name[25];               // 姓名
};
int  main()
{
    struct  PERSON   one;
    struct  PERSON   *p;            // 指向 PERSON 类型的指针变量
    p = &one;
    p->age = 32;
    p->sex = 'M';
    p->weight = (float)80.2;
    strcpy(p->name, "LiMing");
```

```
        cout<<"姓名: "<<(*p).name<<endl;
        cout<<"姓别: "<<(*p).sex<<endl;
        cout<<"年龄: "<<(*p).age<<endl;
        cout<<"体重(Kg): "<<(*p).weight<<endl;
        return 0;
}
```

程序运行的结果如下:

```
姓名: LiMing
姓别: M
年龄: 32
体重(Kg): 80.2
```

程序中, "->" 称为指向运算符, 如 p->name, 它和(*p).name 是等价的, 都是引用结构 PERSON 类型变量 one 中的成员 name。由于成员运算符"."优先于"*"运算符, 所以(*p).name 中的*p 两侧括号不能省, 否则*p.name 与*(p.name)等价, 但这里的*(p.name)是错误的。

实际上, 指向结构体变量数组的指针操作和指向数组的指针操作是一样的。例如若有:

```
PERSON many[10], *pp;
pp = many;                              // 等价于 pp=&many[0];
```

则 pp+i 与 many+i 是等价的, (pp+i)->name 与 many[i].name 是等价的, 等等。

6.2 共用体和自定义

在 C++中, 除结构体类型外, 还可使用共同体以及使用 typedef 来自定义类型名。

6.2.1 共同体

在 C++中, 共用体的功能和语句都和结构体相同, 但它们最大的区别是: 共用体在任一时刻只有一个成员处于活动状态, 且共用体变量所占的内存长度等于各个成员中最长的成员的长度, 而结构体变量所占的内存长度等于各个成员的长度之和。

在共用体中, 各个成员所占内存的字节数各不相同, 但都是从同一地址开始的。定义一个共用体可用下列格式:

```
union <共用体名>
{
        <成员定义 1>;
        <成员定义 2>;
        ...
        <成员定义 n>;
} [共用体变量名表];                       // 注意最后的分号不要忘记。
```

例如:

```
union NumericType
{
    int       iValue;                    // 整型变量, 4 个字节长
    long      lValue;                    // 长整型变量, 4 个字节长
    float     fValue;                    // 实型, 8 个字节长
};
```

这时, 系统为 NumericType 开辟了 8 个字节的内存空间, 因为成员 fValue 是实型, 故它所占空间最大。需要说明的是, 共用体除了关键字(union)与结构体不同外, 其使用方法均与结构体相同。

6.2.2 使用 typedef

在 C++中可使用关键字 typedef 来为一个已定义的合法的类型名增加新名称，从而使得相同类型具有不同的类型名，这样的好处有两个：一是可以按统一的命名规则定义一套类型名称体系，从而可以提高程序的移植性；二是可以将一些难以理解的、冗长的数据类型名重新命名，使其变得容易理解和阅读。例如，若为 const char *类型名增加新的名称 CSTR，则在程序中不仅书写方便，而且更具可读性。这里就不同数据类型来说明 typedef 的使用方法。

1. 为基本类型添加新的类型名

当使用 typedef 为基本数据类型名增加新的名称时，可使用下列格式：

```
typedef    <基本数据类型名>   <新的类型名>;
```

其功能是将新的类型名赋予基本数据类型的含义。其中，基本数据类型名可以是 char、short、int、long、float、double 等，也可以是带有 const、unsigned 或其他修饰符的基本类型名。例如：

```
typedef    int            Int ;
typedef    unsigned int   UInt ;
typedef    const int      CInt ;
```

注意书写时 typedef 以及类型名之间必须要有 1 个或多个空格，且一条 typedef 语句只能定义一个新的类型名。这样，上述 3 条 typedef 语句就使得在原先基本数据类型名的基础上增加了 Int、UInt 和 CInt 类型名。之后，就可直接使用这些新的类型名来定义变量了。例如：

```
UInt a, b;                  // 等效于 unsigned int a, b;
CInt c = 8;                 // 等效于 const int a = 8;
```

再如，若有：

```
typedef    short          Int16 ;
typedef    int            Int32 ;
```

则新的类型名 Int16 和 Int32 可分别反映 16 位和 32 位的整型。这在 32 位系统中类型名和实际是吻合的。若在 16 位系统中，为了使 Int16 和 Int32 也具有上述含义，则可用 typedef 语句重新定义：

```
typedef    int            Int16 ;
typedef    long           Int32 ;
```

这样就保证了程序的可移植性。

2. 为数组类型增加新的类型名

当使用 typedef 为数组类型增加新的名称时，可使用下列格式：

```
typedef    <数组类型名>   <新的类型名>[<下标>];
```

其功能是将新的类型名作为一个数组类型名，下标用来指定数组的大小。例如：

```
typedef    int      Ints[10] ;
typedef    float    Floats[20] ;
```

则新的类型名 Ints 和 Floats 分别表示具有 10 元素的整型数组类型和具有 20 元素的单精度实型数组类型。这样，若有：

```
Ints     a;                 // 等效于 int a[10];
Floats   b;                 // 等效于 float b[20];
```

3. 为结构类型名增加新的类型名

当使用 typedef 为结构类型增加新的类型名称时，可使用下列格式：

```
typedef struct [结构类型名]
{
        <成员定义>;
```

```
        ...
    } <新的类型名> ;
```

这种格式是在结构类型声明的同时进行的，其功能是将新的类型名作为此结构类型的一个新名称。例如：

```
typedef struct student
{
    ...
} STUDENT;
STUDENT stu1;                          // 等效于 struct student stu1;
```

4. 为指针类型名增加新的类型名称

由于指针类型不容易理解，因此 typedef 常用于指针类型名的重新命名。例如：

```
typedef     int*       PInt;
typedef     float*     PFloat;
typedef     char*      String;
PInt        a, b;                      // 等效于 int *a, *b;
```

则 PInt、PFloat 和 String 分别被声明成整型指针类型名、单精度实型指针类型名和字符指针类型名。由于字符指针类型常用来操作一个字符串，因此常将字符指针类型名声明成 String 或 STR。

总之，用 typedef 为一个已有的类型名声明新的类型名称的方法是按下列步骤进行的：

① 用已有的类型名写出定义一个变量的格式，例如：int   a;

② 在格式中将变量名换成要声明的新的类型名称，例如：int   Int;

③ 在最前面添加上关键字 typedef 即可完成声明。例如：typedef   int Int;

④ 之后，就可使用新的类型名定义变量了。

需要说明的是，与 struct、enum 和 union 构造类型不同的是，typedef 不能用于定义变量，也不会产生新的数据类型，它所声明的仅仅是一个已有数据类型的别名。另外，typedef 声明的标识符也有作用域范围，也遵循先声明后使用的原则。

6.3　简单链表

以前说过，在使用数组存放数据前，必须事先定义好数组的长度。而且相邻的数组元素的位置和距离都是固定的，也就是说任何一个数组元素的地址都可以用一个简单的公式计算出来，因此这种结构可以有效地对数组元素进行随机访问。但数组元素的插入和删除会引起大量数据的移动，从而使简单的数据处理变得非常复杂、低效。为了能有效地解决这些问题，一种称为**链表**的结构类型得到了广泛的应用。

6.3.1　链表概述

链表是一种动态数据结构，它的特点是用一组任意的存储单元（可以是连续的，也可以是不连续的）存放数据元素。一个简单的链表具有如图 6.1 所示的结构形式。

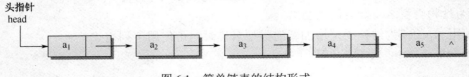

图 6.1　简单链表的结构形式

链表中每一个元素称为结点，每一个结点都是由数据域和指针域组成的，每个结点中的指针域指向下一个结点。图中，head 是头指针，表示链表的开始，用来指向第一个结点，而最后一个结点的指针域应为 NULL（空指针，图中用^表示），表示链表的结束。

可以看出，链表结构必须利用指针变量才能实现，即：一个结点中应包含一个指针变量，用来存放下一个结点的地址。实际上，链表中的每个结点可以有若干个数据和若干个指针。

结点中只有一个指针的链表称之为单链表，是最简单的链表结构。在 C++中，实现一个单链表结构比较简单，例如：

```
struct  NODE
{
    int      data;
    NODE        *next;
};
```

其中，*next 是指针域，用来指向该结点的下一个结点，data 是一个整型变量，用来存放结点中的数据；当然，data 可以是任何数据类型，包括结构类型。

然后，定义所需要的指针变量：

```
NODE    *head;                      // 定义头指针，用来指向第 1 个结点
NODE    *p;                         // 定义一个结点
```

这时，(*p). data 或 p->data 用来指向结点 p 的数据域，(*p). next 或 p->next 用来指向结点 p 的下一个结点。

从上述声明可看出，在说明结构类型 NODE 时，成员中又出现了 NODE，所以声明的数据结构是递归的，因此，链表是一种递归数据结构。

6.3.2 链表的创建和遍历

在讨论链表具体操作之前先来看一个示例。

【例 Ex_List】链表的创建和遍历

```
#include <iostream>
using namespace std;
struct PERSON
{
    int         age;                // 年龄
    float       weight;             // 体重
    char        name[25];           // 姓名
};
// 定义链表结构
struct  NODE
{
    PERSON          data;           // 数据域
    NODE                *next;      // 指针域
};
// 创建链表，并返回链表的头指针，n 用来指定创建的结点个数
NODE  *Create( int n );
// 遍历并输出节点数据
void  OutList( NODE *head );
int main()
{
    NODE *head = Create( 3 );
    OutList( head );
    return 0;
}
NODE  *Create( int n )
{
```

```
        NODE *pNew, *pCur;                              // 新建结点和当前结点
        NODE *head = NULL;                              // 开始时，链表头指针为空
        if (n<1) return head;                           // 当结点数小于1时，返回空指针
        pNew = new NODE;                                // 创建新结点
        cout<<"结点序号(总数): "<<1<<"("<<n<<")"<<endl;
        // 输入新结点数据
        cout<<"请输入姓名、年龄和体重: ";
        cin>>(pNew->data).name>>(pNew->data).age>>(pNew->data).weight;
        int num = 0;                                    // 用于结点计数
        while (1)  {
            // 将节点添加到链表中
            if ( NULL == head ) head = pNew;
            else                   pCur->next = pNew;
            pCur = pNew;                                // 指定当前结点
            num++;                                      // 结点计数
            if (num>=n) break;                          // 当添加的节点超过n时跳出循环
            pNew = new NODE;                            // 再次创建新结点
            cout<<"结点序号(总数): "<< num +1<<"("<<n<<")"<<endl;
            // 输入新结点数据
            cout<<"请输入姓名、年龄和体重: ";
            cin>>(pNew->data).name>>(pNew->data).age>>(pNew->data).weight;
        }
        pCur->next = NULL;                              // 链表最后一个结点的处理
        return head;                                    // 返回链表头指针
    }
    void OutList( NODE *head )
    {
        NODE *pCur = head;
        while ( pCur != NULL){
            cout    <<(pCur->data).name        <<"\t"
                    <<(pCur->data).age          <<"\t"
                    <<(pCur->data).weight       <<endl;
            pCur = pCur->next;
        }
        cout<<endl;
    }
```

执行该程序，结果如下：

```
结点序号(总数): 1(3)
请输入姓名、年龄和体重: Chen 33 60↵
结点序号(总数): 2(3)
请输入姓名、年龄和体重: Ding 38 80↵
结点序号(总数): 3(3)
请输入姓名、年龄和体重: Zhang 29 70↵
Chen    33      60
Ding    38      80
Zhang   29      70
```

分析和说明：

（1）代码中，函数 OutList 用来遍历并输出各个结点的数据内容。由于链表中的各个结点是由指针链接在一起的，因此只要知道链表的头指针（即 head），那么就可以定义一个指针 pCur，先指向第一个结点，输出 pCur 所指向的结点数据，然后根据结点 pCur 找到下一个结点，再输出，直到链表的最后一个结点（指针为空）。实际上，遍历操作还可用递归函数来实现，例如，函数 OutList 可改为：

```
void OutList( NODE *head )
{
    if (head)  {
        cout<<(head->data).name        <<"\t"
```

```
                <<(head->data).age        <<"\t"
                <<(head->data).weight   <<endl;
        if (head->next) OutList(head->next);
    }
}
```

（2）函数 Create 用来创建链表，并添加 n 个结点，然后返回链表的头指针。函数 Create 中，在进入循环之前，先用 new 为一个新结点分配相应的内存空间，然后通过键盘输入构造该结点的数据域；进入循环后，由于 head 开始时为 NULL，因此将 head 指向第 1 个结点，并用 pCur 保存该结点的指针，随后又创建一个新结点，并通过键盘输入构造该结点的数据域，流程进入第 2 次循环。进入第 2 次循环后，由于 head 此时不等于 NULL，而 pCur 保存是上一次结点指针，因此 if 语句中执行的 "pCur->next = pNew;"，是将上一个结点的指针域设为指向刚才已创建的结点，随后又创建一个新结点，并通过键盘输入构造该结点的数据域，流程进入第 3 次循环。这样如此反复，直到添加的结点个数为 n 时退出循环，此时最后一个添加到链表的结点的指针域还没有设定，因此循环退出后的第 1 条语句就是设定最后结点的指针域为 NULL，表示链表的结尾，最后返回链表的头指针。若有 Create(3)，则执行过程如图 6.2 所示。

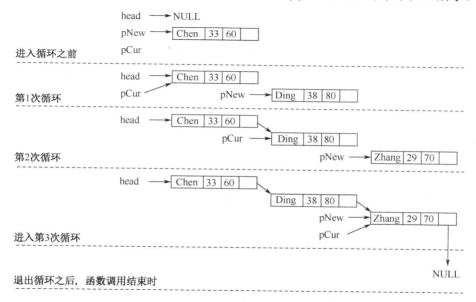

图 6.2　Create(3)创建链表的过程

6.3.3　链表的基本操作

链表的基本操作有：删除、插入和添加。

1. 删除链表结点

删除链表的操作通常是指删除链表中的结点或是删除整个链表。如果要在链表中删除结点 a，并释放被删除的结点所占的内存空间，则需要考虑下列几种情况，如图 6.3 所示：

（1）若要删除的结点 a 是第一个结点，则把 head 指向设为 a 的下一个结点 a_1，然后删除结点 a。如图 6.3（a）所示。

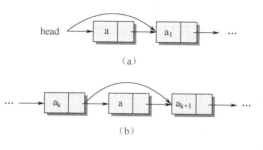

图 6.3　链表结点的删除

（2）若要删除的结点 a 存在于链表中，但不是第一个结点，则应使 a 的上一个结点 a_k 的指针域指向 a 的下一个结点 a_{k+1}，然后删除结点 a。如图 6.3（b）所示。

（3）空表或要删除的结点 a 不存在，则不作任何改变。

事实上，链表结点删除操作一般还包含结点的查找操作，且查找到的结点可能有 0 个或 1 个或多个。例如，当要删除姓名为 name 的结点时，则可有下列程序。

```
// 删除姓名为 name 的结点，由于结点删除后，链表头指针要通过形参返回，
// 因此需要将 head 定义 2 级指针
void Delete(NODE **head, char *name)
{
    NODE *p, *a;
    a = p = *head;
    if (NULL == p ) return;                          // 若是空表，符合情况(3)，则返回
    if ( 0 == strcmp((p->data).name, name))          // 若 a 是第一个结点，符合情况(1)
    {
        *head = p->next;        delete p;
    } else
    {
        // 查找姓名为 name 的结点 a，如果 while 条件不满足，要么是到链表未尾结点，
        // 要么是找到姓名为 name 的结点
        while ((p->next!=NULL) && (strcmp((p->data).name, name)))
        {
            a = p;        p = p->next;
        }
        if ( 0 == strcmp((p->data).name, name))      // 有结点 a,，符合情况(2)
        {
            a->next = p->next; delete p;
        }
    }
}
```

2. 删除整个链表

删除整个链表的最简单的方法是循环删除并释放第 1 个结点，如下面的程序代码。

```
void DeleteAll(NODE **head)
{
    NODE  *p = *head;
    while (*head)
    {
        *head = p->next;         delete p;          p = *head;
    }
}
```

3. 链表结点的插入

如果要在链表中的结点 a 之前插入新结点 b，则需要考虑下列几种情况：

（1）插入前链表是一个空表，这时插入新结点 b 后，链表如图 6.4（a）所示，实线表示插入前的指针，虚线为插入后的指针（下同）。

（2）若 a 是链表的第一结点，则插入后，结点 b 为第一个结点，如图 6.4（b）所示。

（3）若链表中存在 a，且不是第一个结点，则首先要找出 a 的上一个结点 a_k，令 a_k 的指针域指向 b，令 b 的指针域指向 a，即可完成插入，如图 6.4（c）所示。

（4）若链表中不存在 a，则先找到链表的最后一个结点 a_n，并令 a_n 的指针域指向结点 b，而 b 结点的指针域设为空。如图 6.4（d）所示。

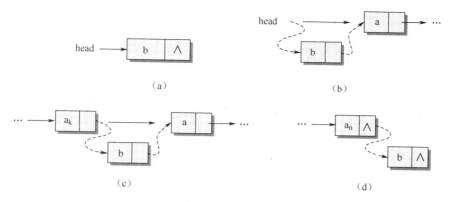

图 6.4 链表的插入

插入结点的程序如下：

```
// 将 one 构成要插入的结点 b，并插入到链表中姓名为 name 的结点 a 之前
void Insert(NODE **head, char *name, PERSON one)
{
    NODE  *p, *a, *b;
    p = *head;
    b = new NODE;                          // 为要插入的新结点分配内存空间
    b->data = one;                         // 指定要插入的结点的数据域
    if ( NULL == p)                        // 若链表为空，符合插入情况(1)
    {
        *head = b;        b->next = NULL;  // 将 b 作为第一个结点
    } else
    {
        if ( 0 == strcmp((p->data).name, name))     // 若 a 是第一个结点，符合插
入情况(2)
        {
            b->next = p;    *head = b;
        } else
        {
            // 查找姓名为 name 的结点 a，如果 while 条件不满足，要么是到链表末尾结点，
            // 要么是找到姓名为 name 的结点
            while ((p->next!=NULL) && (strcmp((p->data).name, name)))
            {
                a = p;  p = p->next;
            }
            if (0 == strcmp((p->data).name, name))
            {
                // 找到结点 a，符合插入情况(3)
                a->next = b;      b->next = p;
            } else
            {
                // 没有找到结点 a，符合插入情况(4)
                p->next = b;      b->next = NULL;
            }
        }
    }
}
```

4. 链表结点的添加

如果将新结点 b 添加在链表中，则只有 2 种情况：

（1）添加前链表是一个空表，这时新结点 b 添加后，其链表如前图 6.4（a）所示。

（2）添加前链表有结点，则先找到链表的最后一个结点 a，并令 a 的指针域指向结点 b，而 b 结点的指针域设为空。如前图 6.4（d）所示。

添加结点的程序如下：

```
// 将 one 构成要添加的结点，并添加到链表中
void Add(NODE **head, PERSON one)
{
    NODE  *p, *b;
    p = *head;
    b = new NODE;                       // 为要插入的新结点分配内存空间
    b->data = one;                      // 指定要插入的结点的数据域
    if ( NULL == p )                    // 若链表为空，符合添加情况(1)
    {
        *head = b;      b->next = NULL; // 将 b 作为第一个结点
    } else
    {   // 找到链表最后一个结点
        while (p->next != NULL) p = p->next;
        p->next = b;      b->next = NULL; // 符合添加情况(2)
    }
}
```

6.3.4 求解 josephus 问题

josephus 问题是说：一群 n 个小孩围成一圈，任意假定一个数 m，从第 s 个小孩起按顺时针方向从 1 开始报数，当报到 m 时，该小孩便离开，然后继续向后重新以 1 开始报数。这样，

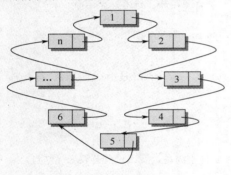

图 6.5　环链表

小孩不断离开，圈子不断缩小。最后剩下的一个小孩便是胜利者，那么究竟胜利者是原来第几个小孩呢？

事实上，若将一圈小孩用环链表来表示则是最直接不过了。所谓环链表，就是将链表的最后一个结点的指针域指向头指针，形成一个环。如图 6.5 所示。这样，环中的每一个结点代表一个小孩。结点的数据域是小孩的编号，指针域指向下一个小孩。

一旦构成了环链表，数小孩的操作就是遍历环链表。当数到 m 时，该小孩离开，亦即从环链表中删除该小孩的结点，且这种删除是满足结点删除操作的第 2 种情况。结点删除后，链表仍然是一个环链表。不断数小孩到 m 时，便删除结点，如此反复，直到剩下最后一个结点为止。这个结点就是最后胜利者，结点的数据域就是胜利者的编号。

为了简化求解 josephus 问题的程序代码，在编程时作了下列一些优化：

（1）在创建链表时，结点的添加不是一个一个地添加，而是先建立结点结构数组 boys，通过数组下标来设定结点的数据域和指针域。

（2）定义一个当前结点 pCur，开始时指向 boys[s]，s 是开始数数的小孩位置。然后开始计数，当数到 m 时，删除当前结点，然后将当前结点 pCur 指向下一个结点。由于删除当前结点时，还需将上一个结点的指针域指向下一个结点，因此需要定义一个指针 pPriv 指向上一个结点。

（3）若当前结点 pCur 的指针域指向自己时，则该结点就是最后胜利者，然后输出结果。

【例 Ex_ListJos】用链表求解 josephus 问题

```
#include <iostream>
using namespace std;
// 定义链表结构
struct BOY
{
```

```cpp
    int     code;                                    // 数据域
    BOY     *next;                                   // 指针域
};
// n 个小孩，从 s 开始数，数到 m 离开，函数返回最后胜利者的编号
int josephus(int n, int m, int s);
int main()
{
    cout<<endl<<"最后胜利者: NO."<<josephus( 10, 8, 1 )<<endl;
    cout<<endl<<"最后胜利者: NO."<<josephus( 15, 3, 1 )<<endl;
    return 0;
}
int josephus(int n, int m, int s)
{
    // 处理特殊情况
    if ((s>n)||(s<1))   {
        cout<<"开始报数的小孩序号超过范围! "<<endl;
        return -1;
    }
    int     win;                                     // 最后胜利者的序号
    BOY     *boys = new BOY[n];                       // 创建结构数组
    BOY     *pCur, *pPriv;                            // 当前结点和上一个结点
    int     i;                                        // 用于计数
    int     j;                                        // 循环变量
    // 构造环链表
    for (j=0; j<n-1; j++)   {
        boys[j].code = j+1;                          // 编号
        boys[j].next = &boys[j+1];                   // 指向下一个结点
    }
    // 最后一个结点的处理
    boys[n-1].code = n;
    boys[n-1].next = &boys[0];                        // 指向头指针
    // 设当前结点
    pCur = &boys[s-1];
    // 设上一个结点
    if (1 == s)        pPriv =  &boys[n-1];
    else               pPriv =  &boys[(s-1)-1];
    // 设定计数的初始值
    i = 0;
    // 循环终止条件是 pCur 指向自己
    while (pCur->next != pCur) {
        i++;                                         // 计数开始
        if ( i == m )   {
            // 添加测试代码，输出编号
            cout<<pCur->code<<"\t";
            // 结点删除，但不释放结点，所有结点的内存空间释放在循环结束后进行
            pPriv->next = pCur->next;
            i = 0;
        }
        pPriv = pCur;
        pCur = pPriv->next;
    }
    // 循环终止后，保存胜利者编号，然后释放内存
    win = pCur->code;
    delete [n]boys;
    return win;
}
```

执行该程序，结果如下：

```
8    6    5    7    10    3    2    9    4
最后胜利者: NO.1
```

```
3       6       9       12      15      4       8       13      2       10
1       11      7       14
```
最后胜利者：NO.5

6.4 常见问题解答

（1）在结构类型中，如果结构类型名、成员名和结构变量名重名，则C++会不会不允许？如果允许，又如何引用成员呢？例如：

```
struct  A                           // 结构类型名为A
{
    int  A;                         // 成员变量也是A
    int  other;
};
A  A;                               // 定义一个结构类型变量A
```

解答： 对于上述代码，Visual C++认为由于成员A与结构类型名相同，因此它将成员A解释为是结构类型的构造函数（Visual C++将结构看成是类的一种简单形式，以后会讨论），但这里的构造函数的定义是不符合C++的格式，因此是非法的。而C++ Builder和Dev-C++却不这么认为，它们认为结构类型和类是两种截然不同的数据类型，因此允许成员名与结构类型名相同。ANSI/ISO C++的观点与Visual C++一致，因此即便使用C++ Builder或Dev-C++来编写程序时，也不应将成员名与结构类型名同名。

对于上述代码中的最后一条定义语句"A A;"，由于后一个A是一个变量，而前一个A是类型名，它们很容易在编译中被区别开来，因此结构变量名可以与结构类型名同名。

（2）如何定义双链表？

解答： 所谓双链表，即双向链表，也是链表的一种。与单链表相比，它的每个数据结点中增加了一个直接指向上一个结点的指针，称为"直接前驱"指针。这样一来，不必从链表头开始，可从任意一个结点均可很方便向"前"或向"后"遍历。定义双向链表结构，可如下列代码：

```
struct  NODE
{
    int     data;
    NODE       *next;                  // 直接后驱指针
    NODE       *prev;                  // 直接前驱指针
};
```

6.5 实验实训

学习本章后，可按下列内容进行实验实训：

（1）编写程序Ex_Student：有5个学生，每个学生的数据结构包括学号、姓名、年龄、C++成绩、数学成绩和英语成绩、总平均分，从键盘输入5个学生的学号、姓名、三门课的成绩，计算三门课的总平均分，最后将5个学生的数据输出。要求各个功能用函数来实现，例如（设学生数据结构体类型名为STUDENT）：

```
STUDENT InputData();                               // 输入学生数据，返回此结构体类型
数据
    void CalAverage(STUDENT *data, int nNum);       // 计算总平均分
    void PrintData(STUDENT *data, int nNum);        // 将学生数据输出
```
（2）上机练习【例Ex_ListJos】程序。若用下列结构体类型BOY，且用数组来解决josephus问题，

则应如何编程?

```
struct  BOY
{
    int     code;                          // 编号
    int     status;                        // 状态，1 为正常，0 为离开
};
```

思考与练习

1. 定义描述复数的结构体类型变量，并实现复数的输入和输出。设计三个函数分别完成复数的加法、减法和乘法运算。

2. 定义全班学生成绩的结构体数组，一个元素包括：姓名、学号、C++成绩、英语成绩、数学成绩和这三门功课的平均成绩（通过计算得到）。设计四个函数：全班成绩的输入，求出每一个同学的平均成绩，按平均成绩的升序排序，输出全班成绩。

3. 设计一个单向链表，结点的数据域是一个字符数组，用来存放字符串。定义两个函数 Add 和 List，分别用来将一个结点在链表未尾添加以及输出链表的所有结点。编写完整的程序并测试：在 main 函数中实现链表的创建，调用 5 次 Add 函数添加 5 个结点，然后输出链表，最后释放链表所有结点的内存空间。

4. 设计一个函数用来实现一个单向链表的逆置（如下所示），编写完整的程序并测试。

原链表（a,b,c,d 表示整型数）：

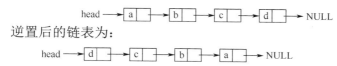

逆置后的链表为：

5. 定义两个单向链表 a 和 b，结点的数据域是一个整型数据，将 a 链表进行从小到大排序，然后将 b 链表中的结点添加到 a 链表中，若有相同结点则不添加，添加后的 a 链表仍保持从小到大的次序，从而实现 a 和 b 链表的合并。编写完整的程序并测试。

第 **7** 章

类、对象和成员

为了避免修改对整个程序的影响，C++引用了面向对象的设计方法，它是将数据及处理数据的相应函数封装到一个类中，类的实例称为对象。在一个对象内，只有属于该对象的函数才可以存取该对象的数据。这样，其它函数就不会无意中破坏它的内容，从而达到保护和隐藏数据的效果。但同时也给数据共享以及外部访问带来了不便。为此，C++提供了静态成员和友元机制来解决这些问题，但同时也要注意它们的副作用。除静态（static）成员之外，C++的成员还可以用 const 来修饰，且成员函数中还隐藏一个特殊的 this 指针。

7.1 类和对象定义

类是面向对象程序设计核心，它实际上是一种新的数据类型，也是实现抽象类型的工具。类是对某一类对象的抽象，而对象是类的实例，因此，类和对象是密切相关的。

7.1.1 类的声明和定义

C++中定义类的一般格式如下：

```
class <类名>
{
        private:
                [<私有型数据和函数>]
        public:
                [<公有型数据和函数>]
        protected:
                [<保护型数据和函数>]
};
<各个成员函数的实现>
```

其中，class 是定义类的关键字，class 的后面是用户定义的类名（它通常用大写的 C 字母开始的标识符来描述，C 表示 Class，以与对象、函数及其它数据类型名相区别）。类中的数据和函数是类的成员，分别称为数据成员和成员函数。由一对花括号构成的是类体，注意，类体中最后一个花括号后面的分号 ";" 不能省略。

类中关键字 public、private 和 protected 声明了类中的成员与程序其它部分（或类外）之间的关系，称为访问权限。对于 public 成员来说，它们是公有的，能被外面的程序访问；对于 private 成员来说，它们是私有的，不能被外面的程序所访问，数据成员只能由类中的函数所使用，成员函数只允许在类中调用。而对于 protected 成员来说，它们是受保护的，具有半公开性质，可在类中或其子类中访问（以后还会讨论）。

<各个成员函数的实现>是类定义中的实现部分，这部分包含所有在类体中声明的函数的

定义（即对成员函数的实现）。如果一个成员函数在类体中定义，则其实现部分将不需要。如果所有的成员函数都在类体中定义，则实现部分可以省略。需要说明的是，当类的成员函数的函数体在类的外部定义时，必须由作用域运算符"::"来通知编译系统该函数所属的类。例如：

```
class  CMeter
{
public:
    double m_nPercent;           // 声明一个公有数据成员
    void StepIt();               // 声明一个公有成员函数
    void SetPos(int nPos);       // 声明一个公有成员函数
    int GetPos()
    {
        return m_nPos;
    }                            // 声明一个公有成员函数并定义
private:
    int  m_nPos;                 // 声明一个私有数据成员
};                               // 注意分号不能省略
void CMeter::StepIt()
{
    m_nPos++;
}
void CMeter::SetPos(int nPos)
{
    m_nPos = nPos;
}
```

类 CMeter 中，成员函数 GetPos 是在类体中定义的，而 StepIt 和 SetPos 是类的外部定义的，注意两者的区别。需要说明的是：

（1）类中的数据成员的类型可以是任意的，包含整型、浮点型、字符型、数组、指针和引用等，也可以是另一个类的对象，但不允许对所定义的数据成员进行初始化，也不能指定除 static 之外的任何存储类型。例如，类 CMeter 中，下面的定义是错误的：

```
class  CMeter
{   //...
private:
    int  m_nPos = 10;            // 错误：不能直接对数据成员进行初始化
    auto int n;                  // 错误：不合法的存储类型
    //...
};
```

（2）在"public:"、"protected:"或"private:"后面定义的所有成员都是公有、保护或私有的，直到下一个"public:"、"protected:"或"private:"出现为止。若成员前面没有任何访问权限的指定，则所定义的成员是 private（私有），这是类的默认设置。

（3）关键字 public、protected 和 private 可以在类中出现多次，且前后的顺序没有关系；但最好先声明公有成员，后声明私有成员，因为 public 成员是用户最关心的。每个访问权限关键词为类成员所确定的访问权限是从该关键词开始到下一个关键词为止。

（4）在进行类设计时，通常将数据成员声明为私有的，而将大多数成员函数声明成公有的。这样，类以外的代码不能直接访问类的访问权限私有数据，从而实现了数据的封装。而公有成员函数可为内部的私有数据成员提供外部接口，但接口实现的细节在类外又是不可见的，这就是 C++类的优点之一。

（5）尽量将类单独存放在一个文件中或将类的声明放在.h 文件中而将成员函数的实现放在与.h 文件同名的.cpp 文件中。以后将会看到，Visual C++ 6.0 为用户创建的应用程序框架中都是将各个类以.h 和同名的.cpp 文件组织的。

7.1.2 对象定义和成员访问

作为一种复杂的数据构造类型，类声明后，就可以定义该类的对象。同结构类型一样，它也有 3 种定义方式：声明之后定义、声明之时定义和一次性定义。但由于"类"比任何数据类型都要复杂得多，为了提高程序的可读性，真正将"类"当成一个密闭、"封装"的盒子（接口），在程序中应尽量使用对象的声明之后定义方式，并按下列格式进行：

```
<类名> <对象名表>
```

其中，类名是用户已定义过的类的标识符，对象名可以有一个或多个，多个时要用逗号分隔。被定义的对象既可以是一个普通对象，也可以是一个数组对象或指针对象。例如：

```
CMeter myMeter, *Meter, Meters[2];
```

这时，**myMeter** 是类 CMeter 的一个普通对象，**Meter** 和 **Meters** 分别是该类的一个指针对象和对象数组。

一个对象的成员就是该对象的类所定义的数据成员（成员变量）和成员函数。访问对象的成员变量和成员函数和访问变量和函数的方法是一样的，只不过要在成员前面加上对象名和成员运算符"．"，其表示方式如下：

```
<对象名>.<成员变量>
<对象名>.<成员函数>(<参数表>)
```

例如：

```
myMeter.m_nPercent, myMeter.SetPos(2), Meters[0].StepIt();
```

需要说明的是，一个类对象只能访问该类的公有型成员，而对于私有型成员则不能访问。上述成员 m_nPercent、SetPos、StepIt 都是 public 访问类型。

若对象是一个指针，则对象的成员访问形式如下：

```
<对象指针名>-><成员变量>
<对象指针名>-><成员函数>(<参数表>)
```

"–>"是一个表示成员的运算符，它与"．"运算符的区别是："–>"用来表示指向对象的指针的成员，而"．"用来表示一般对象的成员。

需要说明的是，下面的两种表示是等价的：

```
<对象指针名>-><成员变量>
(*<对象指针名>).<成员变量>
```

这对于成员函数也适用。另外，对于引用类型对象，其成员访问形式与一般对象的成员访问形式相同。例如（GetPos 中类 CMeter 的一个公有成员函数）：

```
CMeter &other = one;
cout<< other.GetPos()<<endl;
```

7.1.3 类作用域和成员访问权限

类的作用域是指在类的定义中由一对花括号所括起来的部分。从类的定义可知，类作用域中可以定义变量，也可以定义函数。这一点，它与文件作用域很相似。但是，类作用域又不同于文件作用域，在类作用域中定义的变量不能使用 auto，register 和 extern 等修饰符，只能用 static 修饰符，而此时定义的静态成员和成员函数具有类外的连接属性。文件作用域中可以包含类作用域，一般地，类作用域中可包含成员函数的作用域。

1. 类名的作用域

如果在类声明时指定了类名，则类名的作用范围是从类名指定的位置开始一直到文件结尾都有效，即类名是具有文件作用域的标识符。若类的声明是放在头文件中，则类名在程序文件中的作用范围是从包含预处理指令位置处开始一直到文件结尾。

需要说明的是，如果在类声明之前就需要使用该类名定义对象，则必须用下列格式在使用前作提前声明，且这种形式的声明可以在相同作用域中出现多次：

```
class <类名>;
```

例如：

```
class COne;                          // 将类 COne 提前声明
class COne;                          // 可以声明多次
class CTwo
{…
private:
    COne a;                          // 数据成员 a 是已定义的 COne 类对象
};
class COne
{…
};
```

2．类中成员的可见性

（1）在类中使用成员时，成员声明的前后不会影响该成员在类中的使用，这是类作用域的特殊性。例如：

```
class A
{
    void f1()
    {
        f2();                        // 调用类中的成员函数 f2
        cout<<a<<endl;               // 使用类中的成员变量 a
    }
    void f2(){}
    int a;
};
```

（2）由于类的成员函数可以在类体外中定义，因而此时由"类名::"指定开始一直到函数体最后一个花括号为止的范围也是该类作用域的范围。例如：

```
class A
{
    void f1();
    …
};
void A::f1()
{…
}
```

则从 A::开始一直到 f1 函数体最后一个花括号为止的范围都是属于类 A 的作用域。

（3）在同一个类的作用域中，不管成员具有怎样的访问权限，都可在类作用域中使用，而在类作用域外却不可使用。

3．对象的可见性

对于对象的可见性来说，由于是属于类外访问，故只能访问 public 成员，而对 private 和 protected 均不能访问。

7.1.4 构造函数和析构函数

事实上，一个类总有 2 种特殊的成员函数：构造函数和析构函数。构造函数的功能是在创建对象时，使用给定的值将对象初始化。析构函数的功能是用来释放一个对象，在对象删除前，用它来做一些内存释放等清理工作，它与构造函数的功能正好相反。

1. 构造函数

前面已提及，在类的定义中是不能对数据成员进行初始化的。为了能给数据成员设置某些初值，这时就要使用类的特殊成员函数——构造函数。构造函数的最大特点是在对象建立时它会被自动执行，因此用于变量、对象的初始化代码一般放在构造函数中。

C++规定，一个类的构造函数必须与相应的类同名，它可以带参数，也可以不带参数，与一般的成员函数定义相同，可以重载，也可以有默认的形参值。例如：

```cpp
class  CMeter
{
public:
    CMeter(int nPos )                    // 带参数的构造函数
    {
        m_nPos = nPos;
    }
    //...
}
```

这样若有：

```cpp
CMeter oMeter(10), oTick(20);
```

则会自动调用构造函数 CMeter(int nPos)，从而使得对象 oMeter 中的私有成员 m_nPos 的值为 10；使得对象 oTick 中的私有成员 m_nPos 的值为 20。

2. 构造函数的几点说明

虽然构造函数的定义方式与一般成员函数没有什么区别，但要注意：

（1）构造函数的约定使系统在生成类的对象时自动调用。同时，指定对象括号里的参数就是构造函数的实参，例如，oMeter(10)就是 oMeter. CMeter(10)。故当构造函数重载以及设定构造函数默认形参值时，要避免出现二义性。

```cpp
CPerson(char *str, float h = 170, float w = 130)    // A
{
    strcpy(name, str);
    height = h; weight = w;
}
CPerson(char *str)                                          // B
{
    strcpy(name, str);
}
```

则当 "CPerson   other("DING");" 时，即 "other.CPerson("DING");"，因编译无法确定是上述哪一个构造函数的调用，从而出现编译错误。

（2）定义的构造函数不能指定其返回值的类型，也不能指定为 void 类型。事实上，由于构造函数主要用于对象数据成员的初始化，因而无须返回函数值，也就无须有返回类型。

（3）若类用来定义对象，则构造函数必须是公有型成员函数，否则类无法实例化（即无法定义对象）。若类仅用于派生其它类，则构造函数可定义为保护型成员函数。

3. 默认构造函数

实际上，在类定义时，如果没有定义任何构造函数，则编译自动为类隐式生成一个不带任何参数的默认构造函数，由于函数体是空块，因此默认构造函数不进行任何操作，仅仅为了对象创建时的语法需要。其形式如下：

```cpp
<类名>()
{ }
```

例如，对于 CMeter 类来说，默认构造函数的形式如下：

```cpp
CMeter( )                           // 默认构造函数的形式
{ }
```

默认构造函数的目的是使下列对象定义形式合法：

```
CMeter  one;                           // 即：one.CMeter();  会自动调用默认构造函数
```

此时，由于对象 one 没指定任何初值，因而编译会自动调用类中隐式生成的默认构造函数对其初始化。需要说明的是：

（1）默认构造函数对数据成员初值的初始化还取决于对象的存储类型。例如：

```
CMeter  one;                           // 自动存储类型，数据成员的初值为无效值
static CMeter  one;                    // 静态存储类型，数据成员的初值为空值或 0
```

（2）当类定义中指定了构造函数，则隐式的默认构造函数不再存在，因此，若对于前面定义的 CMeter 类来说，若有：

```
CMeter  four;                          // 错误
```

则因为找不到默认构造函数而出现编译错误。此时，在类中还要给出默认构造函数的具体定义，即定义一个不带任何参数的构造函数，称为显式的默认构造函数，这样才能对 four 进行定义并初始化。

（3）在定义对象时，不能写成"CMeter   four();"，这是一个函数的声明。

4. 析构函数

与构造函数相对应的是析构函数。析构函数是另一个特殊的 C++成员函数，它只是在类名称前面加上一个"~"符号（逻辑非），以示与构造函数功能相反。每一个类只有一个析构函数，没有任何参数，也不返回任何值。例如：

```
class  CMeter
{
public:
    //...
    ~CMeter( )                         // 析构函数
    {
    }
    //...
}
```

析构函数只有在下列两种情况下才会被自动调用：

（1）当对象定义在一个函数体中，该函数调用结束后，析构函数被自动调用。

（2）用 new 为对象分配动态内存，当使用 delete 释放对象时，析构函数被自动调用。

与默认构造函数类似，若类的声明中没有定义析构函数时，则编译也会自动生成一个隐式的不做任何操作的默认析构函数。

7.2 对象的使用

前面已就对象的创建和初始化作了说明，这里再来就对象的赋值、拷贝构造函数、类中成员对象的初始化、对象常量和对象的生存期作讨论。

7.2.1 对象赋值和拷贝

在 C++中，一个类的对象的初值设定可以有多种形式。例如，若有类 CName 定义：

```
class CName
{
public:
    CName()                            // A：显式默认构造函数
    {
        strName = NULL;                // 空值
    }
    CName( char *str )                 // B
```

```
    {
        strName = (char *)new char[strlen(str)+1];
        // 因字符串后面还有一个结束符，因此内存空间的大小要多开辟 1 个内存单元
        strcpy( strName, str );        // 复制内容
    }
    ~CName()
    {
        if (strName)    delete []strName;
        strName = NULL;                 // 一个好习惯
    }
    char *getName()
    {
        return strName;
    }
private:
    char    *strName;                   // 字符指针，名称
};
```

则可有下列对象的定义方式：

```
CName o1;                              // 通过 A 显式默认构造函数设定初值
CName o2("DING");                      // 通过 B 重载构造函数设定初值
```

等都是合法有效的。但是若有：

```
o1 = o2;                               //通过赋值语句设定初值
```

则虽合法，因为同类型的变量可以直接用"="赋值，但运行后却会出现程序终止，这是因为对于"CName o1;"这种定义方式，编译会自动调用相应的默认构造函数，此时显式的默认构造函数使私有指针成员 strName 为空值；而"o1 = o2;"中，C++赋值运算符的操作是将右操作对象的内容拷贝（复制）到左操作对象的内存空间中，由于左操作对象 o1 中的 strName 没有指向任何内存空间，因此试图将数据拷贝到一个不存在的内存空间中，程序必然异常终止。所以"o1 = o2;"看上去合法，但实际上是不可行的。

事实上，C++还常用下列形式的初始化来将另一个对象作为对象的初值：

```
<类名> <对象名 1>(<对象名 2>)
```

例如：

```
CName o2("DING");                      // A：通过构造函数设定初值
CName o3(o2);                          // B：通过指定对象设定初值
```

B 语句是将 o2 作为 o3 的初值，同 o2 一样，o3 这种初始化形式要调用相应的构造函数，但此时找不到相匹配的构造函数，因为 CName 类没有任何构造函数的形参是 CName 类对象。事实上，CName 还隐含一个特殊的默认构造函数，其原型为 CName(const CName &)，这种特殊的默认构造函数称为默认拷贝构造函数。在 C++中，每一个类总有一个默认拷贝构造函数，其目的是保证 B 语句中对象初始化形式的合法性，其功能就等价于"CName o3 = o2;"。但语句"CName o3(o2);"与语句"o1 = o2;"一样，也会出现程序终止，其原因和"o1 = o2;"原因一样。

解决 CName 对象初始化的内容拷贝问题，在 C++中有 2 种手段，一是给"="运算符赋予新的操作，称为运算符重载（以后会讨论）；二是重新定义或重载默认拷贝构造函数。

7.2.2 浅拷贝和深拷贝

前面已说过，每一个 C++类都有一个隐式的默认拷贝构造函数，其目的是保证对象拷贝初始化方式的合法性，其功能是将一个已定义的对象所在的内存空间的内容依次拷贝到被初始化的对象的内存空间中。这种仅仅将内存空间的内容拷贝的方式称为浅拷贝。也就是说，默认拷贝构造函数是浅拷贝方式。

事实上，对于数据成员有指针类型的类来说，均会出现如 CName 类的问题，由于默认拷贝构造函数无法解决，因此须自己定义一个拷贝构造函数，在进行数值拷贝之前，为指针类型的数据成员另辟一个独立的内存空间。由于这种拷贝还需另辟内存空间，因而称其为深拷贝。

拷贝构造函数是一种比较特殊的构造函数，除遵循构造函数的声明和实现规则外，还应按下列格式进行定义。

```
<类名>(参数表)
{ }
```

可见，拷贝构造函数的格式就是带参数的构造函数。由于拷贝操作实质是类对象空间的引用，因此 C++规定，拷贝构造函数的参数个数可以 1 个或多个，但左起的第 1 个参数必须是类的引用对象，它可以是"类名 &对象"或是"const 类名 &对象"形式，其中"类名"是拷贝构造函数所在类的类名。也就是说，对于 CName 拷贝构造函数，可有下列合法的函数原型：

```
CName( CName &x );                    // x 为合法的对象标识符
CName( const CName &x );
CName( CName &x , …);                 // "…"表示还有其他参数
CName( const CName &x, …);
```

需要说明的是，一旦在类中定义了拷贝构造函数，则隐式的默认拷贝构造函数和隐式的默认构造函数就不再有效了。

【例 Ex_CopyCon】使用拷贝构造函数

```cpp
#include <iostream>
#include <cstring>
using namespace std;
class CName
{
public:
    // 代码同前面 CName
    // …
private:
    char    *strName;                 // 字符指针，名称
public:
    // 要添加的代码如下:
    CName( CName &one )               // A: 显式的默认拷贝构造函数
    {
        // 为 strName 开辟独立的内存空间
        strName = (char *)new char[strlen(one.strName)+1];
        strcpy( strName, one.strName );// 复制内容
    }
    CName( CName &one, char *add)      // B: 带其他参数的拷贝构造函数
    {   // 为 strName 开辟独立的内存空间
        strName = (char *)new char[strlen(one.strName) + strlen(add) +1];
        strcpy( strName, one.strName );// 复制内容
        strcat( strName, add);        // 连接到 strName 中
    }
};
int main()
{
    CName o1("DING");                 // 通过构造函数初始化
    CName o2(o1);                     // 通过显式的默认拷贝构造函数来初始化
    cout<<o2.getName()<<endl;
    CName o3(o1, " YOU HE");          // 通过带其他参数的拷贝构造函数来初始化
    cout<<o3.getName()<<endl;
    return 0;
}
```

程序运行的结果如下：

```
DING
DING YOU HE
```

代码中，类 CName 定义了两个拷贝构造函数 A 和 B，其中 A 称为显式的默认拷贝构造函数，B 称为重载拷贝构造函数，它还带有字符指针参数，用来将新对象的数据成员字符指针 strName 指向一个开辟的动态内存空间，然后将另一个对象 one 的内容复制到 strName 中，最后调用 cstring 头文件定义的库函数 strcat 将字符指针参数 add 指向的字符串连接到 strName 中。

7.2.3 对象成员的初始化

在实际应用中，一个类的数据成员除了普通数据类型变量外，还往往是其它已定义的类的对象，这样的成员就称为对象成员，拥有对象成员的类常称为组合类。此时，为提高对象初始化效率，增强程序的可读性，C++允许在构造函数的函数头后面跟由冒号":"来引导的对象成员初始化列表，列表中包含类中对象成员或数据成员的拷贝初始化代码，各对象初始化之间用逗号分隔，如下列格式：

<类名>::<构造函数名>(形参表):对象1(参数表)，对象2(参数表)，…，对象n(参数表)
{ }

对象成员初始化列表

例如：

```
class CPoint
{
public:
    CPoint( int x, int y)
    {
        xPos = x;    yPos = y;
    }
private:
    int xPos, yPos;
};
class CRect
{
public:
    CRect( int x1, int y1, int x2, int y2)
        : m_ptLT(x1, y1), m_ptRB(x2, y2)
    {}
private:
    CPoint m_ptLT, m_ptRB;
};
int main()
{
    CRect rc(10, 100, 80, 250);
    return 0;
}
```

当在 main 函数中定义了 CRect 对象 rc 时，编译首先根据类中声明的数据成员次序，为成员分配内存空间，然后从对象初始化列表中寻找其初始化代码，若查找不到，则调用相应的构造函数进行初始化，若查找到，则根据对象成员的初始化形式调用相应的构造函数进行初始化。显然，在对象成员初始化列表中由于存在 m_ptLT(x1, y1) 和 m_ptRB(x2, y2) 对象初始化代码，因此成员 m_ptLT 和 m_ptRB 构造时调用的是 CPoint(int , int)形式的构造函数，而类 CPoint 刚好有此形式的构造函数定义，于是系统为其初始化。

需要说明的是，在对象成员列表方式下，成员初始化的顺序是按成员的声明次序进行的，而跟成员在由冒号":"来引导的对象初始化列表中的次序无关。

7.3 成员特性

"事物总是一分为二的"，类能使数据封装与隐藏，但同时也给数据共享以及外部访问带来了许多不便。为此，C++提供了静态成员等来解决这些问题，但同时也要注意它们的副作用。另外，C++成员还可用 const 等来修饰，且成员函数中还隐藏一个特殊的 this 指针。

7.3.1 静态成员

以往实现数据共享的做法是设置全局变量或全局对象，但全局变量或全局对象是有许多局限性的：一来严重破坏类的封装性，二来全局变量或全局对象的滥用会导致程序的混乱，一旦程序变大，维护量就急剧上升。

静态成员能较好地解决上述问题，首先静态成员是类中的成员，是类的一部分，在类外不可访问，从而起到保护作用。其次，静态成员有静态数据成员和静态成员函数之分，静态数据成员与静态变量相似，具有静态生存期，是在类中声明的全局数据成员，能被同一个类的所有对象所共享。而公有静态成员函数不仅可以通过类对象来访问，还可通过"类名::静态成员函数"的形式在程序中直接调用。

1. 静态数据成员

使用静态数据成员可以节省内存，因为它是所有对象所公有的，因此，对多个对象来说，静态数据成员只存储一处，供所有对象共享。静态数据成员的值是可以修改的，但它对每个对象都是一样的。

与静态变量相似，静态数据成员是静态存储（static）的，但定义一个静态数据成员与一般静态变量不一样，它必须按下列 2 步进行：

（1）在类中使用关键字 static 声明静态数据成员。在类中声明静态数据成员，仅仅是说明了静态数据成员是类中的成员这个关系，即便用该类定义对象时，该静态数据成员也不会分配内存空间。因此可以说，类中声明的静态数据成员是一种形式上的虚的数据成员。静态数据成员的实际定义是由下一步来完成。

（2）在类外为静态数据成员分配内存空间并初始化。类中数据成员的内存空间是在对象定义时来分配的，但静态数据成员的内存空间是为所有该类对象所共享，只能分配一次，因而不能通过定义类对象的方式来分配，必须在类的外部作实际定义才能为所有对象共享，其定义格式如下：

<数据类型><类名>::<静态数据成员名>=<值>

可见，在类外初始化的静态数据成员与全局变量初始化格式相似，只是须指明它所属的类。由于静态数据成员的静态属性 static 已在类中声明，因此在类外不可再指定 static。

需要说明的是：

（1）由于静态数据成员在类中所作的声明仅仅是一种声明该成员是属于哪个类的，它是形式上的虚的成员，还必须在类的外部作实际定义才能为所有对象共享，正因为如此，静态数据成员的实际定义和初始化本身是不受 public、private 和 protected 等访问属性的限制。

（2）静态数据成员可看成是类中声明、类外定义的静态全局变量，因此它具有静态生存期，在程序中从实际定义时开始产生，到程序结束时消失。也就是说，静态数据成员的内存空间不会随对象的产生而分配，也不会随对象的消失而释放。当然，静态数据成员的内存空间同样不能在类的构造函数中创建或是在析构函数中释放。

（3）静态数据成员是类中的成员，它的访问属性同普通数据成员一样，可以为 public、private 和 protected。当静态数据成员为 public 时，则在类外对该成员的访问和引用可有 2 种方式，一是通过对象来引用，二是直接引用。当直接引用时，应使用下列格式：

```
<类名>::<静态成员名>
```

例如，有：

```
class CSum
{
    //...
public:
    static int nSum;              // 声明公有型静态数据成员
};
int CSum::nSum = 0;               // 静态数据成员的实际定义和初始化
```

则在 main 函数中可有下列引用：

```
int main()
{
    CSum one;
    one.nSum = 10;                // 通过对象来引用
    //...
    CSum::nSum = 12;              // 直接引用
    cout<<one.nSum<<endl;         // 输出 12
    return 0;
}
```

代码中，引用公有型静态数据成员 nSum 的 2 种方式都是合法的，也是等价的。

2. 静态成员函数

静态成员函数和静态数据成员一样，它们都属于类的静态成员，但它们都不专属于某个对象的成员，而是所有对象所共享的成员。因此，对于公有型（public）静态成员来说，除可用对象来引用外，还可通过"类名::成员"直接来引用。

在类中，静态数据成员可以被成员函数引用，也可以被静态成员函数所引用。但反过来，静态成员函数却不能直接引用类中说明的非静态成员。假如，静态成员函数可以引用了类中的非静态成员，例如：

```
class CSum
{
public:
    static void ChangeData(int data)
    {
        nSum = data;              // 错误：引用类中的非静态成员
    }
public:
    int nSum;
};
```

则当执行语句：

```
CSum::ChangeData(5);                          // 合法的静态成员引用
```

时必然会出现编译错误，这是因为此时 CSum 类的任何对象都还没有创建，nSum 数据成员根本就不存在。即使是创建了 CSum 类对象，此时这种形式的静态成员函数调用根本无法确定函数中所引用的 nSum 是属于哪个对象，因此静态成员函数只能引用静态数据成员，因为它们都是独立于对象实例之外而为对象所共享的成员。

需要强调的是：

（1）静态成员中的"静态（static）"与普通静态变量和静态函数中的"静态"含义是不一样的。普通静态变量中的"静态"是使用静态存储内存空间，而类中的静态数据成员的"静态"是对象数据共享的声明，并非具有实际意义的静态存储内存空间。普通静态函数中的"静态"是表示本程序文件的内部函数，而类中的静态成员函数的"静态"表示该成员函数仅能访问静态数据成员，是为所有该类对象共享的声明方式。

（2）类的静态数据成员的内存开辟和释放只能通过静态成员函数来实现，而不能通过类的构造函数和析构函数来完成。C++中也没有静态构造函数和静态析构函数。

7.3.2 常类型

常类型是指使用类型修饰符 const 说明的类型，常类型的变量或对象的值是不能被更新的。因此，定义或说明常类型时必须进行初始化。

1. 常对象

常对象是指对象常量，定义格式如下：

```
<类名> const <对象名>
```

定义常对象时，修饰符 const 可以放在类名后面，也可以放在类名前面。例如：

```cpp
class COne
{
public:
    COne(int a, int b) { x = a; y = b; }
    //...
private:
    int x, y;
};
const COne a(3,4);
COne const b(5,6);
```

其中，a 和 b 都是 COne 对象常量，初始化后就不能再被更新。

2. 常指针和常引用

常指针也是使用关键字 const 来修饰的。但需要说明的是，const 的位置不同，其含意也不同，它有 3 种形式。

第 1 种形式是将 const 放在指针变量的类型之前，表示声明一个指向常量的指针。此时，在程序中不能通过指针来改变它所指向的数据值，但可以改变指针本身的值。例如：

```cpp
int a = 1, b = 2;
const int *p1 = &a;            // 声明指向 int 型常的指针 p1，指针地址为 a 的地址
*p1 = 2;                       // 错误，不能更改指针所指向的数据值
p1 = &b;                       // 正确，指向常量的指针本身的值是可以改变的
```

需要说明的是，用这种形式定义的常量指针，在声明时可以赋初值，也可以不赋初值。

第 2 种形式是将 const 放在指针定义语句的指针名前，表示指针本身是一个常量，称为指针常量或常指针。因此，不能改变这种指针变量的值，但可以改变指变量所指向的数据值。例如：

```cpp
int a = 1, b = 2;
int * const p1 = &a;           // 声明指向 int 型常的指针 p1，指针地址为 a 的地址
int * const p2;                // 错误，在声明指针常量时，必须初始化
*p1 = 2;                       // 正确，指针所指向的数据值可以改变
p1 = &b;                       // 错误，指针常量本身的值是不可改变的
```

第 3 种形式是将 const 在上述两个地方都加，表示声明一个指向常量的指针常量，指针本身的值不可改变，而且它所指向的数据的值也不能通过指针改变。例如：

```cpp
int a = 1, b = 2;
const int * const pp = &a;
*pp = 2;                       // 错误
pp = &b;                       // 错误
```

需要说明的是，用第2形式和第3形式定义的指针常量，在声明时必须赋初值。

使用const修饰符也可用来声明引用，被声明的引用为常引用，该引用所引用的对象不能被更新。其定义格式如下：

```
const <类型说明符> & <引用名>
```

例如：

```
const double & v;
```

在实际应用中，常指针和常引用往往用来作函数的形参，这样的参数称为常参数。使用常参数则表明该函数不会更新某个参数所指向或所引用的对象，这样，在参数传递过程中就不需要执行拷贝构造函数，这将会改善程序的运行效率。

3. 常成员函数

使用const关键字进行声明的成员函数，称为常成员函数。只有常成员函数才有资格操作常量或常对象，没有使用const关键字说明的成员函数不能用来操作常对象。常成员函数说明格式如下：

```
<类型说明符> <函数名> (<参数表>) const;
```

其中，const是加在函数说明后面的类型修饰符，它是函数类型的一个组成部分，因此，在函数实现部分也要带const关键字。

【例 Ex_ConstFunc】常成员函数的使用

```cpp
#include <iostream>
using namespace std;
class COne
{
public:
    COne(int a, int b)
    {
        x = a; y = b;
    }
    void print();
    void print() const;                 // 声明常成员函数
private:
    int x, y;
};
void COne::print()
{
    cout<<x<<", "<<y<<endl;
}
void COne::print() const
{
    cout<<"使用常成员函数: "<<x<<", "<<y<<endl;
}
int  main()
{
    COne one(5, 4);
    one.print();
    const COne two(20, 52);
    two.print();
    return 0;
}
```

程序运行的结果如下：

```
5, 4
使用常成员函数: 20, 52
```

程序中，类COne声明了两个重载成员函数，一个带const，一个不带。语句"one.print();"调用成员函数"void print();"，而"two.print();"调用常成员函数"void print() const;"。

4. 常数据成员

类型修饰符 const 不仅可以说明成员函数，也可以说明数据成员。由于 const 类型对象必须被初始化，并且不能更新，因此，在类中声明了 const 数据成员时，只能通过成员初始化列表的方式来生成构造函数对数据成员初始化。

7.3.3 this 指针

this 指针是一个仅能被类的非静态成员函数所能访问的特殊指针。当一个对象调用成员函数时，编译器先将对象的地址赋给 this 指针，然后调用成员函数。例如，当下列成员函数调用时：

```
one.copy(two);
```

它实际上被解释成：

```
copy( &one, two);
```

只不过，&one 参数为隐藏了。需要说明的是，通过*this 可以判断是哪个对象来调用该成员函数或重新指定对象。

【例 Ex_This】this 指针的使用

```
#include <iostream>
using namespace std;
class COne
{
public:
    COne()
    {   x = y = 0;  }
    COne(int a, int b)
    {
        x = a; y = b;
    }
    void copy(COne &a);                 // 对象引用作函数参数
    void print()
    {
        cout<<x<<" , "<<y<<endl;
    }
private:
    int x, y;
};
void COne::copy(COne &a)
{
    if (this == &a) return;
    *this = a;
}
int  main()
{
    COne one, two(3, 4);
    one.print();
    one.copy(two);
    one.print();
    return 0;
}
```

程序运行的结果如下：

```
0 , 0
3 , 4
```

程序中，使用 this 指针的函数是 copy，它在 copy 函数中出现了 2 次。"if(this == &a)" 中的 this 是操作该成员函数的对象的地址，从 main 函数中的 "one.copy(two);" 可以看出这个对象就是 one。copy 函数中的语句

```
*this = a;
```
　　是将形参 a（对象的引用）赋给操作该成员函数的对象。在本例中，就是将对象 two 赋给对象 one。因此，main 函数中最后的语句"one.print();"实际上就是"two.print();"。

　　事实上，当成员函数的形参名与该类的成员变量名同名，则必须用 this 指针来显式区分，例如：

```
class CPoint
{
public:
    CPoint( int x = 0, int y = 0)
    {
        this->x = x;    this->y = y;
    }
    void Offset(int x, int y)
    {
        (*this).x += x;  (*this).y += y;
    }
    void Print() const
    {
        cout<<"Point("<<x<<", "<<y<<")"<<endl;
    }
private:
    int x, y;
};
```

　　类 CPoint 中的私有数据成员 x、y 和构造函数、Offset 成员函数的形参同名，正是因为成员函数体中使用了 this 指针，从而使函数中的赋值语句合法有效，且含义明确。否则，如果没有 this 指针，则构造函数中的赋值语句就变为了"x=x; y=y;"，显然是不合法的。

　　需要说明的是，对于静态成员函数来说，由于它是为所有对象所共享，因此在静态成员函数中使用 this 指针将无法确定 this 的具体指向。所以，在静态成员函数中万不能使用 this 指针。

7.4　常见问题解答

　　（1）结构与类有何本质区别？

　　解答： 事实上，ANSI/ISO C++是将结构看成类的一种简单形式，并且在结构体中除数据成员外，也可有成员函数，而且也可以使用关键词 public、private、protected 限定其成员的访问权限。但结构与类的唯一区别在于：在类中，其成员的默认访问权限是私有的（private），而在结构类型中，其成员的默认访问权限是公有的（public）。当只需要描述数据结构而不想在结构中进行数据操作时，则用结构较好。而若既要描述数据又要描述对数据的处理方法时，则用类为好。

　　（2）什么是友元？

　　解答： 通常，类的私有型（private）数据成员和保护型（protected）数据成员只能在类中由该类的成员函数来访问，类的对象以及外部函数只能访问类的公有型（public）成员函数，类的私有和保护型数据成员只能通过类的成员函数来访问。但是，如果在类中用 friend 关键字声明一个函数，且该函数的形参中还有该类的对象形参，这个函数便可通过形参对象或通过在函数体中定义该类对象来访问该类的任何私有和保护型数据成员。这就好比一个人的私密可以让"密友"知道一样，用 friend 声明的这个函数就称为这个类的友元函数。

　　除友元函数外，友元还可以是类，即一个类可以作另一个类的友元，称为友元类。例如，当 B 类作为 A 类的友元时，这就意味着在 B 类中通过 A 类对象来访问 A 类中的所有成员。

可见，采用友元机制，通过类对象可以访问或引用类中的所有成员。这样，即使通过友元来修改数据成员时，修改的也仅仅是某个对象的数据成员，从而既保证了类的封装性，也为外部访问类的私有和保护型成员提供了方便。

7.5 实验实训

编写一个完整的程序 Ex_Stack，将学生成绩类对象作为栈的元素，并设计栈类来存取学生成绩数据。其中，栈模型有下列描述：

栈是一种"FILO"（先进后出）或"LIFO"（后进先出）的存储结构。如图 7.1 所示，它占用一块连续的内存空间，有 2 个端点：一端点是固定的，称为栈底；另一端点是活动的，称为栈顶。操作只能在栈顶进行。建立一个栈先要开辟栈空间，且为了指示栈顶位置还要设定一个指针，称为栈顶指针（图 7.1 中的 sp）。

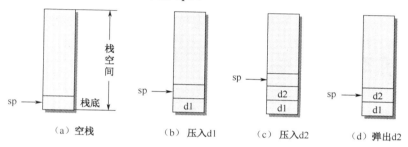

图 7.1 栈模型

栈有 2 种操作：push（压入）与 pop（弹出）。初建栈时，栈顶指针 sp 指向栈底，如图 7.1（a）所示。当向栈内压入一个元素 d1 时，先向栈顶写入 d1 后，再将 sp++，如图 7.1（b）。再压入一个元素 d2 时，先向栈顶写入 d2 后，再将 sp++，如图 7.1（c）。可见，栈顶总是用于存放下一个元素。当栈内弹出一个元素 d2 时，直接执行 sp--，然后返回 sp 中的内容，如图 7.1（d）。这样，当再次压入新元素时，d2 被覆盖。

程序设计要求如下：

（1）设计学生成绩类 CStuScore，其私有数据成员有学生姓名、学号和三门课成绩，要求能输入、输出并设置这些数据。

（2）设计的 CStack 类具有弹出（pop）和压入操作（push），栈的存储用动态数组来实现。

提示：

由栈模型可知，栈首先应有如下 2 种数据成员：

```
CStuScore        *sp;                          // 栈顶指针
CStuScore        *buffer;                       // 栈空间
```

在用 C++类实现时，栈空间可以使用静态内存空间（即用数组来实现），也可用 new 来动态分配。由于数组的局限性（以前讨论过），因此这里用动态内存空间来构建栈空间。这样就需要在 CStack 构造函数和析构函数中添加动态内存空间创建和释放代码，如下所示：

```
CStack::CStack(int nSize)
{   // 初始化代码
    m_nSize = nSize;
    buffer = new CStuScore[m_nSize];           // 开辟栈空间
    if ( buffer != NULL)                        // 开辟成功
        sp = buffer;                            // 初建时，sp 指向栈底
    else
```

```
        exit(1);                                    // 若开辟不成功，程序非正常终止
    cout<<"栈空间已成功建立! "<<endl;              // 显示成功的提示信息
}
CStack::~CStack()
{
    if (buffer)                                      // 判断
    {
        delete [m_nSize]buffer;                      // 释放内存
        buffer = NULL;                               // 一个好的习惯
        cout<<"栈空间已释放! "<<endl;
    }
}
```

其次，CStack 类还应有下列 2 个成员函数：

```
void        push(CStuScore a);                       // 压入操作
CStuScore   pop(void);                               // 弹出操作
```

考虑到栈空间总是有 2 个端点，因此在实现这 2 个操作时要判断栈顶是否超出栈的 2 个端点。为了便于操作的实现以及简化代码，对于栈空间的大小还设定一个数据成员 m_nSize。

根据上述分析和设计思想，可编写程序参考代码，具体在前言提到的网站中下载。

思考与练习

1. 什么是类？类的定义格式？类的成员一般分为哪两部分？它们的区别如何？
2. 类与结构体有什么区别？
3. 什么是对象？如何定义一个对象？对象的成员如何表示？
4. 什么是构造函数？构造函数有哪些特点？
5. 什么是析构函数？析构函数有哪些特点？
6. 什么是默认构造函数和默认析构函数？
7. 如何对对象进行初始化？
8. 类的指针成员为什么要用 new 另辟内存空间，这样的做的好处是什么？试举例说明。
9. 对象赋初值有几种常见的方式？哪些情况需要调用拷贝构造函数？
10. 什么是浅拷贝和深拷贝？如何定义拷贝构造函数？
11. 定义一个描述学生基本情况的类，数据成员包括姓名，学号，C++、英语和数学成绩，成员函数包括输出数据、置姓名和学号、置三门课的成绩，求出总成绩和平均成绩。
12. 设有一个描述坐标点的 CPoint 类，其私有变量 x 和 y 代表一个点的 x、y 坐标值。编写程序实现以下功能：利用构造函数传递参数，并设其默认参数值为 60 和 75，利用成员函数 display()输出这一默认的值；利用公有成员函数 setpoint()将坐标值的修改为(80, 150)，并利用成员函数输出修改后的坐标值。
13. 定义一个矩形类 CRect，矩形的左上角（left, top）与右下角坐标（right, bottom）定义为保护数据成员。用公有成员函数 Diagonal 计算出矩形对角线的长度，公有成员函数 Show 显示矩形左上角与右下角坐标。在主函数中用矩形类定义对象 r1 与 r2，r1 的初值为（10，10，20，20）。r2 右下角坐标的初值用拷贝构造函数将 r1 右下角坐标值拷贝到 r2 中，左上角坐标初值为（0，0）。最后显示矩形 r1、r2 的左上角与右下角坐标及对角线长度。
14. 定义一个描述圆柱体的类 CCylinder，定义圆柱体的底面半径 radius 与高 high 为私有数据成员。用公有成员函数 Volume 计算出圆柱体的体积，公有成员函数 Show 显示圆柱体的半径、高与体积。在主函数中用 new 运算符动态建立圆柱体对象，初值为（10，10）。然后调用

Show 显示圆柱体的半径、高与体积。最后用 delete 运算符回收为圆柱体动态分配的存储空间。

15. 先定义一个能描述平面上一条直线的类 CLine，其私有数据成员为直线两个端点的坐标（x1, y1, x2, y2）。在类中定义形参默认值为 0 的构造函数，及计算直线长度的公有成员函数 Length，显示直线两个端点坐标的公有成员函数 Show。然后再定义一个能描述平面上三角形的类 CTri，其数据成员为用 CLine 定义的对象 line1、line2、line3 与三角形三条边长 l1、l2、l3。在类中定义的构造函数要能对对象成员与边长进行初始化。再定义计算三角形面积的函数 Area，及显示三条边端点坐标及面积的函数 Show，Show 函数中可调用 CLine 类中的 Show 函数显示三条边两端点坐标。在主函数中定义三角形对象 tri(10,10,20,10,20,20)，调用 Show 函数显示三角形三条边端点坐标及面积。

16. 下面是一个类的测试程序，给出类的定义，构造一个完整的程序。执行程序后，输出为：

```
输出结果：200 - 60 = 140
```

主函数为：

```
void main()
{
    CTest c;
    c.init(200, 60);
    c.print();
}
```

17. 设有一个类，其定义如下：

```
class CSample
{
    char *p1, *p2;
public:
    void init(char *s1, char *s2);
    void print()
    { cout<<"p1 = "<<p1<<'\n'<<"p2 = "<<p2<<'\n'; }
    void copy(CSample &one);
    void free();
}
```

成员函数 init() 是将 s1 和 s2 所指向的字符串分别送到 p1 和 p2 所指向的动态申请的内存空间中，函数 copy 将对象 one 中的两个字符串拷贝到当前的对象中，free() 函数释放 p1 和 p2 所指向的动态分配的内存空间。设计一个完整的程序，包括完成这三个函数的定义和测试工作。

第8章

继承、多态和流

继承性和多态性与封装性一起构成了面向对象程序设计的三大特性。继承可以在一个一般类的基础上建立新类，而多态则是指不同类型的对象接收相同的消息时产生不同的行为。这里的消息主要是指对类的成员函数的调用，而不同的行为则是指成员函数的不同实现（重载）。除此之外，有时还需要将数据保存到文件中或从文件读取数据，这就涉及到 C++ 中的文件"流"操作。

8.1 继承和派生

继承是面向对象语言的一个重要机制，通过继承可以在一个一般类的基础上建立新类。被继承的类称为基类（base class），在基类上建立的新类称为派生类（derived class）。如果一个类只有一个基类则称为单继承，否则称为多继承。通过类继承，可以使派生类有条件地具有基类的属性，这个条件就是继承方式。

8.1.1 单继承

从一个基类定义一个派生类可按下列格式：

```
class <派生类名> : [<继承方式>] <基类名>
{
        [<派生类的成员>]
};
```

其中，继承方式有 3 种：public（公有）、private（私有）及 protected（保护），若继承方式没有指定，则被指定为默认的 public 方式。继承方式决定了派生类的继承基类属性的使用权限，下面分别说明。

1. 公有继承（public）

公有继承的特点是基类的公有成员和保护成员作为派生类的成员时，它们都保持原有的状态，而基类的私有成员仍然是私有的。例如：

```
class CStick : public CMeter
{
    int m_nStickNum;            // 声明一个私有数据成员
public:
    void  DispStick();          // 声明一个公有成员函数
};                              // 注意分号不能省略
void CStick:: DispStick()
{
    m_nStickNum = GetPos();     // 调用基类 CMeter 的成员函数
    cout<<m_nStickNum<<' ';
}
```

这时，从基类 CMeter 派生的 CStick 类除具有 CMeter 所有公有成员和保护成员外，还有自身的私有数据成员 m_nStickNum 和公有成员函数 DispStick。

【例 Ex_PublicDerived】派生类的公有继承示例

```cpp
#include <iostream>
using namespace std;
class CMeter
{
public:
    CMeter(int nPos = 10)
    {
        m_nPos = nPos;
    }
    ~CMeter()    {    }
    void StepIt()   { m_nPos++; }
    int GetPos()    { return m_nPos; }
protected:
    void SetPos(int nPos) { m_nPos = nPos; }
private:
    int  m_nPos;
};
class CStick : public CMeter            // 从 CMeter 派生，公有继承
{
    int m_nStickNum;                    // 声明一个私有数据成员
public:
    void DispStick();                   // 声明一个公有成员函数
    void SetStick(int nPos)
    {
        SetPos(nPos);                   // 类中调用基类的保护成员
    }
};
void CStick:: DispStick()
{
    m_nStickNum = GetPos();             // 调用基类 CMeter 的成员函数
    cout<<m_nStickNum<<' ';
}
int  main()
{
    CMeter oMeter(20);
    CStick oStick;
    cout<<"CMeter:"<<oMeter.GetPos()<<",CStick:"<<oStick.GetPos()<<endl;
    oMeter.StepIt();
    cout<<"CMeter:"<<oMeter.GetPos()<<",CStick:"<<oStick.GetPos()<<endl;
    oStick.StepIt();
    cout<<"CMeter:"<<oMeter.GetPos()<<",CStick:"<<oStick.GetPos()<<endl;
    oStick.DispStick();
    oStick.StepIt();
    oStick.DispStick();
    return 0;
}
```

程序运行的结果如下：
```
CMeter:20,CStick:10
CMeter:21,CStick:10
CMeter:21,CStick:11
11 12
```

需要注意的是：派生类中或派生类的对象可以使用基类的公有成员（包括保护成员），例如 CStick 的成员函数 DispStick 中调用了基类 CMeter 的 GetPos 函数，oStick 对象调用了基类的 StepIt 成员函数；但基类或基类的对象却不可以使用派生类的成员。

2. 私有继承（private）

私有继承的特点是基类的公有成员和保护成员都作为派生类的私有成员，并且不能被这个派生类的子类所访问。

【例 Ex_PrivateDerived】派生类的私有继承示例

```
#include <iostream>
using namespace std;
class  CMeter
{
public:
    CMeter(int nPos = 10)
    {
        m_nPos = nPos;
    }
    ~CMeter() { }
    void StepIt(){ m_nPos++; }
    int  GetPos(){  return m_nPos; }
protected:
    void SetPos(int nPos) { m_nPos = nPos; }
private:
    int  m_nPos;
};
class CStick : private CMeter            // 从 CMeter 派生，私有继承
{
    int m_nStickNum;                     // 声明一个私有数据成员
public:
    void DispStick();                    // 声明一个公有成员函数
    void SetStick(int nPos)
    {
        SetPos(nPos);                    // 调用基类的保护成员
    }
    int GetStick()
    {
        return GetPos();                 // 调用基类的公有成员
    }
};
void CStick::DispStick()
{
    m_nStickNum = GetPos();              // 调用基类 CMeter 的成员函数
    cout<<m_nStickNum<<' ';
}
int  main()
{
    CMeter oMeter(20);
    CStick oStick;
    cout<<"CMeter:"<<oMeter.GetPos()<<",CStick:"<<oStick.GetStick()<<endl;
    oMeter.StepIt();
    cout<<"CMeter:"<<oMeter.GetPos()<<",CStick:"<<oStick.GetStick()<<endl;
    oStick.DispStick();
    return 0;
}
```

程序运行的结果如下：

```
CMeter:20,CStick:10
CMeter:21,CStick:10
10
```

由于私有继承的派生类对象不能访问基类的所有成员，因此 oStick 不能调用基类的公有成员函数 GetPos，但在派生类中则是可以访问的。注意 CStick 的 GetStick 函数实现，并与上例相比较，看看有什么不同？

3. 保护继承（protected）

保护继承的特点是基类的所有公有成员和保护成员都成为派生类的保护成员，并且只能被它的派生类成员函数或友元访问，基类的私有成员仍然是私有的。表 8.1 列出三种不同的继承方式的基类特性及其成员在派生类中的特性。

表 8.1　不同继承方式的基类特性及其成员在派生类中的特性

继 承 方 式	基 类 成 员	基类成员在派生类中的特性
公有继承（public）	Public	public
	protected	protected
	private	不可访问
私有继承（private）	public	private
	protected	private
	private	不可访问
保护继承（protected）	public	protected
	protected	protected
	private	不可访问

需要注意的是，一定要区分清楚派生类的对象和派生类中的成员函数对基类的访问是不同的。例如，在公有继承时，派生类的对象可以访问基类中的公有成员，派生类的成员函数可以访问基类中的公有成员和保护成员。在私有继承和保护继承时，基类的所有成员不能被派生类的对象访问，而派生类的成员函数可以访问基类中的公有成员和保护成员。

8.1.2　派生类的构造和析构

在前面两个例子中，由于基类的构造函数和析构函数不能被派生类继承，因此，若有：
```
CMeter  oA(3);
```
是可以的，因为 CMeter 类有与之相对应的构造函数。而
```
CStick  oB(3);
```
是错误的，因为 CStick 类没有对应的构造函数。但
```
CStick  oC;
```
是可以的，因为 CStick 类有一个隐含的不带参数的默认构造函数。

当派生类的构造函数和析构函数被执行时，基类相应构造函数和析构函数也会被执行。因此 CStick 对象 oStick 在建立时还调用了基类的构造函数，使得 oStick.GetPos 返回的值为 10。

需要注意的是，派生类对象在建立时，先执行基类的构造函数，然后执行派生类的构造函数。但对于析构函数来说，其顺序刚好相反，先执行派生类的析构函数，而后执行基类的析构函数。而且，若需要在对派生类进行初始化时对其基类设置初值，则可按下列格式进行：
```
<派生类名>(总参表):<基类 1>(参数表 1), <基类 2>(参数表 2), …, <基类 n>(参数表 n),
        对象成员 1(对象成员参数表 1), 对象成员 2(对象成员参数表 2), …,
        对象成员 n(对象成员参数表 n)
{
        ...
}
```

其中，构造函数总参表后面给出的是需要用参数初始化的基类名、对象成员名及各自对应的参数表，基类名和对象成员名之间的顺序可以是任意的，且对于使用默认构造函数的基类和对象成员来说，可以不列出基类名和对象成员名。这里所说的对象成员是指在派生类中新声明的数据成员，它属于另外一个类的对象。对象成员必须在初始化列表中进行初始化。

例如，在【例 Ex_PublicDerived】中，CStick 的构造函数可这样定义：

```
class CStick : public CMeter
{
    int m_nStickNum;
public:
    CStick():CMeter(30)
    {   }
    void DispStick();
    void SetStick(int nPos)
    {
        SetPos(nPos);
    }
};
```

此时再重新运行程序，结果就会变为：
程序运行的结果如下：

```
CMeter:20,CStick:30
CMeter:21,CStick:30
CMeter:21,CStick:31
31 32
```

8.1.3 多继承

前面所讨论的是单继承的基类和派生类之间的关系，实际在类的继承中，还允许一个派生类继承多个基类，这种多继承的方式可使派生类具有多个基类的特性，大大提高了程序代码的可重用性。多继承下派生类的定义是按下面的格式：

```
class <派生类名> : [<继承方式 1>] <基类名 1>,[<继承方式 2>] <基类名 2>,...
{
        [<派生类的成员>]
};
```

其中的继承方式还是前面的 3 种：public、private 和 protected。例如：

```
class A
{   //...
};
class B
{   //...
};
class C : public A,private B
{
    //...
};
```

由于派生类 C 继承了基类 A 和 B，具有多继承性，因此派生类 C 的成员包含了基类 A 中成员和 B 中成员以及该类本身的成员。

除了类的多继承性以外，C++还允许一个基类有多个派生类（称为**多重派生**）以及从一个基类的派生类中再进行多个层次的派生。总之，掌握了基类和派生类之间的关系，类的多种形式的继承也就清楚了。

8.2　多态和虚函数

在 C++中，多态性可分为 2 种：编译时的多态性和运行时的多态性。编译时的多态性是通过函数的重载或运算符的重载来实现的。而运行时的多态性是通过虚函数来实现的，它指在程序执行之前，根据函数和参数还无法确定应该调用哪一个函数，必须在程序的执行过程中，根据具有的执行情况动态地确定。

与这两种多态性方式相对应的是两种编译方式：静态联编和动态联编。所谓联编（binding，又称为绑定），就是将一个标识符和一个存储地址联系在一起的过程，或是一个源程序经过编译、连接，最后生成可执行代码的过程。

静态联编是指这种联编在编译阶段完成的，由于联编过程是在程序运行前完成的，所以称为早期联编。动态联编是指这种联编要在程序运行时动态进行，所以又称为晚期联编。

一般来说，在静态联编的方式下，同一个成员函数在基类和派生类中的不同版本是不会在运行时根据程序代码的指定进行自动绑定的。因此，必须通过类的虚函数机制，才能实现基类和派生类中的成员函数不同版本的动态联编。

8.2.1 虚函数

先来看一个虚函数应用实例。

【例 Ex_VirtualFunc】虚函数的使用

```cpp
#include <iostream>
using namespace std;
class CShape
{
public:
    virtual float area()                    // 将 area 定义成虚函数
    {   return 0.0; }
};
class CTriangle : public CShape
{
public:
    CTriangle(float h, float w)
    {   H = h;  W = w;  }
    float area()
    {   return (float)(H * W * 0.5);    }
private:
    float H, W;
};
class CCircle : public CShape
{
public:
    CCircle(float r)
    {   R=r;         }
    float area()
    {   return (float)(3.14159265 * R * R);         }
private:
    float R;
};
int  main()
{
    CShape *s[2];
    s[0] = new CTriangle(3,4);
    cout<<s[0]->area()<<endl;
    s[1] = new CCircle(5);
    cout<<s[1]->area()<<endl;
    return 0;
}
```

程序运行的结果如下：

```
6
78.5398
```

代码中，虚函数 area 是通过在基类的 area 函数的前面加上 virtual 关键字来实现的。程序中*s[2]是定义的基类 CShape 指针，语句"s[0]=new CTriangle(3,4);"是将 s[0]指向派生类 CTriangle，因而"s[0]->area();"实际上是调用 CTriangle 类的 area 成员函数，结果是 6；同样可以分析 s[1]->area()的结果。

从这个例子可以看出，正是通过虚函数，达到了用基类指针访问派生类对象成员函数的目的，从而使一个函数具有多种不同的版本，这一点与重载函数相似，只不过虚函数的不同版本是在该基类的派生类中重新进行定义。这样，只要声明了基类指针就可以使不同的派生类对象产生不同的函数调用，实现了程序的运行时多态。需要说明的是：

（1）虚函数在重新定义时参数的个数和类型必须和基类中的虚函数完全匹配，这一点和函数重载完全不同。

（2）只有通过基类指针才能实现虚函数的多态性，若虚函数的调用是普通方式来进行的，则不能实现其多态性。例如：

```
CShape  ss;
cout<<ss.area()<<endl;
```

输出的结果为 0.0。

（3）如果不使用 new 来创建相应的派生类对象指针，也可使用&运算符来获取对象的地址。例如：

```
void main()
{
    CShape *p1, *p2;
    CTriangle tri(3, 4);
    CCircle cir(5);
    p1 = &tri;  p2 = &cir;
    cout<<p1->area()<<endl;
    cout<<p2->area()<<endl;
}
```

（4）虚函数必须是类的一个成员函数，不能是友元函数，也不能是静态的成员函数。

（5）可把析构函数定义为虚函数，但不能将构造函数定义为虚函数。通常在释放基类中及其派生类中的动态申请的存储空间时，也要把析构函数定义为虚函数，以便实现撤消对象时的多态性。

8.2.2 纯虚函数和抽象类

在定义一个基类时，有时会遇到这样的情况：无法定义基类中虚函数的具体实现，其实现完全依赖于其不同的派生类。例如，一个"形状类"（基类）由于没有确定的具体形状，因此其计算面积的函数也就无法实现。这时可将基类中的虚函数声明为纯虚函数。

声明纯虚函数的一般格式为：

```
virtual <函数类型><函数名>(<形数表>) = 0;
```

显然，它与一般虚函数不同的是：在纯虚函数的形参表后面多了个"= 0"。把函数名赋于0，本质上是将指向函数的指针初值赋为 0。需要说明的是，纯虚函数不能有具体的实现代码。

抽象类是指至少包含一个纯虚函数的特殊的类。它本身不能被实例化，也就是说不能声明一个抽象类的对象。必须通过继承得到派生类后，在派生类中定义了纯虚函数的具体实现代码，才能获得一个派生类的对象。

下面举例说明纯虚函数和抽象类的应用。

【例 Ex_PureVirtualFunc】纯虚函数和抽象类的使用

```
#include <iostream>
using namespace std;
```

```cpp
class CShape
{
public:
    virtual float area() = 0;                // 将 area 定义成纯虚函数
};
class CTriangle:public CShape
{
public:
    CTriangle(float h, float w)
    {   H = h;  W = w;      }
    float area()                             // 在派生类定义纯虚函数的具体实现代码
    {    return (float)(H * W * 0.5);   }
private:
    float H, W;
};
class CCircle:public CShape
{
public:
    CCircle(float r)
    {   R = r;  }
    float area()                             // 在派生类定义纯虚函数的具体实现代码
    {    return (float)(3.14159265 * R * R);   }
private:
    float R;
};
int  main()
{
    CShape *pShape;
    CTriangle tri(3, 4);
    cout<<tri.area()<<endl;
    pShape = &tri;
    cout<<pShape->area()<<endl;
    CCircle cir(5);
    cout<<cir.area()<<endl;
    pShape = &cir;
    cout<<pShape->area()<<endl;
    return 0;
}
```
程序运行的结果如下：
```
6
6
78.5398
78.5398
```

从这个示例可以看出，与虚函数使用方法相同，也可以声明指向抽象类的指针，虽然该指针不能指向任何抽象类的对象（因为不存在），但可以通过该指针获得对派生类成员函数的调用。事实上，纯虚函数就是一个特殊的虚函数。

8.3 运算符重载

运算符重载就是赋予已有的运算符多重含义，是一种静态联编的多态。通过重新定义运算符，使其能够用于特定类对象执行特定的功能，从而增强了 C++ 语言的扩充能力。

8.3.1 运算符重载概述

事实上，运算符重载的目的是为了实现类对象的运算操作。重载时，一般是在类中定义一个特殊的函数，以便通知编译器，遇到该重载运算符时调用该函数，并由该函数来完成该运算符应该完成的操作。这种特殊的函数称为**运算符重载函数**，它通常是类的成员函数，运算符的操作数通常也是该类的对象。

1. 重载函数声明

在类中，定义一个运算符重载函数与定义一般成员函数相类似，只不过函数名必须以operator 开头，其一般形式如下：

```
<函数类型><类名>::operator <重载的运算符>(<形参表>)
{ … }                                    // 函数体
```

由于运算符重载函数的函数是以特殊的关键字开始的，编译很容易与其他的函数名区分开来。这里先来看一个实例，它是用来定义一个复数类 CComplex，然后重载"+"运算符，使这个运算符能直接完成复数的加运算。

【例 Ex_Complex】运算符的简单重载

```cpp
#include <iostream>
using namespace std;
class CComplex
{
public:
    CComplex(double r = 0, double i = 0)
    {
        realPart = r;        imagePart = i;
    }
    void print()
    {
        cout<<"实部 = "<<realPart<<", 虚部 = "<<imagePart<<endl;
    }
    CComplex operator + (CComplex &c);          // 重载运算符+
    CComplex operator + (double r);             // 重载运算符+
private:
    double realPart;                            // 复数的实部
    double imagePart;                           // 复数的虚部
};
CComplex CComplex::operator + (CComplex &c)     // 参数是 CComplex 引用对象
{
    CComplex temp;
    temp.realPart = realPart + c.realPart;
    temp.imagePart = imagePart + c.imagePart;
    return temp;
}
CComplex CComplex::operator + (double r)        // 参数是 double 类型数据
{
    CComplex temp;
    temp.realPart = realPart + r;
    temp.imagePart = imagePart;
    return temp;
}
int  main()
{
    CComplex c1(12,20), c2(50,70), c;
    c = c1 + c2;          c.print();
    c = c1+ 20;        c.print();
    return 0;
}
```

程序运行的结果如下：

```
实部 = 62, 虚部 = 90
实部 = 32, 虚部 = 20
```

下面作一些分析：

（1）程序中，对运算符"+"作了两次重载，一个用于实现两个复数的加法，另一个用于实现一个复数与一个实数的加法。

（2）从 main 函数中的对象表达式可以看出，经重载后的运算符的使用方法与普通运算符基本一样。但编译总会自动完成相应的运算符重载函数的调用过程。例如表达式"c = c1 + c2"，编译首先将"c1 + c2"解释为"c1.operator + (c2)"，从而调用运算符重载函数 operator + (CComplex &c)，然后再将运算符重载函数的返回值赋给 c。同样，对于表达式"c = c1 + 20"，编译器将"c1 + 20"解释为"c1.operator + (20)"，调用运算符重载函数 operator + (double r)，然后再将运算符重载函数的返回值赋给 c。

（3）在编译解释"c1 + c2"时，由于成员函数都隐含一个 this 指针，因此解释的"c1.operator + (c2)"就是等价于"operator + (&c1, c2)"。正是因为 this 指针的存在，当重载的运算符函数是类的成员函数时，运算符函数的形参个数要比运算符操作数个数少一个。对于双目运算符（例如"+"）重载的成员函数来说，它应只有一个参数，用来指定其右操作数。而对于单目运算符重载的成员函数来说，由于操作数就是该类对象本身，因此运算符函数不应有参数。

需要说明的是：运算符重载函数的返回值和参数的类型取决于运算符的含义和结果，它们可能是类、类引用、类指针或是其它类型。

2. 运算符重载限制

在 C++中，运算符重载还有以下一些限制：

（1）重载的运算符必须是一个已有的合法的 C++运算符，如"+"、"-"、"*"、"/"、"++"等，且不是所有的运算符都可以重载。在 C++中不允许重载的运算符有："?:"（条件）、.（成员）、*.（成员指针）、::（域作用符）、sizeof（取字节大小）。

（2）不能定义新的运算符，或者说，不能为 C++没有的运算符进行重载。

（3）当重载一个运算符时，该运算符的操作数个数、优先级和结合性不能改变。

（4）运算符重载的方法通常有类的操作成员函数和友元函数 2 种，但=（赋值）、()（函数调用）、[]（下标）和->（成员指针）运算符不能重载为友元函数。

8.3.2　赋值符重载

C++中，相同类型的对象之间可以直接相互赋值，但不是所有的同类型对象都可以这么操作的。当对象的成员中有数组或动态的数据类型时，就不能直接相互赋值（深拷贝），否则在程序的编译或执行过程中出现编译或运行错误。因此，必须对赋值运算符"="进行重载，并在重载函数中重新开辟内存空间或添加其他代码，以保证赋值的正确性。

【例 Ex_Evaluate】赋值运算符的重载

```cpp
#include <iostream>
#include <cstring>
using namespace std;
class CName
{
public:
    CName (char *s)
    {
        name = new char[strlen(s) + 1];        strcpy(name, s);
    }
    ~CName ()
    {
        if (name)
```

```
        {
            delete []name;  name = NULL;
        }
    void print()
    {
        cout<< name <<endl;
    }
    CName& operator = (CName &a)            // 赋值运算符重载
    {
        if (name)
        {
            delete []name;  name = NULL;
        }
        if (a.name)
        {
            name = new char[strlen(a.name) + 1];
            strcpy(name, a.name);
        }
        return *this;
    }
private:
    char *name;
};
int  main()
{
    CName d1("Key"), d2("Mouse");
    d1.print();
    d1 = d2;
    d1.print();
    return 0;
}
```

程序运行的结果如下：
```
Key
Mouse
```
需要说明的是：

（1）赋值运算符重载函数 operator = ()的返回类型是 CName&，注意它返回是类的引用而不是对象。这是因为，C++要求赋值表达式左边的表达式是左值，它能进行诸如下列的运算：
```
int x, y = 5;                    // y 是左值
(x = y)++;                       // x 是左值
```
由于引用的实质就是对象的内存空间，所以通过引用可以改变对象的值。而如果返回的类型仅是类的对象，则操作的是对象的值而不是对象的内存空间，因此赋值操作后，不能再作为左值，从而导致程序运行终止。

（2）赋值运算符不能重载为友元函数，只能重载为一个非静态成员函数。

（3）赋值运算符重载函数是唯一的一个不能被继承的运算符函数。

8.3.3 转换函数

类型转换是将一种类型的值映射为另一种类型的值。C++的类型转换包含自动隐含和强制转换的两种方法。转换函数是实现强制转换操作的手段之一，它是类中定义的一个非静态成员函数，其一般格式为：
```
class <类名>
{
public:
    operator <类型>();
```

```
        //...
    }
```

其中，类型是要转换后的一种数据类型，它可以是基本数据类型，也可以是构造数据类型。operator 和类型一起构成了转换函数名，它的作用是将"class <类名>"声明的类对象转换成类型指定的数据类型。当然，转换函数既可以类中定义也可在类体外实现，但声明必须在类中进行，因为转换函数是类中的成员函数。

下面来看一个示例，它将金额的小写形式（数字）转换成金额的大写形式（汉字）。

【例 Ex_Money】转换函数的使用

```cpp
#include <iostream>
#include <cstring>
using namespace std;
typedef char* USTR;
class CMoney
{
    double amount;
public:
    CMoney(double a = 0.0) { amount = a; }
    operator USTR ();
};
CMoney::operator USTR ()
{
    USTR basestr[15] = {"分", "角", "元", "拾", "佰", "仟", "万",
                        "拾", "佰", "仟", "亿", "拾", "佰", "仟", "万"};
    USTR datastr[10] = {"零", "壹", "贰", "叁", "肆", "伍", "陆", "柒", "捌", "玖"};
    static char strResult[80];
    double temp, base = 1.0;
    int n = 0;
    temp = amount * 100.0;
    strcpy(strResult, "金额为: ");
    if (temp < 1.0)
        strcpy (strResult, "金额为: 零元零角零分");
    else {
        while (temp>= 10.0) {
            // 计算位数
            base = base * 10.0; temp = temp / 10.0; n++;
        }
        if (n>=15)  strcpy(strResult, "金额超过范围! ");
        else {
            temp = amount * 100.0;
            for (int m=n; m>=0; m--) {
                int d = (int)(temp / base);
                temp =  temp - base*(double)d;
                base =  base / 10.0;
                strcat(strResult, datastr[d]);
                strcat(strResult, basestr[m]);
            }
        }
    }
    return strResult;
}
int  main()
{
    CMoney money(1234123456789.123);
    cout<<(USTR)money<<endl;
    return 0;
}
```

程序运行的结果如下：

程序中，转换的类型是用 typedef 定义的 USTR 类型。调用该转换函数是直接采用强制转换方式，如程序中的(USTR)money 或者是 USTR(money)。需要说明的是：转换函数重载用来实现类型转换的操作，但转换函数只能是成员函数，而不能是友元函数。转换函数可以被派生类继承，也可以被说明为虚函数，且在一个类中可以定义多个转换函数。

8.4 输入输出流

C++没有专门的内部输入输出语句，但为了方便用户灵活使用输入输出功能，提供了两套输入输出方法：一套是与 C 语言相兼容的输入输出函数，如 printf 和 scanf 函数等；另一套是使用功能强大的输入输出流库 ios。

8.4.1 流类和流对象

所谓**流**，它是 C++的一个核心概念，数据从一个位置到另一个位置的流动抽象为流。当数据从键盘或磁盘文件流入到程序中时，这样的流称为输入流，而当数据从程序中流向屏幕或磁盘文件时，这样的流称为输出流。

当流被建立后就可以使用一些特定的操作从流中获取数据或向流中添加数据。从流中获取数据的操作称为提取操作，向流中添加数据的操作称为插入操作。

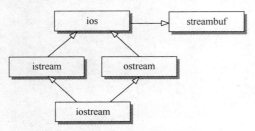

图 8.1 C++的输入输出流库

C++针对流的特点，构造了功能强大的输入输出流库，它具有面向对象的特性，其继承结构如图 8.1 所示。图中，ios 类用来提供一些关于对流状态进行设置的功能，它是一个虚基类，其它类都是从这个派生而来的，但 streambuf 不是 ios 类的派生类，在类 ios 中只是有一个指针成员，指向 streambuf 类的一个对象。

streambuf 类是用来为 ios 类及其派生类提供对数据的缓冲支持。所谓缓冲，是指系统在主存中开辟一个专门区域用来临时存放输入输出信息，这个区域称为缓冲区。有了缓冲以后，输入输出时所占用的 CPU 时间就大大减少了，提高了系统的效率。这是因为只有当缓冲区满时，或当前送入的数据为新的一行时，系统才对流中的数据进行处理，称为刷新。

istream 和 ostream 类均是 ios 的公有派生类，前者提供了向流中插入数据的有关操作，后者则是提供了从流中提取数据的有关操作。iostream 类是 istream 和 ostream 类公有派生的，该类并没有提供新的操作，只是将 istream 和 ostream 类综合在一起，提供一种方便。

为了方便用户对基本输入输出流进行操作，C++提供了 4 个预定义的标准流对象：cin、cout、cerr 和 clog。当在程序中包含了头文件"iostream.h"，编译器调用相应的构造函数，产生这 4 个标准流对象，在程序中就可以直接使用它们了。其中，cin 是 istream 类的对象，用来处理标准输入，即键盘输入。cout 是 ostream 类的对象，用来处理标准输出，即屏幕输出。cerr 和 clog 都是 ostream 类的对象，用来处理标准出错信息，并将信息显示在屏幕上。在这 4 个标准流对象中，除了 cerr 不支持缓冲外，其余 3 个都带有缓冲区。

标准流通常使用提取运算符">>"和插入运算符"<<"来进行输入输出操作，而且系统还会自动地完成数据类型的转换。由于以前已讨论过 cin 和 cout 的基本用法，对于 cerr 和 clog

也可同样使用，因此这里不再重复。

8.4.2 输入输出成员函数

不同数据类型的多次输入输出可以通过提取符"`>>`"和插入符"`<<`"来进行，但是如果想要更为细致的控制，例如希望把输入的空格作为一个字符，就需要使用 istream 和 ostream 类中的相关成员函数。

1. 输入操作的成员函数

数据的输入/输出可以分为三大类：字符类、字符串和数据。

（1）使用 get 和 getline 函数

用于输入字符或字符串的成员函数 get 原型如下：

```
int get();
istream& get( char& rch );
istream& get( char* pch, int nCount, char delim = '\n' );
```

第 1 种形式是从输入流中提取一个字符，并转换成整型数值。第 2 种形式是从输入流中提取字符到 rch 中。第三种形式是从输入流中提取一个字符串并由 pch 返回，nCount 用来指定提取字符的最多个数，delim 用来指定结束字符，默认时是'\n'.

函数 getline 原型如下：

```
istream& getline( char* pch, int nCount, char delim = '\n' );
```

它是用来从输入流中提取一个输入行，并把提取的字符串由 pch 返回，nCount 和 delim 的含义同上。这些函数可以从输入流中提取任何字符，包括空格等。

【例 Ex_GetAndGetLine】get 和 getline 的使用

```
#include <iostream>
using namespace std;
int main()
{
    char s1[80], s2[80], s3[80];
    cout<<"请键入一个字符：";
    cout<<cin.get()<<endl;
    cin.get();                              // 提取换行符
    cout<<"请输入一行字符串：";
    for (int i=0; i<80; i++){
        cin.get(s1[i]);
        if (s1[i] == '\n') {
            s1[i] = '\0';
            break;                          // 退出 for 循环
        }
    }
    cout<<s1<<endl;
    cout<<"请输入一行字符串：";
    cin.get(s2,80);
    cout<<s2<<endl;
    cin.get();                              // 提取换行符
    cout<<"请输入一行字符串：";
    cin.getline(s3,80);
    cout<<s3<<endl;
    return 0;
}
```

执行该程序，结果如下：

请键入一个字符：A↵
65
请输入一行字符串：This is a test!↵

```
This is a test!
请输入一行字符串：Computer↵
Computer
请输入一行字符串：你今天过得好吗?↵
你今天过得好吗?
```

需要说明的是，在用 get 函数提取字符串时，由于遇到换行符就会结束提取，此时换行符仍保留在缓冲区中，当下次提取字符串时就不会正常，而 getline 在提取字符串时，换行符也会被提取，但不保存它。因此，当提取一行字符串时，最好能使用函数 getline。

（2）使用 read 函数

read 函数不仅可以读取字符或字符串(称为文本流)，而且可以读取字节流。其原型如下：

```
istream& read( char* pch, int nCount );
istream& read( unsigned char* puch, int nCount );
istream& read( signed char* psch, int nCount );
```

read 函数的这几种形式都是从输入流中读取由 nCount 指定数目的字节并将它们放在由 pch 或 puch 或 psch 指定的数组中。

【例 Ex_Read】read 函数的使用

```cpp
#include <iostream>
using namespace std;
int  main()
{
    char data[80];
    cout<<"请输入："<<endl;
    cin.read(data, 80);
    data[cin.gcount()] = '\0';
    cout<<endl<<data<<endl;
    return 0;
}
```

执行该程序，结果如下：

```
请输入：
12345↵
ABCDE↵
This is a test!↵
^Z↵

12345
ABCDE
This is a test!
```

其中，^Z 表示用户按下【Ctrl+Z】键，"^Z+回车键"表示数据输入提前结束。gcount 是 istream 类的另一个成员函数，用来返回上一次提取的字符个数。从这个例子可以看出，当用 read 函数读取数据时，不会因为换行符而结束读取，因此它可以读取多个行的字符串，这在许多场合下是很有用处的。

2. 输出操作的成员函数

ostream 类中用于输出单个字符或字节的成员函数是 put 和 write，它们的原型如下：

```
ostream& put( char ch );
ostream& write( const char* pch, int nCount );
ostream& write( const unsigned char* puch, int nCount );
ostream& write( const signed char* psch, int nCount );
```

例如：

```cpp
char data[80];
cout<<"请输入："<<endl;
cin.read(data, 80);
cout.write(data,80);
cout<<endl;
```

8.4.3 文件流及其处理

文件是保存在存储介质上一系列数据的集合，每个操作系统都提供相应的文件系统来对文件进行存取。C++中，"文件"有两种含义，一种是指一个具有的外部设备，如可以把打印机看作一个文件，也可把屏幕看成一个文件。另一种是指一个磁盘文件，即存放在磁盘上的文件，每个文件都有一个文件名。

C++将文件看作是由连续的字符（字节）的数据顺序组成的。根据文件中数据的组织方式，可分为文本文件（ASCII 文件）和二进制文件。文本文件中每一个字节用以存放一个字符的 ASCII 码值，而二进制文件是将数据用二进制形式存放在文件中，它保持了数据在内存中存放的原有格式。

无论是文本文件还是二进制文件，都需要用"文件指针"来操纵。一个文件指针总是和一个文件所关联的，当文件每一次打开时，文件指针指向文件的开始，随着对文件的处理，文件指针不断地在文件中移动，并一直指向最新处理的字符（字节）位置。

为方便用户对文件的操作，C++提供了文件操作的文件流库，它的体系结构如图 8.2 所示。其中，ifstream 类是从 istream 类公有派生而来，用来支持从输入文件中提取数据的各种操作。ofstream 类是从 ostream 公有派生而来，用来实现把数据写入到文件中的各种操作。fstream 类是从 iostream 类公有派生而来，提供从文件中提取数据或把数据写入到文件的各种操作。filebuf 类从 streambuf 类派生而来，用来管理磁盘文件的缓冲区，应用程序中一般不涉及该类。

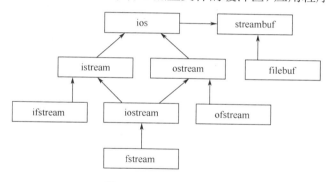

图 8.2　C++的文件流库

在 C++中，磁盘文件总是需要相应的文件流来关联，以便能使用相应的成员函数对关联的文件进行读写操作，操作文件时，还需要在程序中添加头文件 fstream 包含。文件操作一般是按定义文件流对象、打开文件、读写文件、关闭文件这 4 个步骤进行，下面分别说明。

1. 定义文件流对象

文件的操作通常有三种方式，即只读、只写以及读写方式。所谓读写方式，即同一个文件既可以写又可以读。根据文件这三种使用方式，应使用对应的文件流类 ifstream、ofstream、fstream 来定义相应的文件流对象。

定义一个文件流对象的格式如下：

```
Xstream  对象;
```

其中，Xstream 表示文件流类 ifstream、ofstream、fstream 中的任一种。例如：

```
ifstream infile;                    // 声明一个输入(读)文件流对象
ofstream outfile;                   // 声明一个输出(写)文件流对象
fstream iofile;                     // 声明一个可读可写的文件流对象
```

定义了文件流对象后，就可以用该文件流对象调用相应的成员函数进行打开、读/写、关闭文件等操作。为了叙述方便，将文件流对象简称为文件流。

2. 使用成员函数 open 打开文件

使用一个文件必须在程序中先打开该文件，其目的是将一个文件流与该磁盘文件关联起来，然后使用文件流提供的成员函数，进行数据的写入与读取操作。

打开文件有 2 种方式：一种是调用文件流成员函数 open 来打开，另一种是在定义文件流对象时通过构造函数打开文件。这里先来介绍第 1 种打开方式。

（1）使用成员函数 open 打开文件

在 ifstream、ofstream 或 fstream 类中，都有一个成员函数 open，它们的原型如下：

```
    void ifstream::open( const char* szName, int nMode = ios::in, int nProt =
filebuf::openprot );
    void ofstream::open( const char* szName, int nMode = ios::out, int nProt =
filebuf::openprot );
    void  fstream::open(  const  char*  szName,  int  nMode,  int  nProt  =
filebuf::openprot );
```

其中，参数 szName 用来指定要打开的文件名，包括路径和扩展名，mode 指定文件的访问方式，表 8.2 列出了 open 函数可以使用的访问方式。参数 prot 是用来指定文件的共享方式，默认时是 filebuf::openprot，表示 DOS 兼容的方式。

表 8.2　文件访问方式

方　　式	含　　义
ios::app	打开一个文件使新的内容始终添加在文件的末尾
ios::ate	打开一个文件使新的内容添加在文件的末尾，但下一次添加时，却在当前位置处进行
ios::in	为输入（读）打开一个文件，若文件存在，不清除文件原有内容
ios::out	为输出（写）打开一个文件
ios::trunc	若文件存在，清除文件原有内容
ios::nocreate	打开一个已有的文件，若文件不存在，则打开失败
ios::noreplace	若打开的文件已经存在，则打开失败
ios::binary	二进制文件方式（默认时是文本文件方式）

例如：

```
    infile.open("file1.txt");
    outfile.open("file2.txt");
    iofile.open("file3.txt",ios::in | ios::out);
```

其中，file1.txt 文件是按只读方式来打开的，若文件不存在，则自动建立新文件 file1.txt。file2.txt 文件是按只写方式来打开的，若文件不存在，则自动建立新文件 file2.txt。file3.txt 文件是按读/写方式来打开的，若文件不存在，则自动建立新文件 file3.txt。

需要说明的是，从"ios::in | ios::out"中可以知道，nMode 指定文件的访问方式是通过"|"（按位或）运算组合而成的。其中，ios::trunc 方式将消除文件原有内容，在使用时要特别小心，它通常与 ios::out、ios::ate、ios::app 和 ios:in 进行 '|' 组合，如 ios::out | ios::trunc。

```
    ios::binary 是二进制文件方式，它通常可以有下列组合：
    ios::in | ios::binary                      表示打开一个只读的二进制文件
    ios::out | ios::binary                     表示打开一个可写的二进制文件
    ios::in | ios::out| ios::binary            表示打开一个可读可写的二进制文件
```

再如：

```
    infile.open("file1.dat", ios::in | ios::binary | ios::nocreate);
```

则表示以只读的二进制方式打开已存在文件 file1.dat，若 file1.dat 不存在，则打开失败，infile 流对象值为 0。

3. 使用构造函数打开文件

在使用成员函数 open 打开文件时，需要先定义一个文件流对象。事实上，在文件流对象定义的同时也可指定打开的文件及其访问方式。此时调用的是相应文件流类的构造函数，其原型如下：

```
ifstream( const char* szName, int nMode = ios::in, int nProt = filebuf::openprot );
ofstream( const char* szName, int nMode = ios::out, int nProt = filebuf::openprot );
fstream( const char* szName, int nMode, int nProt = filebuf::openprot );
```

各参数的含义与 open 成员函数相同。例如：

```
ifstream infile("file1.txt");
ofstream outfile("file2.txt");
fstream iofile("file3.txt",ios::in | ios::out);
```

通常，无论是调用成员函数 open 来打开文件，还是用构造函数来打开文件，在打开后，都要判断打开是否成功。若文件打开不成功，则文件流对象值为 0，否则为非零值。因此，打开文件一般代码为（以只读打开文件 file1.txt 为例）：

```
ifstream infile("file1.txt");
if (!infile){
    cout<<"不能打开的文件: file1.txt! "<<endl;
    exit(1);
}
```

4. 文件的读写

当文件打开后，就可以对文件进行读写操作。当从一个文件中读出数据，可以使用 get、getline、read 函数以及提取符 ">>"；而向一个文件写入数据，可以使用 put、write 函数以及插入符 "<<"。

需要说明的是：

（1）若进行文件复制操作，则可在程序中先打开源文件与目标文件，然后用循环语句：

```
while(infile>>ch)  outfile<<ch;
```

依次从源文件中提取字符到 ch，再将 ch 中字符插入到目标文件中去，直到 ch 中输入文件的结束标志 0 为止。

（2）对于文件结尾的判定还可以使用基类 ios 中的成员函数 eof，其原型如下：

```
int ios::eof();
```

当到达文件结束位置时，该函数返回非零值，否则返回 0。

5. 关闭文件

打开一个文件且对文件进行读写操作后，应调用文件流的成员函数来关闭相应的文件。尽管在程序执行结束后时，或在撤消文件流对象时，系统会自动调用相应文件流对象的析构函数，关闭与该文件流相关联的文件，但在操作完文件后，仍应立即关闭相应文件。

与打开文件相对应，文件流类用于关闭文件的成员函数是 close，其原型如下：

```
void ifstream::close();
void ofstream:: close();
void fstream:: close();
```

它们都没有参数，用法也完全相同。例如：

```
ifstream infile("file1.txt");
// …
infile.close();
```

关闭文件时，系统将与该文件相关联的内存缓冲区中的数据写到文件中，收回与该文件相关的主存空间，将文件名与文件对象之间建立的关联断开。

8.4.4 顺序和随机文件操作

文件处理有两种方式，一种称为文件的顺序处理，即从文件的第一个字符（字节）开始顺序处理到文件的最后一个字符（字节），文件指针也相应地从文件的开始位置到文件的结尾。另一种称为文件的随机处理，即在文件中通过 C++相关的函数移动文件指针，并指向所要处理的字符（字节）位置。按这两种处理方式，可将文件相应地称为顺序文件和随机文件。

1. 顺序文件操作

文件的顺序处理是文件操作中最简单的一种方式，它的数据流可以是字符格式，也可是二进制格式。不论是什么格式，都可以通过 read 和 write 来进行文件的读写操作，如下面的例子。

【例 Ex_File】将文件内容保存在另一文件中，并将内容显示在屏幕上

```cpp
#include <iostream>
#include <fstream>                       // 文件操作必须的头文件
using namespace std;
int  main()
{
    fstream  file1;                      // 定义一个 fstream 类的对象用于读
    file1.open("Ex_DataFile.txt", ios::in);
    if (!file1) {
        cout<<"Ex_DataFile.txt 不能打开! \n";
        return;
    }
    fstream  file2;                      // 定义一个 fstream 类的对象用于写
    file2.open("Ex_DataFileBak.txt", ios::out | ios::trunc);
    if (!file2) {
        cout<<"Ex_DataFileBak.txt 不能创建! \n";
        file1.close();  return;
    }
    char ch;
    while (!file1.eof())    {
        file1.read(&ch, 1);
        cout<<ch;
        file2.write(&ch, 1);
    }
    file2.close();                       // 不要忘记文件使用结束后要及时关闭
    file1.close();
    return 0;
}
```

执行该程序，结果如下：

```
Ex_DataFile.txt 不能打开!
```

由于程序运行时，并没准备要读取的文件，因而会出现上述结果。在上述程序文件的当前文件夹中创建一个 Ex_DataFile.txt，内容自定。再次运行后，打开程序文件的当前文件夹，看看是否也有一个 Ex_DataFileBak.txt 文件，其内容是否是屏幕显示的内容。

2. 随机文件操作

随机文件提供在文件中来回移动文件指针和非顺序地读写文件的能力，这样在读写磁盘文件某一数据以前无需读写其前面的数据，从而能快速地检索、修改和删除文件中的信息。

C++中顺序文件和随机文件间的差异不是物理的，这两种文件都是以顺序字符流的方式将信息写在磁盘等存储介质上，其区别仅在于文件的访问和更新的方法。在以随机的方式访问文件时，文件中的信息在逻辑上组织成定长的记录格式。所谓定长的记录格式是指文件中的数据被解释成 C++的同一种类型的信息的集合，例如都是整型数或者都是用户所定义的某一种结构的数据等等。这样就可以通过逻辑的方法，将文件指针直接移动到所读写的数据的起始位置，来读取数据或者将数据直接写到文件的这个位置上。

在以随机的方式读写文件时，同样必须首先打开文件，且随机方式和顺序方式打开文件所用的函数也完全相同，但随机方式的文件流的打开模式必须同时有 ios::in|ios::out。

在文件打开时，文件指针指向文件的第一个字符（字节）。当然，可根据具体的读写操使用 C++提供的 seekg（用于移动输入文件流中的文件指针）和 seekp（用于移动输出文件流中的文件指针）函数将文件指针移动到指定的位置。它们的原型如下：

```
istream& seekg( long pos );
istream& seekg( long off, ios::seek_dir dir );
ostream& seekp( long pos );
ostream& seekp( long off, ios::seek_dir dir );
```

其中，pos 用来指定文件指针的绝对位置。而 off 用来指定文件指针的相对偏移时，文件指针的最后位置还依靠 dir 的值。dir 值可以是：

```
ios::beg        从文件流的头部开始
ios::cur        从当前的文件指针位置开始
ios::end        从文件流的尾部开始
```

下面看一个例子。

【例 Ex_FileStu】学生记录的文件操作

```
#include <iostream>
#include <fstream>
#include <cstring>
using namespace std;

class CStudent;
ostream& operator<< ( ostream& os, CStudent& stu );
istream& operator>> ( istream& is, CStudent& stu );

class CStudent
{
public:
    CStudent(char* name, char* id, float score = 0);
    void print();
    friend ostream& operator<< ( ostream& os, CStudent& stu );
    friend istream& operator>> ( istream& is, CStudent& stu );
private:
    char strName[10];                    // 姓名
    char strID[10];                      // 学号
    float fScore;                        // 成绩
};
CStudent::CStudent(char* name, char* id, float score)
{
    strncpy(strName, name, 10);
    strncpy(strID, id, 10);
    fScore = score;
}
void CStudent::print()
{
    cout<<endl<<"学生信息如下: "<<endl;
    cout<<"姓名: "<<strName<<endl;
    cout<<"学号: "<<strID<<endl;
    cout<<"成绩: "<<fScore<<endl;
}
ostream& operator<< ( ostream& os, CStudent& stu )
{
    os.write(stu.strName, 10);
    os.write(stu.strID, 10);
    os.write((char *)&stu.fScore, 4);
    return os;
}
istream& operator>> ( istream& is, CStudent& stu )
{
    char name[10];
```

```
        char id[10];
        is.read(name, 10);
        is.read(id, 10);
        is.read((char*)&stu.fScore, 4);
        strncpy(stu.strName, name, 10);
        strncpy(stu.strID, id, 10);
        return is;
}
int  main()
{
        CStudent stu1("MaWenTao","99001",88);
        CStudent stu2("LiMing","99002",92);
        CStudent stu3("WangFang","99003",89);
        CStudent stu4("YangYang","99004",90);
        CStudent stu5("DingNing","99005",80);
        fstream file1;
        file1.open("student.dat",ios::out|ios::in|ios::binary |ios::trunc);
        file1<<stu1<<stu2<<stu3<<stu4<<stu5;
        CStudent* one = new CStudent("","");
        const int size = sizeof(CStudent);
        file1.seekp(size*4);    file1>>*one;        one->print();
        file1.seekp(size*1);    file1>>*one;        one->print();
        file1.seekp(size*2, ios::cur);
        file1>>*one;            one->print();
        file1.close();
        delete one;
        return 0;
}
```

执行该程序，结果如下：

```
学生信息如下：
姓名：DingNing
学号：99005
成绩：80


学生信息如下：
姓名：LiMing
学号：99002
成绩：92


学生信息如下：
姓名：DingNing
学号：99005
成绩：80
```

程序中，先将五个学生记录保存到文件中，然后移动文件指针，读取相应的记录，最后将数据输出到屏幕上。需要说明的是，由于文件流 file1 既可以读（ios::in）也可以写（ios::out），因此用 seekg 代替程序中的 seekp，其结果也是一样的。

注意：Visual C++ SP6 汉化版本对 iostream 包含新格式的支持仍有所不完善，在用友元重载 ">>" 和 "<<" 等运算符时，若在程序前面使用 "using namespace std;"，则需在该代码行之后将友元函数按普通函数的形式作提前声明（如程序中的加粗斜代码），否则会出现编译错误。

8.5 常见问题解答

（1）什么虚基类？

解答：一般说来，在派生类中对基类成员的访问应该是唯一的。但是，由于多继承情况下，可能造成对基类中某成员的访问出现了不惟一的情况，这种情况称为基类成员调用的二义性。使用虚基类可以在多重派生的过程中，使公有的基类在派生类中只有一个拷贝，从而避免这种二义性问题。在 C++中，声明一个虚基类的格式如下：

```
virtual <继承方式><基类名>
```

其中，virtual 是声明虚基类的关键字。声明虚基类与声明派生类一道进行，写在派生类名的后面。

（2）一个派生类对象能否赋给基类对象？

解答： C++中，对于公有派生类来说，可以将派生类的对象直接赋给其基类的对象，反之却不可以。

（3）在输入输出过程中，如何处理流的错误？

解答： 在 C++中，一旦发现流的操作错误，就会将发生的错误记录下来。用户可以使用 C++提供的错误检测功能，检测和查明错误发生的原因和性质，然后调用 clear 函数清除错误状态，使流能够恢复处理。在 ios 类中，预定义了一个公有枚举成员 io_state 来记录各种错误的性质，并又定义了检测流状态的下列成员函数：

```
int ios::rdstate();        // 返回当前的流状态，它等于 io_state 中的枚举值
int  ios::bad();           // 如果 badbit 位被置 1，返回非 0
void    ios::clear(int);   // 清除错误状态
int  ios::eof();           // 返回非 0 表示提取操作已到文件尾
int  ios::fail();          // 如果 failbit 位被置 1，返回非 0
int  ios::good();          // 操作正常时，返回非 0
```

可以利用上述函数来检测流是否错误，然后进行相关处理。例如下列的代码：

```
int i, s;
char buf[80];
cin>>i;
s = cin.rdstate();
while (s)  {
    cin.clear();
    cin.getline(buf, 80);
    cout<<"非法输入，重新输入一个整数: ";
    cin>>i;
    s = cin.rdstate();
}
```

上述代码用来检测输入的数据（i）是否为整数，若不是，则要求重新输入。需要说明的是，当输入一个浮点数，C++会自动进行类型转换，不会发生错误。只有键入字符或字符串时，才会产生输入错误，但由于 cin 有缓冲区，是一个缓冲流，输入的字符或字符串会暂时保存到它的缓冲区中，因此为了能继续提取用户的输入，必须先将缓冲区清空，语句"cin.getline(buf, 80);"就是起到这样的作用。如果没有这条语句，就会必然导致输入流不能正常工作，而产生死循环。

（4）什么是运算符的友元重载？

解答： 在 C++中，友元重载方法既可用于单目运算符，也可以用于双目运算符，其一般格式如下：

```
friend <函数类型>operator <重载的运算符>(<形参>)          // 单目运算符重载
{ … }                          // 函数体
friend <函数类型>operator <重载的运算符>(<形参 1，形数 2>)   // 双目运算符重载
{ … }                          // 函数体
```

其中，对于单目运算符的友元重载函数来说，只有一个形参，形参类型既可能是类的对象，也可能是类的引用，这取决于不同的运算符。对于 "++"、"--" 等来说，这个形参类型是类的引用对象，因为操作数必须是左值。对于单目 "-"（负号运算符）等来说，形参类型可以是类的引用，也可以是类的对象。对于双目运算符的友元重载函数来说，它有两个形参，

这两个形参中必须有一个是类的对象。

8.6 实验实训

学习本章后，可按下列内容进行实验实训：

（1）仿照【例 Ex_PureVirtualFunc】编写程序 Ex_Shape：定义一个抽象类 CShape，包含纯虚函数 Area（用来计算面积）和 SetData（用来重设形状大小）。然后派生出三角形 CTriangle 类、矩形 CRect 类、圆 CCircle 类，分别求其面积。最后定义一个 CArea 类，计算这几个形状的面积之和，各形状的数据通过 CArea 类构造函数或成员函数来设置。

（2）编写程序 Ex_Complex：定义一个复数类 CComplex，通过重载运算符"*"和"/"，直接实现两个复数之间的乘除运算。其中，运算符"*"用成员函数实现重载，而运算符"/"用友元函数实现重载。编写一个完整的程序（包括测试运算符的程序部分）。

提示：两复数相乘的计算公式为：$(a + bi) * (c + di) = (ac - bd) + (ad + bc)i$，而两复数相除的计算公式为：$(a + bi) / (c + di) = (ac + bd)/(c*c + d*d) + (bc - ad)/(c*c + d*d)i$。

（3）上机练习【例 Ex_FileStu】程序并在此基础上将成绩修改为 3 门，则如何修改代码？

思考与练习

1. 派生类是如何定义的？它有哪些特点？

2. 派生类的继承方式有哪些？它们各有哪些特点？

3. 在定义派生类的过程中，如何对基类的数据成员进行初始化？

4. 在派生类中能否直接访问基类中的私有成员？在派生类中如何实现访问基类中的私有成员？

5. 定义一个人员类 CPerson，包括数据成员：姓名、编号、性别和用于输入输出的成员函数。在此基础上派生出学生类 CStudent（增加成绩）和教师类 CTeacher（增加教龄），并实现对学生和教师信息的输入输出。

6. 把定义平面直角坐标系上的一个点的类 CPoint 作为基类，派生出描述一条直线的类 CLine，再派生出一个矩形类 CRect。要求成员函数能求出两点间的距离、矩形的周长和面积等。设计一个测试程序，并构造完整的程序。

7. 定义一个字符串类 CStrOne，包含一个存放字符串的数据成员，能够通过构造函数初始化字符串，通过成员函数显示字符串的内容。在此基础上派生出 CStrTwo 类，增加一个存放字符串的数据成员，并能通过派生类的构造函数传递参数，初始化两个字符串，通过成员函数进行两个字符串的合并以及输出。

8. 什么是多态性？什么是虚函数？为什么要定义虚函数？

9. 什么是纯虚函数？什么是抽象类？

10. 运算符重载的含义是什么？是否所有的运算符都可以重载？

11. 运算符重载有哪两种形式？这两种形式有何区别？

12. 转换函数的作用是什么？

13. 定义一个学生类，数据成员包括：姓名，学号，C++、英语和数学的成绩。重载运算符"<<"和">>"，实现学生类对象的直接输入和输出。增加转换函数，实现姓名的转换。

设计一个完整的程序，验证成员函数和重载运算符的正确性。

14．写磁盘文件时有哪几种操作方法？读磁盘文件时有哪几种操作方法？采用什么方法打开和关闭磁盘文件？如何确定文件指针的位置？如何改变文件指针的位置？

15．定义一个平面直角坐标系上的一个点的类 CPoint，重载"++"和"−−"运算符，并区分这两种运算符的前置和后置运算，构造一个完整的程序。

16．重载提取（>>）和插入（<<）运算符，使其可以实现"点"（CPoint，同上一题）对象的输入和输出，并利用重载后的运算符，从键盘读入点坐标，写到磁盘文件 point.txt 中。

17．建立一个二进制文件，用来存放自然数 1~20 及其平方根，然后输入 1~20 之内的任意一个自然数，查找出其平方根显示在屏幕上（求平方根时可使用 cmath 中的库函数 sqrt）。

18．在实验实训 Ex_CStuFile 基础上，作下列修改：

① 将学生类 CStudent 中的数据成员（姓名和学号）改用动态内存存储，修改程序代码。

② 在学生类 CStudent 中，添加 input 成员函数，用于通过键盘输入来建立数据，并对课程成绩数据进行流错误处理以及范围的检测。

③ 在"<<"和">>"运算符重载函数中，直接使用提取和插入运算符来代替 read 和 write 成员函数。

④ 修改 main 函数中的代码并测试 input 成员函数。

第 9 章

MFC 应用程序基础

　　程序的设计首先是要考虑它所基于的平台。基于早期的 DOS(Disk Operating System，磁盘操作系统) 环境或由 Windows 提供的控制台，其输入和输出都是字符流，即在字符模型下运行。这样的环境下，可以不需太多涉及 Visual C++的细节而专心于 C++程序设计的本身（前面的章节）。而基于 Windows 环境， 由于其操作是图形界面，因而在这样的环境下编程与 DOS 环境下的 C/C++是有着本质区别的。

　　基于 Windows 的编程方式有两种。一是使用 Windows API（Application Programming Interface，应用程序编程接口) 函数，通常用 C/C++语言按相应的程序框架进行编程。这些程序框架往往还就程序应用提供相应的文档、范例和工具的"工具包"（ Software Development Kit，简称 SDK，软件开发工具包），所以这种编程方式有时又称为 SDK 方式。另一种就是使用"封装"方式，例如 Visual C++的 MFC 方式，它是将 SDK 中的绝大多数函数、数据等按 C++ "类"的形式进行封装，并提供相应的应用程序框架和编程操作。

　　事实上，由于基于 Windows 编程涉及更多的窗口、资源、事件、DLL（动态链接库）等元素，因此人们在熟悉一般程序框架后，更注重这些元素是如何"融入"到框架中。

9.1 MFC 编程

　　MFC 不仅仅是一套基础类库，更主要的还是一种当今最为流行的编程方式之一。本书重点介绍这种方式。

9.1.1 MFC 概述

　　1987 年微软公司推出了第一代 Windows 产品，并为应用程序设计者提供了 Win16（16 位 Windows 操作系统）API，在此基础上推出了 Windows GUI（图形用户界面），然后采用面向对象技术对 API 进行封装。1992 年推出应用程序框架产品 AFX（Application Frameworks），并在 AFX 的基础上进一步发展为 MFC 产品。正因为如此，在用 MFC 应用程序向导（后面会讨论）创建的程序中仍然保留 stdafx.h 头文件包含，它是每个应用程序所必有的预编译头文件，程序所用到的 Visual C++头文件包含语句一般均添加到这个文件中。MFC 类的基本层次结构如图 9.1 所示，其中：

　　● CObject 类是 MFC 提供的绝大多数类的基类。该类的功能是完成动态空间的分配与回收，并支持一般诊断、出错信息处理和文档序列化等。

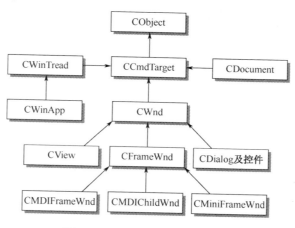

图 9.1　MFC 类的基本层次结构

● CObject 类的子类 CCmdTarget，其功能主要负责将系统事件（消息）和窗口事件（消息）发送给响应这些事件的对象，完成消息发送、等待和派遣（调度）等工作，实现应用程序的对象之间协调运行。

● CWinApp 类是应用程序的主线程类，它是从 CWinThread 类派生而来。CWinThread 类用来完成对线程的控制，包括线程的创建、运行、终止和挂起等。

● CDocument 类是文档类，包含了应用程序在运行期间所用到的数据。

● CWnd 类是一个通用的窗口类，用来提供 Windows 中的所有通用特性、对话框和控件。CFrameWnd 类是从 CWnd 继承来的，并实现了标准的框架应用程序。CDialog 类用来控制对话框窗口。

● CView 是用于让用户通过窗口来访问文档。

● CMDIFrameWnd 和 CMDIChildWnd 类分别用于多文档应用程序的主框架窗口和文档子窗口的显示和管理。CMiniFrameWnd 类是一种简化的框架窗口，它没有最大化和最小化窗口按钮，也没有窗口系统菜单，一般很少用到它。

9.1.2　一个 MFC 程序

在理解 MFC 程序框架机制之前，先来看一个 MFC 应用程序。

1. 设计一个 MFC 程序

【Ex_HelloMFC】一个 MFC 应用程序

```cpp
#include <afxwin.h>                    // MFC 头文件
class CHelloApp : public CWinApp       // 声明应用程序类
{
public:
    virtual BOOL InitInstance();
};
CHelloApp theApp;                      // 建立应用程序类的实例
class CMainFrame: public CFrameWnd     // 声明主窗口类
{
public:
    CMainFrame()
    {
        // 创建主窗口
        Create(NULL, "我的窗口", WS_OVERLAPPEDWINDOW, CRect(0,0,400,300));
    }
protected:
```

```
    afx_msg void OnPaint();
    afx_msg void OnLButtonDown(UINT nFlags, CPoint point);
    DECLARE_MESSAGE_MAP()
};
// 消息映射入口
BEGIN_MESSAGE_MAP(CMainFrame, CFrameWnd)
    ON_WM_PAINT()                          // 绘制消息宏
    ON_WM_LBUTTONDOWN()                    // 单击鼠标左键消息的映射宏
END_MESSAGE_MAP()
// 定义消息映射函数
void CMainFrame::OnPaint()
{
    CPaintDC        dc(this);              // 为当前窗口客户区构造设备环境类对象
    dc.TextOut( 10, 10, "Hello MFC!" );    // 在客户区左上角(0,0)位置处输出文本
}
void CMainFrame::OnLButtonDown(UINT nFlags, CPoint point)
{
    // 弹出消息对话框，MessageBox是基类CWnd的一个成员函数，以后还会讨论
    MessageBox ("你好，我的Visual C++世界！", "问候", 0) ;
    CFrameWnd::OnLButtonDown(nFlags, point);
}
// 每当应用程序首次执行时都要调用的初始化函数
BOOL CHelloApp::InitInstance()
{
    m_pMainWnd = new CMainFrame();
    m_pMainWnd->ShowWindow(m_nCmdShow);
    m_pMainWnd->UpdateWindow();
    return TRUE;
}
```

在 Visual C++ 6.0 运行上述 MFC 程序需要进行以下步骤：

（1）选择"文件"→"新建"菜单命令，显示出"新建"对话框。在"工程"标签页面的列表框中，选中 Win32 Application 项，创建一个名称为 Ex_HelloMFC 的"一个空工程"应用程序项目。

（2）再次选择"文件"→"新建"菜单命令，显示出"新建"对话框。在文件标签页面左边的列表框中选择 C++ Source File 项，在右边的文件框中键入 Ex_HelloMFC.cpp，单击 确定 按钮。

（3）输入上面的代码。选择"工程"→"设置"菜单命令，在出现的对话框中选择"常规"（General）标签。然后在"Microsoft 基础类"（Microsoft Foundation Classes）组合框中，选择"使用 MFC 作为共享的 DLL"（Use MFC in a Shared DLL），如图 9.2 所示。单击 确定 按钮。

（4）程序编连运行后，显示一个窗口，客户区中显示"Hello MFC！"。单击鼠标左键，就会弹出一个对话框，结果如图 9.3 所示。

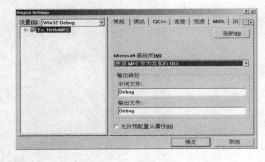

图 9.2　设置工程属性

图 9.3　Ex_HelloMFC 运行结果

9.1.3 程序运行机制

事实上，在基于 Windows 的 C/C++应用程序开发框架中，标准 C/C++的 main 主函数都将被 WinMain 函数取代。且每一个 C/C++ Windows 应用程序都需要 Windows.h 等头文件，该头文件定义了 Windows 的所有数据类型、函数调用、数据结构和符号常量。

但从【例 Ex_HelloMFC】代码中既看不到 windows.h 头文件，也看不到 Windows 应用程序所必须的程序入口函数 WinMain。这是因为 MFC 是使用 afxwin.h 来代替头文件 windows.h，且将 WinMain 入口函数隐藏在应用程序框架内部。

当应用程序运行时，Windows 会自动调用应用程序框架内部的 WinMain 函数，并自动查找该应用程序类 CHelloApp（从 CWinApp 派生）的全局变量 theApp，然后自动调用 CHelloApp 的虚函数 InitInstance，该函数会进一步调用相应的函数来完成主窗口的构造和显示工作。下面来看看上述程序中 InitInstance 的执行过程。

（1）首先执行的是：

```
m_pMainWnd = new CMainFrame();
```

m_pMainWnd 是应用程序线程类 CWinThread 的一个成员 CWnd 类指针，用来指向一个主框架窗口。该语句用来创建从 CFrameWnd 类派生而来的用户框架窗口 CMainFrame 类对象，继而调用该类的构造函数，使得 Create 函数被调用，完成了窗口创建工作。

（2）然后执行后面两句：

```
m_pMainWnd->ShowWindow(m_nCmdShow);
m_pMainWnd->UpdateWindow();
```

用作窗口的显示和更新。

（3）最后返回 TRUE，表示窗口创建成功。

实际上，MFC 框架的奥妙所在就是上述应用程序代码中的 CHelloApp 类全局对象实例 theApp。它在构造时必然会自动进行基类 CWinApp 的初始化，进而使得在 InitInstance 完成初始化工作之后，还会调用基类 CWinApp 的成员函数 Run，执行应用程序的消息循环，即重复执行接收消息并转发消息的工作。当 Run 检查到消息队列为空时，将调用基类 CWinApp 的成员函数 OnIdle 进行空闲时的后台处理工作。若消息队列为空且又没有后台工作要处理时，则应用程序一直处于等待状态，一直等到有消息为止。当程序结束后，调用基类 CWinApp 的成员函数 ExitInstance，完成终止应用程序的收尾工作。

9.2 应用程序向导

事实上，上述 MFC 程序代码可以不必从头构造，甚至不需要输入一句代码就能创建这样的 MFC 应用程序，这就是 Visual C++ 6.0 中的 MFC 应用程序向导（MFC AppWizard）的功能。

9.2.1 MFC AppWizard 概述

Visual C++ 6.0 中的 MFC AppWizard 能为用户快速、高效、自动地生成一些常用的标准程序结构和编程风格的应用程序，它们被称为**应用程序框架结构**。

当选择"文件"→"新建"菜单，在弹出的"新建"对话框中，就可以看到**工程**标签页面中，显示出一系列的应用程序项目类型，如表 9.1 所示。

表 9.1 MFC 应用程序框架类型

名　　　称	项　　　目
ATL COM MFC AppWizard	创建 ATL(Active Template Library)应用模块工程
Cluster Resource Type Wizard	创建 Cluster Resource(用于 Windows NT 服务器)
Custom MFC AppWizard	创建自己的应用程序向导
Database Project	创建数据库应用程序
DevStudio Add-in Wizard	创建 ActiveX 组件或 VBScript 宏
Extended Stored Proc Wizard	创建基于 SQL 服务器下的外部存储过程
ISAPI Extension Wizard	创建 Internet Server 程序
MakeFile	创建独立于 Visual C++开发环境的应用程序
MFC ActiveX ControlWizard	创建 ActiveX Control 应用程序
MFC AppWizard(dll)	MFC 的动态链接库
MFC AppWizard(exe)	一般 MFC 的 Windows 应用程序
Utility Project	创建简单、实用的应用程序
Win32 Application	其他 Win32 的 Windows 应用程序
Win32 Console Application	Win32 的控制台应用程序
Win32 Dynamic-Link Library	Win32 的动态链接库
Win32 Static Library	Win32 的静态链接库

这些类型基本满足了各个层次的需要，但更关心的是 **MFC AppWizard(exe)**（MFC 应用程序向导，用于创建常见的可执行 Windows 应用程序）类型，因为它包含了一般常创建的最常用、最基本的三种应用程序类型：**单文档**、**多文档**和**基于对话框**的应用程序。

所谓单文档应用程序是类似于 Windows 记事本的程序，它的功能比较简单，复杂程度适中，虽然每次只能打开和处理一个文档，但已能满足一般工程上的需要。因此，大多数应用程序的编制都是从单文档程序框架开始的。

与单文档应用程序相比较，基于对话框的应用程序是最简单，也是最紧凑的。它没有菜单、工具栏及状态栏，也不能处理文档，但它的好处是速度快，代码少，程序员所花费的开发和调试时间短。

多文档应用程序，顾名思义，能允许同时打开和处理多个文档。与单文档应用程序相比，增加了许多功能，因而需要大量额外的编程工作。例如它不仅需要跟踪所有打开文档的路径，而且还需要管理各文档窗口的显示和更新等。

需要说明的是，不论选择何种类型的应用程序框架，一定要根据自己的具体需要而定。

9.2.2 创建文档应用程序

这里先来用 MFC AppWizard（MFC 应用程序向导）创建一个通用的 Windows 单文档应用程序，其步骤如下。

1. 开始

选择"文件"→"新建"菜单，在弹出的"新建"对话框中，可以看到"工程"标签页面中，选择 MFC AppWizard(exe)的项目类型，将项目工作文件夹定位在"D:\Visual C++ 6.0程序\第 9 章"，并在"工程名称"编辑框中输入项目名 Ex_SDIHello，结果如图 9.4 所示。

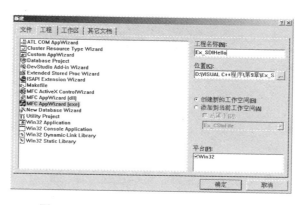

图 9.4　MFC AppWizard 的"新建"对话框

2. 第一步

单击 <u>确定</u> 按钮，出现如图 9.5 所示的对话框，进行下列选择：

① 从"单文档"（Single Document，简称 SDI、单文档）、"多重文档"（Multiple Document，简称 MDI、多文档）和"基于对话框"（Dialog Based，基于对话框的应用程序，简称对话框）中选择创建的应用程序类型（见图 9.5 中的①）。这里，选择"单文档"。

② 决定应用程序中是否需要"文档/查看体系结构支持"（见图 9.5 中的②）。一般情况下，应选中此项（"文档/查看体系结构支持"应汉化成"文档/视图体系结构支持"。文档/视图体系结构是 Visual C++独特的一种程序框架结构，后面将会来说明它）。

③ 选择资源所使用的语言，这里是"中文[中国]"（见图 9.5 中的③）。

3. 第二步

单击 <u>下一步 ></u> 按钮，出现如图 9.6 所示的对话框，从这里可选择程序中是否加入数据库的支持（有关数据库的内容将在以后的章节中介绍）。

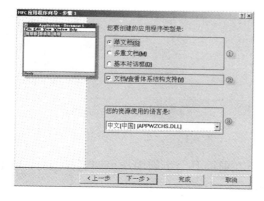

图 9.5　"步骤 1"对话框

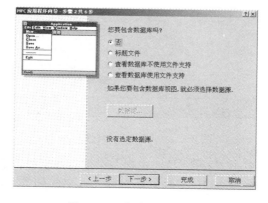

图 9.6　"步骤 2"对话框

4. 第三步

单击 <u>下一步 ></u> 按钮进入下一步，出现如图 9.7 所示的对话框。允许在程序中加入复合文档、自动化、ActiveX 控件的支持。

5. 第四步

单击 <u>下一步 ></u> 按钮进入下一步，出现如图 9.8 所示的对话框，前几项依次确定对浮动工具条、打印与预览以及通信等特性的支持。最后 2 项是最近文件列表数目的设置（默认时为 4）和一个 <u>高级[A]...</u> 按钮。单击 <u>高级[A]...</u> 按钮将弹出一对话框，允许对文档及其扩展名、窗口风格进行修改（以后还会讨论）。

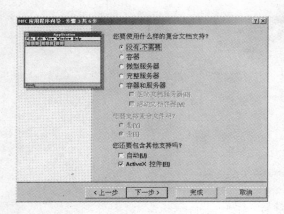 

图 9.7　"步骤 3"对话框　　　　　　　　　图 9.8　"步骤 4"对话框

6. 第五步

保留默认选项，单击 下一步> 按钮，弹出如图 9.9 所示的对话框，这里有 3 个方面的选项：

① 程序主窗口是 MFC 标准风格还是窗口左边有切分窗口的 Windows 资源管理器样式；

② 在源文件中是否加入注释用来引导用户编写程序代码；

③ 使用动态的共享链接库还是静态链接库。

7. 第六步

保留默认选项，单击 下一步> 按钮进行下一步，出现如图 9.10 所示的对话框。在这里，可以对 MFC AppWizard 提供的默认类名、基类名、各个源文件名进行修改。

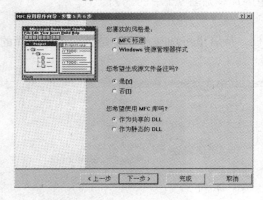 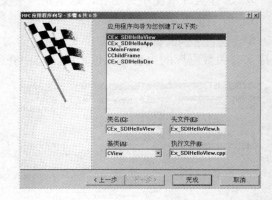

图 9.9　"步骤 5"对话框　　　　　　　　　图 9.10　"步骤 6"对话框

单击 完成 按钮出现一个信息对话框，显示出在前面几个步骤中作出的选择内容，单击 确定 按钮，系统开始创建，并又回到了 Visual C++ 6.0 的主界面。

8. 编连并运行

到这里为止，虽然没有编写任何程序代码，但 MFC AppWizard 已经根据前面的选择自动生成相应的基本应用程序框架。单击编译工具栏 上的运行工具按钮 " " 或按快捷键【Ctrl+F5】，系统开始编连并运行生成的单文档应用程序可执行文件 Ex_SDIHello.exe，一个通用的文档应用程序窗口就运行出来了，其结果如图 9.11 所示。

事实上，在用 MFC AppWizard(.exe)创建应用程序的向导过程中，若在"步骤 1"对话框中选定应用程序类型后，直接单击 完成 按钮出现一个信息对话框，显示出默认的选项内容，单击 确定 按钮，系统开始创建。这种方式，本书约定为默认创建。

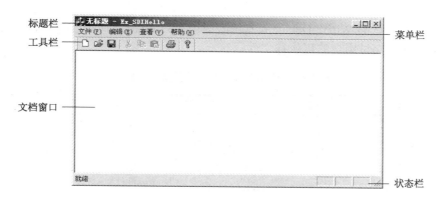

图 9.11　Ex_SDIHello 运行结果

9.2.3　项目文件和配置

定位到创建时指定的根文件夹"D:\Visual C++ 6.0 程序\第 9 章"中，可以看到 Ex_SDIHello 文件夹，打开它可浏览单文档应用程序 Ex_SDIHello 所有的文件和信息。其中，还有 Debug（调试）或 Release（发行）、Res（资源）等子文件夹。其各文件的组织如图 9.12 所示。当然，不同类型的项目的文件类型及数目会略有所不同。

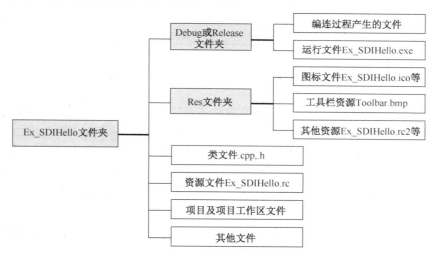

图 9.12　Ex_SDIHello 项目的文件组织

由于这些应用程序还包含了除源程序文件外的许多信息，因此，在 Visual C++中常将它们称为项目或工程。

可见，Visual C++是用文件夹来管理一个应用程序项目的，且将项目名作为文件夹名，在此文件夹下包含源程序代码文件（.cpp,.h）、项目文件（.dsp）以及项目工作区文件（.dsw）等。表 9.2 列出了这些文件类型的的含义。

需要说明的是，当用 Visual C++ 6.0 应用程序向导 MFC AppWizard(.exe)创建项目时，系统会自动为项目创建 Win32 Debug 的运行程序，并使用相应的默认配置。它和 Win32 Release 版本的区别在于：Debug 版本的运行程序有相应的调试信息码，以便于程序的调试，而 Release 版本的运行程序没有，但 Release 版本的运行程序经过代码的优化，其程序的运行速度被最大加速。

通常，当应用程序经过测试后并可以交付时，应通过选择"组建"→"移除工程配置"菜单命令，在弹出的对话框中，选择"Ex_SDIHello-Win32 Release"，然后单击　确定　按钮。

重新编连后，可将默认的 Win32 Debug 版本修改成 Win32 Release 版本。这样，在 Release 文件中的.exe 文件就是交付用户的可执行文件。

表 9.2　Visual C++ 6.0 文件类型的含义

类　　型	含　　义
.cpp(C Plus Plus)，.h	C++文件，C++头文件
.opt	关于开发环境的参数文件，如工具条位置等信息
.aps(AppStudio File)	资源辅助文件，二进制格式
.clw	ClassWizard 信息文件
.dsp(DeveloperStudio Project)	项目文件
.dsw(DeveloperStudio Workspace)	项目工作区文件
.plg	编译信息文件
.hpj(Help Project)	帮助文件项目
.mdp(Microsoft DevStudio Project)	旧版本的项目文件
.bsc	浏览信息文件
.map	执行文件的映像信息纪录文件
.pch(Pre-Compiled File)	预编译文件，可以加快编译速度，但是文件非常大
.pdb(Program Database)	记录程序有关的一些数据和调试信息
.exp	记录 DLL 文件中的一些信息，只有在编译 DLL 才会生成
.ncb	无编译浏览文件（no compile browser）

9.2.4　项目工作区

为了能有效地管理项目中的上述文件并维护各源文件之间的依赖关系，Visual C++ 6.0 通过开发环境中左边的项目工作区窗口来进行管理的（以前说过）。项目工作区窗口包含 3 个标签页面，分别是 ClassView（类页面）、ResourceView（资源页面）和 FileView（文件页面）。

（1）ClassView。项目工作区窗口的 ClassView 页面用以显示和管理项目中所有的类。以打开的项目名 Ex_SDIHello 为例，ClassView 页面显示出"Ex_SDIHello classes"的树状结点，在它的前面是一个图标和一个套在方框中的符号"+"，单击符号"+"或双击图标，Ex_SDIHello 中的所有类名将被显示，如 CMainFrame、CEx_SDIHelloApp、CEx_SDIHelloDoc、CEx_SDIHelloView 等，如图 9.13 所示。

在 ClassView 页面中，每个类名前也有一个图标和一个套在方框中的符号"+"，双击图标，则直接打开并显示类定义的头文件（如 Ex_SDIHelloView.h）；单击符号"+"，则会显示该类中的成员函数和成员变量，双击成员函数前的图标，则在文档窗口中直接打开源文件并显示相应函数体代码。

这里，要注意一些图标所表示的含义。例如，在成员函数的图标中，使用紫色方块表示公有型成员函数，使用紫色方块和一把钥匙表示私有型成员函数，使用紫色方块和一把锁表示保护型成员函数；又如用蓝绿色图标表示成员变量等。

（2）ResourceView。单击项目工作区窗口底部的 ResourceView 标签，打开 ResourceView 页面，如图 9.14 所示。ResourceView 页面用于显示和管理项目中所有的资源，它与 ClassView 页面一样，都是按树层次结构来呈现不同的显示列表。在 Visual C++中，每一个图片、字符串值、工具栏、图标或其他非代码元素等都可以看作是 ResourceView 页面中的一种资源结点，并使用了各自默认的资源结点图标。

（3）FileView。单击项目工作区窗口底部的 FileView 标签，打开 FileView 页面，如图 9.15 所示。FileView 可将项目中的所有文件（C++源文件、头文件、资源文件、Help 文件等）分类按树层次结构来显示。每一类文件在 FileView 页面中都有自己的结点，例如，所有的 C++源文件都在 Source File 目录项中。用户不仅可以在结点项中移动文件，而且还可以创建新的结点项以及将一些特殊类型的文件放在该结点项中。

图 9.13　ClassView

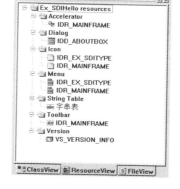

图 9.14　ResourceView

图 9.15　FileView

9.2.5　应用程序类框架

将 Visual C++ 6.0 项目工作区窗口切换到 ClassView 页面，可以看到 MFC 为单文档应用程序项目 Ex_SDIHello 自动创建了类 CAboutDlg、CEx_SDIHelloApp、 CEx_SDIHelloDoc、CEx_SDIHelloView 和 CMainFrame（这些 MFC 类之间的继承和派生关系可参看前图 9.1）。

其中，对话框类 CAboutDlg 是每一个应用程序框架都有的，用来显示本程序的有关信息。它是从 CDialog 类派生。

CEx_SDIHelloApp 是应用程序类，它是从 CWinApp 类派生而来，负责应用程序创建、运行和终止，每一个应用程序都需要这样的类。

CEx_SDIDoc 是应用程序文档类，它是从 CDocument 类派生而来，负责应用程序文档数据管理。CEx_SDIView 是应用程序视图类，它既可以从基类 CView 派生，也可以从 CView 派生类（如 CListView、CTreeView 等）派生，负责数据的显示、绘制和其他用户交互。

CMainFrame 类是用来负责主框架窗口的显示和管理，包括工具栏和状态栏等界面元素的初始化。对于单文档应用程序来说，主框架窗口类是从 CFrameWnd 派生而来的。

需要说明的是：文档应用程序这些类是通过文档模板来有机地联系在一起。在单文档应用程序的应用程序类 InitInstance 函数中，可以看到这样的代码：

```
BOOL CEx_SDIApp::InitInstance()
{
    ...
    CSingleDocTemplate* pDocTemplate;
    pDocTemplate = new CSingleDocTemplate(
        IDR_MAINFRAME,                          // 资源 ID
        RUNTIME_CLASS(CEx_SDIHelloDoc),         // 文档类
        RUNTIME_CLASS(CMainFrame),              // 主框架窗口类
        RUNTIME_CLASS(CEx_SDIHelloView));       // 视图类
    AddDocTemplate(pDocTemplate);
    ...
    return TRUE;
}
```

代码中，pDocTemplate 是类 CSingleDocTemplate 的指针对象。CSingleDocTemplate 是一个单文档模板类，它的构造函数中有 4 个参数，分别表示菜单和加速键等的资源 ID 号以及三个由宏 RUNTIME_CLASS 指定的运行时类对象。AddDocTemplate 是类 CWinApp 的一个成员函数，当调用了该函数后，就建立了应用程序类、文档类、视图类以及主框架类之间的相互联系（类似的，多文档模板类 CMultiDocTemplate 的构造函数也有相同的定义）。

9.3 消息映射和类向导

MFC 框架使用"消息映射"机制将消息直接映射成一个特殊的类成员函数，它使得消息处理更为有效、方便，且大多数 MFC 对象（如框架类、文档类和视图类等）都可通过 MFC ClassWizard（类向导）来映射这些消息，当然也可按消息映射机制手动进行。

9.3.1 消息映射机制

Windows 应用程序和 C++控制台应用程序之间的一个最根本区别，就在于 C++控制台应用程序是通过调用系统函数来获得用户输入的，而 Windows 应用程序则是通过系统发送的消息来处理用户输入的。例如，对鼠标消息 WM_LBUTTONDOWN 的处理。

在 Windows 操作环境中，无论是系统产生的动作或是用户运行应用程序产生的动作，都称为事件（Events）产生的消息（Message）。例如，在 Windows 桌面（传统风格）上，双击应用程序的快捷图标，系统就会根据这个事件产生的消息来执行该应用程序。在 Windows 的应用程序中，也是通过接收消息、分发消息、处理消息来和用户进行交互的。这种消息驱动的机制是 Windows 编程的最大特点。

早期的 C/C++Windows 编程中，Win32 的消息处理是在窗口过程函数中的 switch 结构来进行的。而在 MFC 中，则是使用独特的消息映射机制。所谓消息映射（Message Map）机制，就是使 MFC 类中的消息与消息处理函数一一对应起来的机制。在 MFC 中，任何一个从类 CCmdTarget 派生的类理论上均可处理消息，且都有相应的消息映射函数。

按照 MFC 的消息映射机制，映射一个消息的过程是由三个部分组成的：

（1）在处理消息的类中，使用消息宏 DECLARE_MESSAGE_MAP()声明对消息映射的支持，并在该宏之前声明消息处理函数。例如【例 Ex_HelloMFC】示例中的：

```
protected:
    afx_msg void OnPaint();
    afx_msg void OnLButtonDown(UINT nFlags, CPoint point);
    // 可以添加其他的消息处理函数
    DECLARE_MESSAGE_MAP()
```

（2）使用 BEGIN_MESSAGE_MAP 和 END_MESSAGE_MAP 宏在类声明之后的地方定义该类支持的消息映射入口点：

```
BEGIN_MESSAGE_MAP(CMainFrame, CFrameWnd)
// …，这里是添加消息映射宏的地方
END_MESSAGE_MAP()
```

其中，BEGIN_MESSAGE_MAP 带有两个参数，第一个参数用来指定需要支持消息映射的用户派生类，第二个参数指定该类的基类。需要说明的是，所有消息映射宏都添加在这里，当然不同的消息 MFC 都会有不同的消息映射宏。

（3）定义消息处理函数，即消息函数的实现。例如：

```
void CMainFrame::OnPaint()
```

```
{
    CPaintDC            dc(this);              // 为当前窗口客户区构造设备环境类对象
    dc.TextOut( 10, 10, "Hello MFC!" );        // 在客户区左上角(0,0)位置处输出文本
}
```

注意： 为了使映射的消息还能被其他对象接收并处理，在函数中常常需要调用基类中的相关消息处理函数。例如 OnLButtonDown 的最后一条语句：

```
void CMainFrame::OnLButtonDown(UINT nFlags, CPoint point)
{
    // 弹出消息对话框，MessageBox 是基类 CWnd 的一个成员函数，以后还会讨论
    MessageBox ("你好，我的 Visual C++世界！", "问候", 0) ;
    CFrameWnd::OnLButtonDown(nFlags, point);
}
```

综上所述，使用 MFC 不仅可以减少 Windows 应用程序的代码量，而且通过消息映射机制使消息处理更为方便，并能很好地体现面向对象编程的优点。

9.3.2 使用类向导

事实上，绝大多数消息都可通过 MFC ClassWizard（MFC 类向导）来映射。不仅如此，MFC 类向导还能方便地为一个项目添加一个类、进行消息和数据映射、创建 OLE Automation（自动化）属性和方法以及进行 ActiveX 事件处理等。

1. 打开 MFC 类向导

在 Visual C++中，打开 MFC 类向导可以使用下列几种方法：

（1）选择"查看"→"建立类向导"菜单或直接使用 Ctrl+W 快捷键。

（2）在源代码文件的文档编辑窗口中，右击鼠标，从弹出的快捷菜单中选择"建立类向导"命令。

当 MFC 类向导打开后，就会弹出如图 9.16 所示的 MFC ClassWizard 对话框（设 Visual C++打开的是单文档应用程序 Ex_SDI）。

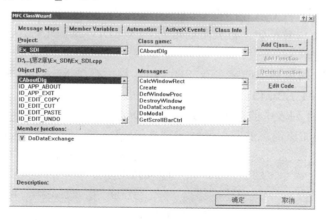

图 9.16 MFC ClassWizard 对话框

可以看到 MFC ClassWizard 对话框包含了 5 个标签页面，它们各自含义如下：

● **Message Maps**（消息映射）：用来添加、删除和编程处理消息的成员函数。

● **Member Variables**（成员变量）：添加或删除与控件相关联的成员变量（或称控件变量），以便与控件进行数据交换。这些控件所在的类一般是从 CDialog、CPropertyPage、CRecordView 或 CDaoRecordView 中派生的类。

● **Automation**（自动化）：为支持自动化的类（如 ActiveX 控件类）添加属性和方法。

- **ActiveX Events**（ActiveX 事件）：为 ActiveX 控件类添加触发事件的支持。
- **Class Info**（类信息）：有关项目中类的其它信息。

一般来说，MFC ClassWizard 对话框最前两项是用户最关心的，也是最经常使用的，因为几乎所有的代码编写都要利用到这两个标签项的操作。

2. 映射消息

将 MFC ClassWizard 对话框切换到 Message Maps（消息映射）页面（参看后面的图 9.17），可以看到它有许多选项，如项目（Project）组合框、类名（Class Name）组合框等。各项功能说明如表 9.3 所示。

表 9.3　"ClassWizard" 对话框的 Message Maps 页面功能

项　目	说　明
Project 框	选择应用程序项目名，一般只有一个
Class name 框	在相应的项目中选择指定的类，它的名称与项目工作区中 ClassView 中是一样的
Object IDs 列表	资源标识符列表中列出了在 Class name 框指定的类中可以使用的 ID 号，用户从中可以选择要映射的资源号
Messages 列表	该列表中列出了相应的资源对象的消息，若用户从中选定某个消息，则按钮 Add Function... 被激活
Member functions 列表	列出 Class name 中指定的类的成员函数，若用户从中选定某个成员函数，则按钮 Delete Function 被激活
Add Class 按钮	向项目中添加类
Add Function 按钮	向指定的类中添加成员函数
Delete Function 按钮	删除指定类中的成员函数
Edit Code 按钮	转向文档窗口，并定位到相应的函数源代码处

下面以向 CEx_SDIView 中添加 WM_LBUTTOMDOWN（鼠标左击产生的消息）的消息映射为例，说明其消息映射的一般过程：

① 按快捷键【Ctrl+W】，打开 MFC ClassWizard 对话框。

② 在 Class name 组合框中，将类名选定为 CEx_SDIView。此时，Object IDs 和 Messages 列表内容会相应的改变。

③ 在 Object IDs 列表框中选定 CEx_SDIView，然后拖动 Messages 列表框右侧的滚动块，直到出现要映射的 WM_LBUTTONDOWN 消息为止。

④ 双击 Messages 列表中的 WM_LBUTTONDOWN 消息或单击 Add Function 按钮，都会在 CEx_SDIView 类中添加该消息的映射函数 OnLButtonDown，同时在 Member funcions 列表中显示这一消息映射函数和被映射的消息，结果如图 9.17 所示。

⑤ 单击 Edit Code 按钮后，MFC Class Wizard 对话框退出，并转向文档窗口，定位到消息处理函数 OnLButtonDown 实现处，添加下列代码：

```
    void CEx_SDIView::OnLButtonDown(UINT
nFlags, CPoint point)
    {
    // TODO: Add your message handler
code here and/or call default
    MessageBox ("你好，我的 Visual C++
世界！", "问候", 0) ;
```

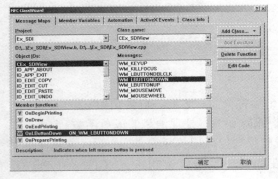

图 9.17　映射 WM_LBUTTONDOWN 消息

```
        CView::OnLButtonDown(nFlags, point);
    }
```

⑥ 这样就完成了一个消息映射过程。程序运行后，在窗口客户区单击鼠标左键，就会弹出一个消息对话框。

需要说明的是：

● 由于鼠标和键盘消息都是 MFC 预定义的窗口命令消息，它们各自都有相应的消息处理宏和预定义消息处理函数，因此消息映射函数名称不再需要用户重新定义。但是，对于菜单和按钮等命令消息来说，用 ClassWizard 映射时还会弹出一个对话框，用来指定消息映射函数的名称（以后还会讨论）。

● 若指定的消息映射函数需要删除，则需要先在 MFC ClassWizard 对话框中的 member functions（成员函数）列表中选定要删除的消息映射函数，然后单击 **Delete Function** 按钮，最后关闭 MFC ClassWizard 对话框，并在该消息映射函数所在的类实现文件（.cpp）中将映射函数声明和实现的代码全部删除。

9.3.3 常见消息

1. 消息类型

Windows 应用程序中的消息主要有下面 3 种类型。

（1）窗口消息（Windows message）。这类消息主要是指由 WM_开头的除 WM_ COMMAND 之外的消息，例如 WM_CREATE（窗口对象创建时产生）、WM_DESTROY（窗口对象清除前发生）、WM_PAINT（窗口更新时产生绘制消息）等，一般由窗口类和视图类对象来处理。窗口消息往往带有参数，以标志处理消息的方法。

（2）控件的通知消息（Control notifications）。当控件的状态发生改变（例如，用户在控件中进行输入）时，控件就会向其父窗口发送 WM_COMMAND 通知消息。应用程序框架处理控件消息的方法和窗口消息相同，但按钮的 BN_CLICKED 通知消息除外，它的处理方法与命令消息相同。

（3）命令消息（Command message）。命令消息主要包括由用户交互对象（菜单、工具条的按钮、快捷键等）发送的 WM_COMMAND 通知消息。

需要说明的是，命令消息的处理方式与其他两种消息不同，它能够被多种对象接收、处理，这些对象包括文档类、文档模板类、应用程序本身以及窗口和视类等；而窗口消息和控件的通知消息是由窗口对象接收并处理的，这里的窗口对象是指从窗口类 CWnd 中派生的类的对象，它包括 CFrameWnd、CMDIFrameWnd、CMDIChildWnd、CView、CDialog 以及从这些派生类对象等。

2. 键盘消息

当敲击键盘某个键时，应用程序框架中只有一个窗口过程能接收到该键盘消息。接收到这个键盘消息的窗口称为有"输入焦点"的窗口。通过捕获 WM_SETFOCUS 和 WM_KILLFOCUS 消息可以确定当前窗口是否具有输入焦点。WM_SETFOCUS 表示窗口正在接收输入焦点，而 WM_KILLFOCUS 表示窗口正失去输入焦点。

当按下一个键或组合键时，Windows 将 WM_KEYDOWN 或 WM_SYSKEYDOWN 放入具有输入焦点的应用程序窗口的消息队列中。当键被释放时，Windows 则把 WM_KEYUP 或 WM_SYSKEYUP 消息放入消息队列中。对于字符键来说，还会在这两个消息之间产生 WM_CHAR 消息。

MFC ClassWizard 能自动添加了当前类的 WM_KEYDOWN 和 WM_KEYUP 击键消息处理函数的调用，它们具有下列函数原型：

```
afx_msg void OnKeyDown( UINT nChar, UINT nRepCnt, UINT nFlags );
afx_msg void OnKeyUp( UINT nChar, UINT nRepCnt, UINT nFlags );
```

afx_msg 是 MFC 用于定义消息函数的标志，参数 nChar 表示"虚拟键代码"，nRepCnt 表示当用户按住一个键时的重复计数，nFlags 表示击键消息标志。

所谓虚拟键代码，是指与设备无关的键盘编码。在 Visual C++中，最常用的虚拟键代码已被定义在 Winuser.h 中，例如：VK_SHIFT 表示【Shift】键，VK_F1 表示功能键【F1】等。

同击键消息一样，MFC 中的 ClassWizard 也提供相应的字符消息处理框架，并自动添加了当前类的 WM_CHAR 消息处理函数调用，它具有下列函数原型：

```
afx_msg void OnChar( UINT nChar, UINT nRepCnt, UINT nFlags );
```

参数 nChar 表示键的 ASCII 码，nRepCnt 表示当用户按住一个键时的重复计数，nFlags 表示字符消息标志。

由于键盘消息是属于窗口消息（以 WM_为开头的），故只能被窗口对象加以接收、处理。若用 ClassWizard 将键盘消息映射在 CMainFrame、CChildFrame（多文档）、用户应用程序类中，则不管消息映射函数中的用户代码究竟如何，都不会被执行。

3. 鼠标消息

当对鼠标进行操作时，像键盘一样也会产生对应的消息。通常，Windows 只将键盘消息发送给具有输入焦点的窗口，但鼠标消息不受这种限制。只要鼠标移过窗口的客户区时，就会向该窗口发送 WM_MOUSEMOVE（移动鼠标）消息。

这里的客户区是指窗口中用于输出文档的区域。由于 MFC 头文件中定义的与鼠标按钮相关的标识使用了 LBUTTON（左）、MBUTTON（中）和 RBUTTON（右），因而当在窗口的客户区中按下或释放一个鼠标键时，还会产生如表 9.4 所示的消息。

表 9.4　客户区鼠标消息

鼠 标 键	按 下	释 放	双 击
左	WM_LBUTTONDOWN	WM_LBUTTONUP	WM_LBUTTONDBLCLK
中	WM_MBUTTONDOWN	WM_MBUTTONUP	WM_MBUTTONDBLCLK
右	WM_RBUTTONDOWN	WM_RBUTTONUP	WM_RBUTTONDBLCLK

对于所有这些鼠标消息来说，MFC ClassWizard 都会将映射成类似 afx_msg void OnXXXX 的消息处理函数，如前面 WM_LBUTTONDOWN 的消息函数 OnLButtonDown，它们具有下列函数原型：

```
afx_msg void OnXXXX( UINT nFlags, CPoint point );
```

其中，point 表示鼠标光标在屏幕的（x, y）坐标；nFlags 表示鼠标按钮和键盘组合情况，它可以是下列值的组合（MK 前缀表示"鼠标键"）：

```
MK_CONTROL    —— 键盘上的 Ctrl 键被按下
MK_LBUTTON    —— 鼠标左按钮被按下
MK_MBUTTON    —— 鼠标中按钮被按下
MK_RBUTTON    —— 鼠标右按钮被按下
MK_SHIFT        —— 键盘上的 Shift 键被按下
```

若想知道某个键被按下，可用对应的标识与 nFlags 进行逻辑"与"（&）运算，所得结果若为 true（非 0）时，则表示该键被按下。例如，若收到了 WM_LBUTTONDOWN 消息，且值 nFlags&MK_CONTROL 是 true 时，则表明按下鼠标左键的同时也按下【Ctrl】键。

4. 其它窗口消息

除用户输入产生的消息外，还有许多由应用程序的状态和运行过程产生的消息，有时也需要进行处理。

（1）WM_CREATE。该消息是在窗口对象创建后，Windows 向视图发送的第一个消息；一般可在该消息处理函数中加入一些初始化代码。但是，由于 WM_CREATE 消息发送时，窗口对象还未完成，窗口还不可见，因此在该消息处理函数 OnCreate 内，不能调用那些依赖于窗口处于完成激活状态的 Windows 函数，如窗口的绘图函数等。

（2）WM_CLOSE 或 WM_DESTROY。当用户从系统菜单中关闭窗口或者父窗口被关闭时，Windows 都会发送 WM_CLOSE 消息；而 WM_DESTROY 消息是在窗口从屏幕消失后发送的，因此它紧随 WM_CLOSE 之后。

（3）WM_PAINT。当窗口的大小发生变化、窗口内容发生变化、窗口间的层叠关系发生变化或调用函数 UpdateWindow 或 RedrawWindow 时，系统都将产生 WM_PAINT 消息，表示要重新绘制窗口的内容。该消息处理函数的原型是：

```
afx_msg void OnPaint();
```

用 ClassWizard 映射该消息的目的是执行自己的图形绘制代码（以后还会讨论）。

9.3.4 消息对话框

消息对话框是最简单也是最常用的一类对话框，虽然只是用来显示信息，但在程序测试中却是最经常使用。MFC 类库中就提供相应的函数实现消息对话框的功能，使用时，直接在程序中调用它们即可。它们的函数原型如下：

```
int AfxMessageBox( LPCTSTR lpszText, UINT nType = MB_OK, UINT nIDHelp = 0 );
int MessageBox( LPCTSTR lpszText, LPCTSTR lpszCaption = NULL, UINT nType = MB_OK );
```

这两个函数都是用来创建和显示消息对话框的。AfxMessageBox 是全程函数，可以用在任何地方；而 MessageBox 只能在控件、对话框、窗口等一些窗口类中使用。

这两个函数都返回用户选择按钮的情况，其中 IDOK 表示用户单击"OK"按钮。参数 lpszText 表示在消息对话框中显示的字符串文本，lpszCaption 表示消息对话框的标题，为 NULL 时使用默认标题，nIDHelp 表示消息的上下文帮助 ID 标识符，nType 表示消息对话框的图标类型以及所包含的按钮类型，这些类型是用 MFC 预先定义的一些标识符来指定的，例如 MB_ICONSTOP、MB_YESNOCANCEL 等，具体见表 9.5 和 9.6。

表 9.5　消息对话框常用图标类型

图 标 类 型	含　义
MB_ICONHAND、MB_ICONSTOP、 MB_ICONERROR	❌ 用来表示
MB_ICONQUESTION	❓ 用来表示
MB_ICONEXCLAMATION、MB_ICONWARNING	⚠ 用来表示
MB_ICONASTERISK、MB_ICONINFORMATION	ⓘ 用来表示

表 9.6　消息对话框常用按钮类型

按 钮 类 型	含　义
MB_ABOUTRETRYIGNORE	表示含有"关于"、"重试"、"忽略"按钮
MB_OK	表示含有"确定"按钮
MB_OKCANCEL	表示含有"确定"、"取消"按钮

按 钮 类 型	含 义
MB_RETRYCACEL	表示含有"重试"、"取消"按钮
MB_YESNO	表示含有"是"、"否"按钮
MB_YESNOCANCEL	表示含有"是"、"否"、"取消"按钮

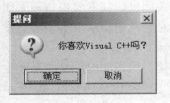

图 9.18　消息对话框

在使用消息对话框时，图标类型和按钮类型的标识可使用按位或运算符"|"来组合，例如下面的代码框架中，MessageBox 将产生如图 9.18 所示的结果。

```
int nChoice = MessageBox("你喜欢 Visual C++吗？","提
问", MB_OKCANCEL|MB_ICONQUESTION);
if (nChoice == IDYES)
{   //...
}
```

9.4　Visual C++常用操作

在 Visual C++应用程序编程过程中，常常需要对类及类代码进行定位、添加、添加成员、消息映射、虚函数等操作，在操作之前，先来创建一个默认的单文档应用程序 Ex_SDI。

9.4.1　成员的添加和删除

1. 添加类的成员函数

向一个类添加成员函数可按下列步骤进行，这里是向 CEx_SDIView 类添加一个成员函数 void DoDemo(int nDemo1)：

① 选择"文件"→"打开工作空间"菜单，从弹出的对话框中打开前面创建的单文档应用程序项目 Ex_SDI。

② 将项目工作区窗口切换到 ClassView 页面，右击"CEx_DemoView"类名，弹出相应的快捷菜单。如图 9.19 所示。

③ 从弹出的快捷菜单中选择"Add Member Function"，弹出"添加成员函数"（Add Member Function）对话框。在"函数类型"（Function Type）框中输入 void，在"函数描述"（Function Declaration）框中输入 DoDemo(int nDemo1)，对话框下方用来确实该成员函数的访问方式。如图 9.20 所示。

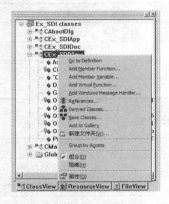

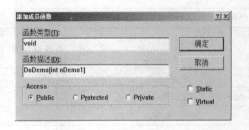

图 9.19　ClassView 页面和快捷菜单　　　　　图 9.20　添加成员函数

④ 单击 确定 按钮，文档窗口打开该类源代码文件，并自动定位到添加的函数实现代码处，在这里用户可以添加该函数的代码。如图 9.21 所示。

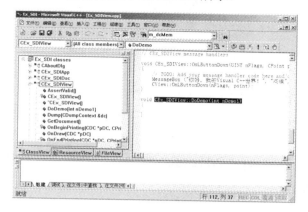

图 9.21　添加成员函数后的文档窗口

2. 添加类的成员变量

向一个类添加成员变量可按下列步骤进行，这里是向 CEx_SDIView 类添加一个成员指针变量 int *m_nDemo：

① 将项目工作区窗口切换到 ClassView 页面。

② 右击"CEx_SDIView"类名，从弹出的快捷菜单中选择"Add Member Variable"，弹出"添加成员"（Add Member Variable）对话框。在"变量类型"（Variable Type）框中输入 int，在"变量名称"（Variable Name）框中输入 *m_nDemo，注意指针变量中的"*"不能添加到"变量类型"框中，对话框下方用来确实该成员变量的访问方式。结果如图 9.22 所示。

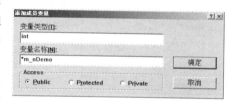

图 9.22　添加成员变量

③ 单击 确定 按钮。

需要说明的是，用这种方法添加的成员变量，对于某些类型来说，它会自动为其设定初值。当然，成员变量的添加也可在类的声明文件（.h）中直接添加。

9.4.2　文件打开和成员定位

前面已说过，在 ClassView 页面中，每个类名前有一个图标和一个套在方框中的符号"+"，双击类名结点，则直接打开并显示类定义的头文件；单击符号"+"，则会显示该类中的成员函数和成员变量，双击成员函数结点，则在文档窗口中直接打开源文件并显示相应函数体代码，双击成员变量结点，则在文档窗口中直接打开类的头文件并显示该成员变量的定义。

例如，下面的操作步骤是在 CEx_SDIView 构造函数处，将指针变量*m_nDemo 设为 NULL。

（1）将项目工作区窗口切换到 ClassView 页面。

（2）单击 CEx_SDIView 类前面的"+"，展开该类的所有结点，双击与 CEx_SDIView 类同名的结点，即构造函数名结点。

（3）此时文档窗口自动定义到 CEx_SDIView 构造函数处，在该函数中添加代码：

```
CEx_SDIView::CEx_SDIView()
{   // TODO: add construction code here
```

```
        m_nDemo = NULL;
}
```

事实上，对于文件打开，最简单的方法是将项目工作区切换到 FileView 页面，然后展开所有结点，双击文件名结点，即可打开该文件。

9.4.3 使用向导工具栏

向导工具栏（WizardBar）是 Visual C++ 6.0 又一个颇具特色的操作方式。它将使用频率最高的 MFC ClassWizard 对话框的功能体现为 3 个相互关联的组合框和一个 Actions 控制按钮，如图 9.23 所示。

图 9.23 WizardBar

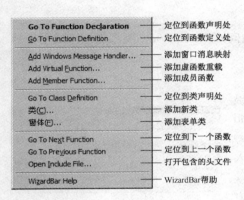

图 9.24 Actions 菜单
并可通过项目工作区进行常规的操作。

三个组合框分别表示类信息（Class）、选择相应类的资源标识（Filter）和相应类的成员函数（Members）或资源标识可映射的消息。单击 Actions 控制按钮可将文本指针移动到指定类成员函数在相应的源文件的定义和声明的位置处，单击 Actions 向下按钮（▼）会弹出一个快捷菜单，如图 9.24 所示，从中可以选择要执行的命令。

总之，Visual C++ 6.0 提供了 MFC AppWizard、ClassWizard 以及 WizardBar 为用户在创建 Windows 应用程序、消息处理、类操作、代码编辑等方面上提供了极大的方便，而应用程序项目是用文件夹来管理的，

9.5 常见问题解答

（1）"奇怪"的数据类型？

解答：在前面示例和函数原型中，有一些"奇怪"的数据类型，如前面的 HINSTANCE 和 LPSTR 等，事实上，很多这样的数据类型只是一些基本数据类型的别名，表 9.7 列出了一些在 Windows 编程中常用的基本数据类型。

表 9.7 Windows 常用的基本数据类型

Windows 所用的数据类型	对应的基本数据类型	说　　明
BOOL	bool	布尔值
BSTR	unsigned short *	32 位字符指针
BYTE	unsigned char	8 位无符号整数
COLORREF	unsigned long	用作颜色值的 32 位值
DWORD	unsigned long	32 位无符号整数，段地址和相关的偏移地址
LONG	long	32 位带符号整数

Windows 所用的数据类型	对应的基本数据类型	说 明
LPARAM	long	作为参数传递给窗口过程或回调函数的 32 位值
LPCSTR	const char *	指向字符串常量的 32 位指针
LPSTR	char *	指向字符串的 32 位指针
LPVOID	void *	指向未定义类型的 32 位指针
LRESULT	long	来自窗口过程或回调函数的 32 位返回值
UINT	unsigned int	32 位无符号整数
WORD	unsigned short	16 位无符号整数
WPARAM	unsigned int	当作参数传递给窗口过程或回调函数的 32 位值

需要说明的是：

① 这些基本数据类型都是以大写字符出现，以与一般 C++基本数据类型相区别。

② 凡是数据类型的前缀是 P 或 LP，则表示该类型是一个指针或长指针数据类型。如果前缀是 H，则表示是句柄类型。若前缀是 U，则表示是无符号数据类型，等等。

③ Windows 还提供一些宏来处理上述基本数据类型。例如，LOBYTE 和 HIBYTE 分别用来获取 16 位数值中的低位和高位字节；LOWORD 和 HIWORD 分别用来获取 32 位数值中的低位和高位字；MAKEWORD 是将两个 16 位无符号值结合成一个 32 位无符号值，等等。

（2）在类代码输入后，忘记缩进了，如何快速并规范代码的缩进格式？

解答：选中要规范的代码，按【Alt+F8】键。或者，选中要规范的代码，然后选择"编辑"→"高级"→"格式选择内容"菜单命令。

（3）工作区（Workspace）和工程（项目，Project）之间是什么样的关系？

解答：每个 Workspace 可以包括几个 project，但只有一个处于活动（Active）状态，各个 project 之间可以有依赖关系。选择"工程"（project）→"设置"（Setting）菜单命令，可在弹出的对话框中设定其依存的关系或静态库等。

9.6　实验实训

学习本章后，可按下列内容进行实验实训：

（1）上机创建一个默认的单文档应用程序、一个默认的基于对话框程序，然后运行并浏览它们的类及其代码。

（2）上机创建一个默认的单文档应用程序 Ex_SDI，然后添加代码实现弹出消息对话框，显示鼠标左键或右键的单击次数，结果如图 9.25 所示。

参考步骤如下：

图 9.25　Ex_SDI 运行结果

【例 Ex_SDI】显示鼠标按键的次数

① 启动 Visual C++ 6.0，创建一个默认的单文档应用程序 Ex_SDI。

② 右击 CEx_SDIView 类节点，从弹出的快捷菜单中选择"Add Member Variable（添加成员变量）"，弹出如图 9.26 所示的对话框。在"变量类型"（Variable Type）框中输入成员变量类型 int，在"变量名称"（Variable Name）框中输入成员变量名 m_nLButton。保留默认的访问方式（Access）为 Public。单击 确定 按钮，这样，就会在 CEx_SDIView 中添加一个公有型成员变量 m_nLButton，

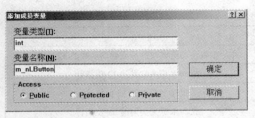

图 9.26 "Add Member Variable" 对话框

变量类型为 int。

③ 按相同的方法，在 CEx_SDIView 中添加一个公有型成员变量 m_nRButton，变量类型为 int。

④ 在项目工作区窗口 ClassView 中，展开 CEx_SDIView 类节点的所有成员节点，双击其构造函数节点，在 CEx_SDIView 类的构造函数中添加下列成员变量初始化代码：

```
CEx_SDIView::CEx_SDIView()
{
    m_nLButton = m_nRButton = 0;
}
```

⑤ 按 Ctrl+W 快捷键打开 MFC ClassWizard 对话框。在 Class name 组合框中，将类名选定为 CEx_SDIView。此时，Object IDs 和 Messages 列表内容会相应地改变。在 Object IDs 列表框中选定 CEx_SDIView，而在 Messages 列表中选定 WM_LBUTTOMDOWN 消息。双击 Messages 列表中的 WM_LBUTTOMDOWN 消息或单击 Add Function... 按钮，都会在 CEx_SDIView 类中添加该消息的映射函数 OnLButtonDown，同时在 Member funcions 列表中显示这一消息映射函数和被映射的消息。

⑥ 单击 Edit Code 按钮后，MFC ClassWizard 对话框退出，并转向文档窗口，定位到 OnLButtonDown 函数源实现处，添加下列代码：

```
void CEx_SDIView::OnLButtonDown(UINT nFlags, CPoint point)
{
    m_nLButton++;
    CString str;                              // 创建一个字符串类对象
    str.Format( "你已单击鼠标左键 %d 次！", m_nLButton );
    MessageBox( str, "报告");
    CView::OnLButtonDown(nFlags, point);
}
```

⑦ 按相同的方法为 CEx_SDIView 类添加 WM_RBUTTOMDOWN 消息映射，并在映射函数中添加下列代码：

```
void CEx_SDIView::OnRButtonDown(UINT nFlags, CPoint point)
{
    m_nRButton++;
    CString str;                              // 创建一个字符串类对象
    str.Format( "你已单击鼠标右键 %d 次！", m_nRButton );
    MessageBox( str, "报告");
    CView::OnRButtonDown(nFlags, point);
}
```

⑧ 编译运行并测试，结果如前图 9.25 所示。

思考与练习

1. MFC 的 AppWizard(exe)提供了哪几种类型的应用程序？

2. MFC 有哪些机制？这些机制有什么用？

3. 用 MFC AppWizard(exe)分别创建一个多文档应用程序项目、一个单文档应用程序项目和一个对话框应用程序项目，在类结构、虚函数 InitInstance 代码等方面，比较它们的异同。

4. 消息的类别有哪些？用 MFC ClassWizard 如何映射消息？

5. 如果消息对话框只有两个按钮："是"和"否"，则如何设置 MessageBox 函数的参数？

第10章

窗口和对话框

窗口和对话框是 Windows 应用程序中最重要的用户界面元素之一，是与用户交互的重要手段。在文档程序中，窗口往往分成应用程序主窗口和文档窗口。通常，窗口本身还可以一些样式，用来决定窗口的外观及功能，由于这些样式一般都是由系统内部定义的，因而可以方便地通过设置窗口的样式来达到增加或减少窗口中所包含功能的目的，且省去大量的编程代码。而对话框是一个特殊类型的窗口，可以作为各种控件的容器，可用于捕捉和处理用户的多个输入信息或数据。任何对窗口进行的操作（如移动、最大化、最小化等）也可在对话框中实施。在 Visual C++ 6.0 中，虽然窗口与对话框的创建、使用和实现比较容易，但同时也反映了开发者对界面设计的视觉艺术水平。

10.1　框架窗口

框架窗口可分为两类：一类是应用程序主窗口，另一类是文档窗口。

10.1.1　主窗口和文档窗口

主窗口，又称为框架窗口，是应用程序直接放置在桌面（DeskTop）上的那个窗口，每个应用程序只能有一个框架窗口，框架窗口的标题栏上往往显示应用程序的名称。

当用 MFC AppWizard 创建单文档（SDI）或多文档（MDI）应用程序时，框架窗口类的源文件名分别是 MainFrm.h 和 MainFrm.cpp，其类名是 CMainFrame。对于单文档应用程序来说，框架窗口类是从 CFrameWnd 派生而来的，而对于多文档应用程序，框架窗口类是从 CMDIFrameWnd 派生的。如果应用程序中还有工具栏（CToolBar）、状态栏（CStatusBar）等（以后会讨论），那么 CMainFrame 类还含有表示工具栏和状态栏的成员变量 m_wndToolBar 和 m_wndStatusBar，并在 CMainFrame 的 OnCreate 函数中进行初始化。

文档窗口对于单文档应用程序来说，它和框架窗口是一致的，即框架窗口就是文档窗口；而对于多文档应用程序，文档窗口是框架窗口的子窗口，如图 10.1 所示。

文档窗口一般都有相应的可见边框，它的客户区（除了窗口标题栏、边框外的白底区域）是由相应的视图来构成的，因此可以说视图是文档

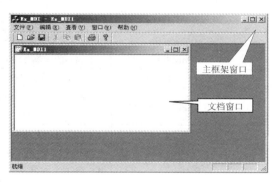

图 10.1　多文档应用程序的框架窗口

175
PAGE

窗口内的子窗口。文档窗口时刻跟踪当前处于活动状态的视图的变化，并将用户或系统产生的命令消息传递给当前活动视图。而主窗口负责管理各个用户交互对象（包括菜单、工具栏、状态栏以及加速键）并根据用户操作相应地创建或更新文档窗口及其视图。

在多文档应用程序中，MFC AppWizard 创建的文档子窗口类的源文件是 ChildFrm.h 和 ChildFrm.cpp，其类名是 CChildFrame，它是从 CMDIChildWnd 派生的。

10.1.2　窗口样式的设置

在 Visual C++中，窗口样式决定了窗口的外观及功能，通过样式的设置可增加或减少窗口中所包含的功能，这些功能一般都是由系统内部定义的，不需要去编程实现。

窗口样式既可以通过 MFC AppWizard 来设置，也可以在主窗口或文档窗口类的 PreCreateWindow 函数中修改 CREATESTRUCT 结构，或是可以调用 CWnd 类的成员函数 ModifyStyle 和 ModifyStyleEx 来更改。

1. 窗口样式

窗口样式通常有一般（以 WS_为前缀）和扩展（以 WS_EX_为前缀）两种形式。这两种形式的窗口样式可在函数 CWnd::Create 或 CWnd::CreateEx 参数中指定，其中 CreateEx 函数可同时支持以上两种样式，而 CWnd::Create 只能指定窗口的一般样式。需要说明的是，对于控件和对话框这样的窗口来说，它们的窗口样式可直接通过其属性对话框来设置。常用的一般窗口样式如表 10.1 所示。

表 10.1　常用的窗口一般样式

风　格	含　义
WS_BORDER	窗口含有边框
WS_CAPTION	窗口含有标题栏(它意味着还具有 WS_BORDER 样式),但它不能和 WS_DLGFRAME 组合
WS_CHILD	创建子窗口，它不能和 WS_POPUP 组合
WS_DISABLED	窗口最初时是禁用的
WS_DLGFRAME	窗口含有双边框，但没有标题
WS_GROUP	此样式被控件组中第一个控件窗口指定。用户可在控件组的第一个和最后一个控件中用方向键来回选择
WS_HSCROLL	窗口含有水平滚动条
WS_MAXIMIZE	窗口最初时处于最大化
WS_MAXIMIZEBOX	在窗口的标题栏上含有[最大化]按钮
WS_MINIMIZE	窗口最初时处于最小化，它只和 WS_OVERLAPPED 组合
WS_MINIMIZEBOX	在窗口的标题栏上含有[最小化]按钮
WS_OVERLAPPED	创建覆盖窗口，一个覆盖窗口通常有一个标题和边框
WS_OVERLAPPEDWINDOW	创建一含有 WS_OVERLAPPED、WS_CAPTION、WS_SYSMENU、WS_THICKFRAME、WS_MINIMIZEBOX 和 WS_MAXIMIZEBOX 样式的覆盖窗口
WS_POPUP	创建一弹出窗口，它不能和 WS_CHILD 组合。只能用 CreateEx 函数指定
WS_POPUPWINDOW	创建一含有 WS_BORDER、WS_POPUP 和 WS_SYSMENU 样式的弹出窗口。当 WS_CAPTION 和 WS_POPUPWINDOW 样式组合时才能使系统菜单可见
WS_SYSMENU	窗口的标题栏上含有系统菜单框，它仅用于含有标题栏的窗口
WS_TABSTOP	用户可以用 TAB 键选择控件组中的下一个控件

风 格	含 义
WS_THICKFRAME	窗口含有边框，并可调整窗口的大小
WS_VISIBLE	窗口最初是可见的
WS_VSCROLL	窗口含有垂直滚动条

需要说明的是，除了上述样式外，框架窗口还有以下 3 个自己的样式。它们都可以在 PreCreateWindow 重载函数中指定。

（1）FWS_ADDTOTITLE。该样式指定一个文档名添加到框架窗口标题中，例如图 10.1 中的"Ex_MDI – Ex_MDI1"，Ex_MDI1 是文档名。对于单文档应用程序来说，默认的文档名是"无标题"。

（2）FWS_PREFIXTITLE。该样式使得框架窗口标题中的文档名显示在应用程序名之前。例如，若未指定该样式时的窗口标题为"Ex_MDI – Ex_MDI1"，当指定该样式后就变成了"Ex_MDI1 – Ex_MDI"。

（3）FWS_SNAPTOBARS。该样式用来调整窗口的大小，使它刚好包含了框架窗口中的控制栏（如工具栏）。

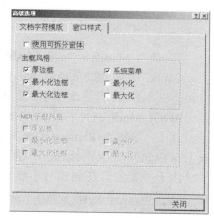

图 10.2　高级选项对话框

2. 用 MFC AppWizard 设置

MFC AppWizard 有一个 高级(A)... 按钮（在创建单文档或多文档应用程序过程的第四步中），允许用户指定有关 SDI 和 MDI 框架窗口的属性，图 10.2 表示了"高级选项"（Advanced Options）对话框的"窗口样式"（Window Styles）页面，其中的选项含义见表 10.2。但在该对话框中，只能设定少数几种窗口样式。

表 10.2　"高级选项"对话框窗口样式的各项含义

选 项	含 义
使用可拆分窗口（Use split window）	选中时，将程序的文档窗口创建成"切分"(或称拆分)窗口
厚边框（Thick frame）	选中时，设置窗口样式 WS_THICKFRAME
最小化边框（Minimize box）	选中时，设置窗口样式 WS_MINIMIZEBOX，标题右侧含有最小化按钮
最大化边框（Maximize box）	选中时，设置窗口样式 WS_MAXIMIZEBOX，标题右侧含有最大化按钮
系统菜单（System menu）	选中时，设置窗口样式 WS_SYSMENU，标题左侧有系统菜单
最小化（Minimized）	选中时，设置窗口样式 WS_MINIMIZE
最大化（Maximized）	选中时，设置窗口样式 WS_MAXIMIZE

3. 修改 CREATESTRUCT 结构

当窗口创建之前，系统自动调用 PreCreateWindow 虚函数。在用 MFC AppWizard 创建文档应用程序框架时，MFC 已为主窗口或文档窗口类自动重载了该虚函数。可以在此函数中通过修改 CREATESTRUCT 结构来设置窗口的绝大多数样式。例如，在单文档应用程序中，框架窗口默认的样式是 WS_OVERLAPPEDWINDOW 和 FWS_ADDTOTITLE 的组合，更改其样式可如下列的代码：

```
BOOL CMainFrame::PreCreateWindow(CREATESTRUCT& cs)
{
    // 新窗口不带有[最大化]按钮
```

```
        cs.style &= ~WS_MAXIMIZEBOX;
        // 将窗口的大小设为 1/3 屏幕并居中
        cs.cy = ::GetSystemMetrics(SM_CYSCREEN) / 3;
        cs.cx = ::GetSystemMetrics(SM_CXSCREEN) / 3;
        cs.y = ((cs.cy * 3) - cs.cy) / 2;
        cs.x = ((cs.cx * 3) - cs.cx) / 2;
        return CFrameWnd::PreCreateWindow(cs);
    }
```

代码中，前面有 "::" 作用域符号的函数是指全局函数，一般都是一些 API 函数。"cs.style &= ~WS_MAXIMIZEBOX;" 中的 "~" 是按位取 "反" 运算符，它将 WS_MAXIMIZEBOX 的值按位取反后，再和 cs.style 值按位 "与"，其结果是将 cs.style 值中的 WS_MAXIMIZEBOX 标志位清零。

再如，对于多文档应用程序，文档窗口的样式可用下列的代码更改：

```
BOOL CChildFrame::PreCreateWindow(CREATESTRUCT& cs)
{
    cs.style &= ~WS_MAXIMIZEBOX;    // 创建不含有[最大化]按钮的子窗口
    return CMDIChildWnd::PreCreateWindow(cs);
}
```

4. 使用 ModifyStyle 和 ModifyStyleEx

CWnd 类中的成员函数 ModifyStyle 和 ModifyStyleEx 也可用来更改窗口的样式，其中 ModifyStyleEx 还可更改窗口的扩展样式。这两个函数具有相同的参数，其含义如下。

BOOL ModifyXXXX(DWORD *dwRemove*, DWORD *dwAdd*, UINT *nFlags* = 0);

其中，参数 dwRemove 用来指定需要删除的样式，dwAdd 用来指定需要增加的样式，nFlags 表示 SetWindowPos 的标志，0（默认）表示更改样式同时不调用 SetWindowPos 函数。

由于框架窗口在创建时不能直接设定其扩展样式，因此只能通过调用 ModifyStyle 函数来进行。例如用 MFC ClassWizard 为一个多文档应用程序 Ex_MDI 的子文档窗口类 CChildFrame 添加 OnCreateClient 消息处理，并增加下列代码：

```
                                        BOOL
CChildFrame::OnCreateClient(LPCREATESTRUCT
lpcs, CCreateContext* pContext)
    {
    ModifyStyle(0, WS_VSCROLL, 0);
    return CMDIChildWnd::OnCreateClient(lpcs,
pContext);
    }
```

这样，当窗口创建客户区时就会调用虚函数 OnCreateClient。运行结果如图 10.3 所示。

图 10.3 为文档窗口添加垂直滚动条

10.1.3 窗口状态的改变

MFC AppWizard 为每个窗口设置了相应的大小和位置，但默认的窗口状态有时并不那么令人满意，这时就需要对窗口状态进行适当的改变。

1. 用 ShowWindow 改变窗口的显示状态

当应用程序运行时，Windows 会自动调用应用程序框架内部的 WinMain 函数，并自动查找该应用程序类的全局变量 theApp，然后自动调用用户应用程序类的虚函数 InitInstance，该函数会进一步调用相应的函数来完成主窗口的构造和显示工作，如下面的代码（以单文档应用程序项目 Ex_SDI 为例）：

```
BOOL CEx_SDIApp::InitInstance()
{  //...
```

```
    m_pMainWnd->ShowWindow(SW_SHOW);              // 显示窗口
    m_pMainWnd->UpdateWindow();              // 更新窗口
    return TRUE;
}
```

代码中，ShowWindow 是 CWnd 类的成员函数，可用来按表 10.3 指定的参数显示窗口。例如下面的代码是将窗口的初始状态设置为"最小化"：

```
BOOL CEx_SDIApp::InitInstance()
{   //...
    m_pMainWnd->ShowWindow(SW_SHOWMINIMIZED);
    m_pMainWnd->UpdateWindow();
    return TRUE;
}
```

表 10.3　ShowWindow 函数的参数值

参 数 值	含 义
SW_HIDE	隐藏此窗口并将激活状态移交给其它窗口
SW_MINIMIZE	将窗口最小化并激活系统中的顶层窗口
SW_RESTORE	激活并显示窗口。若窗口是最小或最大状态时，则恢复到原来的大小和位置。
SW_SHOW	用当前的大小和位置激活并显示窗口
SW_SHOWMAXIMIZED	激活窗口并使之最大化
SW_SHOWMINIMIZED	激活窗口并使之最小化
SW_SHOWMINNOACTIVE	窗口显示成为一个图标并保留其激活状态(即原来是激活的，仍然是激活)
SW_SHOWNA	用当前状态显示窗口
SW_SHOWNOACTIVATE	用最近的大小和位置状态显示窗口并保留其激活状态
SW_SHOWNORMAL	激活并显示窗口

2. 用 SetWindowPos 或 MoveWindow 改变窗口的大小和位置

CWnd 中的 SetWindowPos 是一个非常有用的函数；它不仅可以改变窗口的大小、位置，而且还可以改变所有窗口在堆栈排列的次序（Z 次序），这个次序是根据它们在屏幕出现的先后来确定的。

```
BOOL SetWindowPos( const CWnd* pWndInsertAfter, int x, int y, int cx, int cy,
UINT nFlags );
```

其中，参数 pWndInsertAfter 用来指定窗口对象指针，它可以下列预定义窗口对象的地址：

```
wndBottom              将窗口放置在 Z 次序中的底层
wndTop                 将窗口放置在 Z 次序中的顶层
wndTopMost             设置最顶窗口
wndNoTopMost           将窗口放置在所有最顶层的后面，若此窗口不是最顶窗口，则此标志无效
```

x 和 y 表示窗口新的左上角坐标，cx 和 cy 分别表示表示窗口新的宽度和高度，nFlags 表示窗口新的大小和位置方式，如表 10.4 所示。

函数 CWnd::MoveWindow 也可用来改变窗口的大小和位置，与 SetWindowPos 函数不同的是，使用 MoveWindow 函数时须指定窗口大小。

```
void MoveWindow( int x, int y, int nWidth, int nHeight, BOOL bRepaint = TRUE );
void MoveWindow( LPCRECT lpRect, BOOL bRepaint = TRUE );
```

其中，参数 x 和 y 表示窗口新的左上角坐标，nWidth 和 nHeight 表示窗口新的宽度和高度，bRepaint 用于指定窗口是否重绘，lpRect 表示窗口新的大小和位置。

表 10.4　常用 nFlags 值及其含义

nFlags 值	含　义
SWP_HIDEWINDOW	隐藏窗口
SWP_NOACTIVATE	不激活窗口。如该标志没有被指定，则依赖 pWndInsertAfter 参数
SWP_NOMOVE	不改变当前的窗口位置(忽略 x 和 y 参数)
SWP_NOOWNERZORDER	不改变父窗口的 Z 次序
SWP_NOREDRAW	不重新绘制窗口
SWP_NOSIZE	不改变当前的窗口大小(忽略 cx 和 cy 参数)
SWP_NOZORDER	不改变当前的窗口 Z 次序(忽略 pWndInsertAfter 参数)
SWP_SHOWWINDOW	显示窗口

作为示例，这里将使用上述两个函数把主窗口移动到屏幕的（100，100）处（代码添在 CEx_SDIApp::InitInstance 中 return TRUE 语句之前）。

```
// 使用 SetWindowPos 函数的示例
m_pMainWnd->SetWindowPos(NULL,100,100,0,0,SWP_NOSIZE|SWP_NOZORDER);
// 使用 MoveWindow 函数的示例
CRect rcWindow;
m_pMainWnd->GetWindowRect(rcWindow);
m_pMainWnd->MoveWindow(100,100,rcWindow.Width(),rcWindow.Height(),TRUE);
```

当然，改变窗口的大小和位置的 CWnd 成员函数还不止以上两个。例如 CenterWindow 函数是使窗口居于父窗口中央，就像下面的代码：

```
CenterWindow(CWnd::GetDesktopWindow());          // 将窗口置于屏幕中央
AfxGetMainWnd()->CenterWindow();                 // 将主框架窗口居中
```

10.2　创建和布局对话框

在 Visual C++ 6.0 应用程序中，创建一个对话框通常有两种方式：一是直接创建一个基于对话框的应用程序，二是在一个应用程序中添加对话框资源。下面先来解释一下资源和资源标识的概念。

10.2.1　资源和资源标识

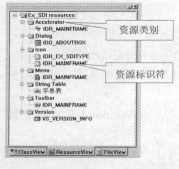

图 10.4　单文档程序的资源

Visual C++ 6.0 将 Windows 应用程序中经常用到的菜单、工具栏、对话框、图标等都视为"资源"，并将其单独存放在一个资源文件中。每个资源都有相应的标识符来表示区分，并且可以像变量一样进行赋值。

1. 资源的分类

先用 MFC AppWizard（exe）来创建一个默认的单文档应用程序 Ex_SDI，然后将项目工作区切换到"ResourceView"页面，展开所有节点，如图 10.4 所示。

可以看出，Visual C++ 6.0 使用的资源可分为下列几类：

（1）快捷键列表（Accelerator）：一系列组合键的集合，被应用程序用来引发一个动作。该列表一般与菜单命令相关联，用来代替鼠标操作。

（2）对话框（Dialog）：含有按钮、列表框、编辑框等各种控件的窗口。

（3）图标（Icon）：代表应用程序显示在 Windows 桌面上的位图，它同时有 32 x 32 像素和 16 x 16 像素两种规格。

（4）菜单（Menu）：通过菜单命令可以完成应用程序的大部分操作。

（5）字串表（String Table）：应用程序使用的全局字符串或其他标识符。

（6）工具栏按钮（Toolbar）：工具栏外观是以一系列具有相同尺寸的位图组成的，它通常与一些菜单命令项相对应，用以提高用户的工作效率。

（7）版本信息（Version）：包含应用程序的版本、用户注册码等相关信息。

除了上述常用资源类别外，还有鼠标指针、HTML 等，甚至可以自己添加新的资源类别。

2. 资源标识符（ID）

在图 10.4 中，每一个资源类别下都有一个或多个相关资源，每一个资源均是由标识符来定义的。当添加或创建一个新的资源或资源对象时，系统会为其提供默认的名称，如 IDR_MAINFRAME 等。当然，也可重新命名，但要按一定的规则来进行，因为这样便于在应用程序代码设计时理解和记忆。一般地，要遵循下列规则：

（1）在标识符名称中允许使用字母 a~z、A~Z、0~9 以及下划线。

（2）标识符名称不区分大小写字母，如 new_idd 与 New_Idd 是相同的标识符。

（3）不能以数字开头，如 8BIT 是不合法的标识符名。

（4）字符个数不得超过 247 个。

事实上，每一个定义的标识符都保存在应用程序项目的 Resource.h 文件中，它的取值范围为 0~32767。在同一个项目中，资源标识符名称不能相同，不同的标识符的值也不能一样。

10.2.2　创建对话框应用程序

用 MFC AppWizard（MFC 应用程序向导）创建一个基于对话框的应用程序的过程如下：

① 启动 Visual C++ 6.0，选择"文件"→"新建"菜单，在弹出的"新建"对话框的工程标签页面中，选择 MFC AppWizard（exe）的项目类型。单击位置框右侧的按钮 ，在弹出的对话框中，将该应用程序的文件夹定位在"D:\Visual C++程序\第 10 章"，并在"工程名称"编辑框中输入应用程序名 Ex_Dlg。

② 单击 确定 按钮进入下一步，从弹出的"步骤 1"对话框中，选择"基本对话框"应用程序类型。单击 下一步> 按钮，出现如图 10.5 所示的对话框，从中可选择设置对话框的风格以及 ActiveX 控件、Windows Sockets 网络等的支持。

③ 单击 下一步> 按钮，出现如图 10.6 所示的对话框，从中除了窗口风格是 MFC 标准风格外，还可有两个方面的选择：一是在源文件中是否加入注释用来引导程序代码的编写，另一个是使用动态链接库还是静态链接库。

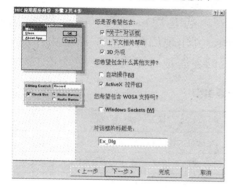

图 10.5　"步骤 2"对话框

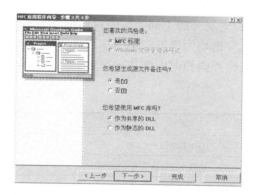

图 10.6　"步骤 3"对话框

④ 保留默认选项，单击 `下一步>` 按钮，出现如图 10.7 所示的对话框，在这里，可以对 MFC AppWizard 提供的默认类名、基类名、各个源文件名进行修改。

⑤ 单击 `完成` 按钮，出现一个信息对话框，显示出用户在前面几个步骤中做出的选择，单击 `确定` 按钮，系统开始创建，并又回到了 Visual C++ 6.0 的主界面，同时还自动打开对话框模板编辑器以及控件工具栏、控件布局工具栏等。

⑥ 单击编译工具栏 ![工具栏图标] 上的运行工具按钮"!"或按快捷键 Ctrl+F5，系统开始编译、连接并运行生成的对话框应用程序可执行文件 Ex_Dlg.exe，运行结果如图 10.8 所示。

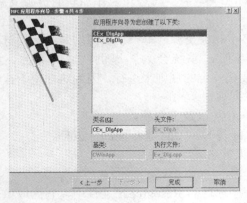

图 10.7 "步骤 4"对话框

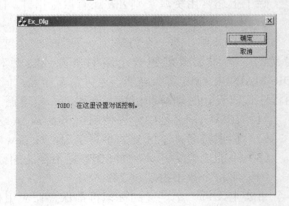

图 10.8 Ex_Dlg 运行结果

10.2.3 添加对话框资源

在一个 MFC 应用程序中添加一个对话框资源的步骤如下（以前面创建的默认单文档项目 Ex_SDI 为例）：

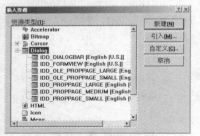

图 10.9 "插入资源"对话框

① 选择"插入"→"资源"菜单，或按快捷键 Ctrl+R 打开"插入资源"对话框，在对话框中可以看到资源列表中存在 Dialog 项，若单击 Dialog 项左边的"+"号，将展开对话框资源的不同类型选项，如图 10.9 所示，表 10.5 列出各种类型的对话框资源的不同用途。

其中，`新建(N)` 按钮是用来创建一个由"资源类型"列表中指定类型的新资源，`自定义(C)..` 按钮是用来创建"资源类型"列表中没有的新类型的资源，`引入(M)...` 按钮是用于将外部已有的位图、图标、光标或其它定制的资源添加到当前应用程序中。

② 对展开的不同类型的对话框资源不作任何选择，选中"Dialog"，单击 `新建(N)` 按钮，系统就会自动为当前应用程序添加了一个对话框资源，并出现如图 10.10 所示的开发环境界面（这个界面和前面创建一个对话框应用程序后出现的界面是一样的）。

表 10.5 对话框资源类型

类　型	说　明
IDD_DIALOGBAR	对话条，往往和工具条停放一起
IDD_FORMVIEW	一个表单(一种样式的对话框)，用于表单视图类的资源模板
IDD_OLE_PROPPAGE_LARGE	一个大的 OLE 属性页

类　型	说　明
IDD_OLE_PROPPAGE_SMALL	一个小的 OLE 属性页
IDD_ PROPPAGE_LARGE	一个大属性页，用于属性对话框
IDD_ PROPPAGE_MEDIUM	一个中等大小的属性页，用于属性对话框
IDD_ PROPPAGE_SMALL	一个小的属性页，用于属性对话框

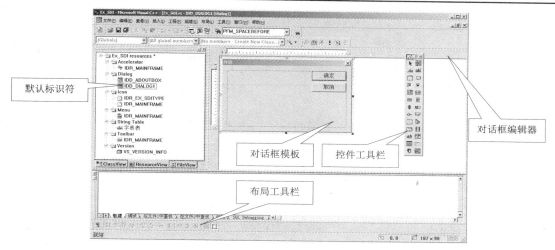

图 10.10　添加对话框资源后的开发环境界面

从中可以看出：

● 系统为对话框资源自动赋给它一个默认的标识符名称（第一次为 IDD_DIALOG1，以后依次为 IDD_DIALOG2、IDD_DIALOG3、...）。

● 当使用通用的对话框模板创建新的对话框资源时，对话框默认标题为 Dialog，有"确定"和"取消"两个按钮，这两个按钮的标识符分别为 IDOK 和 IDCANCEL。

● 对话框模板资源所在的窗口称为对话框资源编辑器，在这里可进行对话框的设计，并可对对话框的属性进行设置。

需要说明的是，Visual C++6.0 开发环境的工具栏具有"浮动"与"停泊"功能，图 10.10 中的"控件工具栏"是处于"浮动"状态，往往需要将其拖放并停靠到对话框编辑器窗口的右边侧，以便于操作。

10.2.4　设置对话框属性

在对话框模板的空白处右击鼠标，从弹出的快捷菜单中选择"属性"菜单项，出现如图 10.11 所示的对话框属性窗口。

从中可以看出，对话框具有这几类属性：常规（General）、样式（Styles）、更多样式（More Styles）扩展样式（Extended Styles）、更多扩展样式（More Extended Styles）等部分，这里仅介绍最常用的常规（General）属性，如表 10.6 所示。

图 10.11　对话框属性窗口

表 10.6 对话框的常规（General）属性

项　　目	说　　明
ID 框	修改或选择对话框的标识符名称
标题框	输入对话框的标题名称，中英文均可，如"我的对话框"
字体按钮	单击此按钮可选择字体的种类(如宋体)及尺寸(如 9 号)
位置 X/位置 Y	对话框左上角在父窗口中的 X、Y 坐标，都为 0 时表示居中
菜单框	默认值为无，当对话框需要菜单时输入或选择指定的菜单资源
类名称框	默认值为无，它提供 C/C++语言编程时所需要的对话框类名，对 MFC 类库的资源文件来说，该项不被激活

需要说明的是：

● 图 10.11 中的左上角，有一个 图标，当单击此图标后，图标变成 ，表示该对话框将一直显示直到用户关闭它。在 状态下，当该对话框一旦失去活动状态后就会自动消失！

● 在 ID 框中，可修改对话框默认的标识符 IDD_DIALOG1；在"标题"框中，可设置对话框的默认标题，例如改为"我的第一个对话框"。

● 单击 字体(O)... 按钮，通过弹出的字体对话框将对话框内的文本设置成"宋体，9"，以使自己设计的对话框和 Windows 中的对话框保持外观上的一致（这是界面设计的"一致性"原则）。

10.2.5 添加和布局控件

一旦对话框资源被打开或被创建，就会出现对话框编辑器，通过它可以在对话框中进行控件的添加和布局等操作。

1. 控件的添加

对话框编辑器一旦打开，"控件"工具栏一般都会随之出现。若不出现，则可在开发环境的工具栏区的空白处右击鼠标，从弹出的快捷菜单中选择"控件"。利用"控件"工具栏中的各个按钮可以顺利完成控件的添加。图 10.12 说明了各个按钮所对应的控件类型。

向对话框添加一个控件的方法有下列几种：

（1）在控件工具栏中单击某控件，此时的鼠标箭头在对话框内变成"十"字形状；在对话框指定位置单击鼠标左键，则此控件被添加到对话框的相应位置，再拖动刚添加控件的选择框可改变其大小和位置。

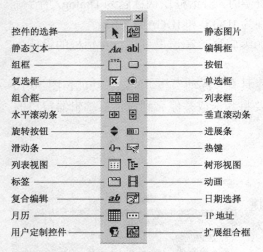

控件的选择　　静态图片
静态文本　　编辑框
组框　　按钮
复选框　　单选框
组合框　　列表框
水平滚动条　　垂直滚动条
旋转按钮　　进展条
滑动条　　热键
列表视图　　树形视图
标签　　动画
复合编辑　　日期选择
月历　　IP 地址
用户定制控件　　扩展组合框

图 10.12 控件工具栏和各按钮含义

（2）在控件工具栏中单击某控件，此时的鼠标箭头对话框内变成"十"字形状；在指定位置处单击鼠标左键不放，拖动鼠标至满意位置，释放鼠标键。

（3）用鼠标左键点中控件工具栏中的某控件，并按住鼠标左键不放；在移动鼠标到对话框的指定位置的过程中，用户会看到一个虚线框，下面带有该控件的标记；释放鼠标左键，新添加的控件立即出现在对话框中。

2. 控件的选取

控件的删除、复制和布局操作一般都要先选取控件，若选取单个控件，则可以下列方法：

（1）用鼠标直接选取。首先保证在控件工具栏中的选择按钮（ ![)是被选中的，然后移动鼠标指针至指定的控件上，单击鼠标左键即可。

（2）用助记符来选取。如果控件的标题中带有下划线的字符，这个字符就是助记符，选择时直接按下该助记符键或"Alt+助记符"组合键即可。

（3）用 Tab 键选取。在对话框编辑器中，系统会根据控件的添加次序自动设置相应的 Tab 键次序。利用 Tab 键，用户可在对话框内的控件中进行选择。每按一次 Tab 键依次选取对话框中的下一个控件，若按住 Shift 键，再单击 Tab 键则选取上一个控件。

对于多个控件的选取，可采用下列方法：

（1）先在对话框内按住鼠标左键不放，拖出一个大的虚框，然后释放鼠标，则被该虚框所包围的控件都将被选取。

（2）先按住 Shift 键不放，然后用鼠标选取控件，直到所需要的多个控件选取之后再释放 Shift 键。若在选取时，对已选取的控件再选取一下，则取消该控件选取。

需要注意的是：

（1）一旦单个控件被选取后，其四周由选择框包围着，选择框上还有几个（通常是八个）蓝色实心小方块，拖动它可改变控件的大小，如图 10.13（a）所示。

（2）多个控件被选取后，其中只有一个控件的选择框有几个蓝色实心小方块，这个控件称为主要控件，而其他控件的选择框的小方块是空心的。如图 10.13（b）所示。

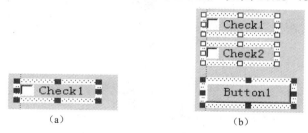

图 10.13　单个控件和多个控件的选择框

3. 控件的删除、复制和布局

当单个控件或多个控件被选取后，按方向键或用鼠标拖动控件的选择框可移动控件。若在鼠标拖动过程中还按住 Ctrl 键则复制控件。若按 Del 键可将选取的控件删除。当然还有其他一些编辑操作，但这些操作方法和一般的文档编辑器基本相同，这里不再重复。

对于控件的布局，对话框编辑器中提供了控件布局工具栏，如图 10.14 所示，它可以自动地排列对话框内的控件，并能改变控件的大小。

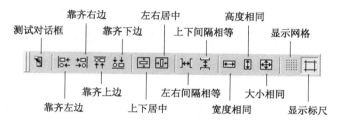

图 10.14　控件布局工具栏

需要说明的是：

（1）随着对话框编辑器的打开，Visual C++ 6.0 开发环境的菜单栏还出现"布局"菜单，它的命令与布局工具相对应，而且大部分命令名后面还显示出相应的快捷键，由于它们都是中文的（汉化过），故这里不再列出。

（2）大多数布置控件的命令使用前，都需要用户选取多个控件，且"主要控件"起到了关键作用。例如用户选取多个控件后，使用"大小相同"命令只改变其它控件的大小，并与"主要控件"的尺寸一致。因此，在多个控件的布置过程中，常需要重新设置"主要控件"。设置的方法是按住 Ctrl 或 Shift 键，然后用鼠标单击所要指定的控件即可。

（3）为了便于用户在对话框内精确定位各个控件，系统还提供了网格、标尺等辅助工具。在图 10.14 的控件布局工具栏的最后两个按钮分别用来网格和标尺的切换。一旦网格显示，添加或移动控件时都将自动定位在网格线上。

4．测试对话框

"布局"菜单下的"测试"命令或布局工具栏上的测试按钮 是用来模拟所编辑的对话框的运行情况，帮助用户检验对话框是否符合用户的设计要求以及控件功能是否有效等。

5．操作示例

下面来向对话框添加 3 个静态文本控件（一个静态文本控件就是一个文本标签）：

① 在控件工具栏上，单击 **Aa** 按钮，然后在对话框模板左上角单击鼠标左键不放，拖动鼠标至满意位置，释放鼠标键。这样，第一个静态文本控件添加到对话框中了。

② 单击布局工具栏上的 按钮，打开对话框模板的网格。

③ 在控件工具栏上，将 **Aa** 按钮拖放到对话框模板中的左中部。这样，第二个静态文本控件添加到对话框中了。同样的操作，将第三个静态文本控件拖放到对话框模板中的左下部。

④ 按住 Shift 键不放，依次单击刚才添加的三个静态文本控件，结果如图 10.15 所示。

⑤ 在布局工具栏上，依次单击"大小相同"按钮 、"靠左对齐"按钮 、"上下间隔相等"按钮 ，结果如图 10.16 所示。

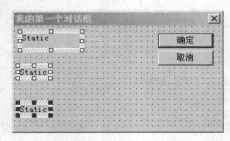
图 10.15　布局前的静态文本控件

图 10.16　布局后的静态文本控件

10.3　使用对话框

在一个应用程序中添加并布局对话框资源模板后，还需为该资源模板创建一个对话框类，以便在应用程序中调用。

10.3.1　创建对话框类

为添加的对话框资源模板创建对话框类的步骤如下：

① 在对话框资源模板的空白区域（没有其它元素或控件）内双击鼠标左键，将弹出如

图 10.17 所示的对话框，询问是否为对话框资源创建一个新类。

② 单击 OK 按钮，出现如图 10.18 所示的 "New Class"（新类）对话框。其中，Name框是用来输入用户定义的类名，注意要以 "C" 字母打头，以保持与 Visual C++标识符命名规则一致。File Name 框用来指定类的源代码文件名，Base class 和 Dialog ID 内容是由系统自动设置的，一般无需修改。从 Base class 框的内容可以看出，用户对话框类是从基类 CDialog 派生而来的。

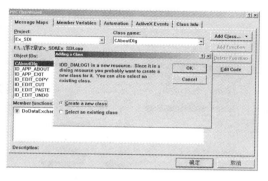

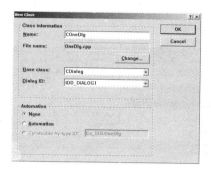

图 10.17 "Adding a Class" 对话框   图 10.18 "New Class" 对话框

③ 在 Name 框中输入类名 COneDlg，单击 OK 按钮，一个基于对话框资源模板 IDD_DIALOG1 的用户对话框类 COneDlg 就创建好了。然后，回到了 MFC ClassWizard（MFC类向导）对话框界面，从中可以对 COneDlg 类进行消息映射等操作（后面还会讨论到）。

④ 单击 确定 按钮，退出 MFC ClassWizard 对话框。

这样，就为应用程序添加了一个新对话框资源 IDD_DIALOG1，并为之生成了一个对话框类 COneDlg。需要说明的是，前面用 MFC AppWizard（exe）创建的对话框应用程序 Ex_Dlg中，框架已为其创建了对话框资源模板 ID 为 IDD_EX_DLG_DIALOG，并为之生成了对话框类 CEx_DlgDlg。

10.3.2 映射 WM_INITDIALOG 消息

WM_INITDIALOG 是在对话框显示（DoModal 等）之前向父窗口发送的消息，由于建立了此消息和 OnInitDialog 函数的关联，系统在对话框显示之前就会调用此函数，因此常将对话框一些初始化代码添加到这个函数中。

在前面创建的 Ex_Dlg 应用程序项目中，框架已为其映射了 WM_INITDIALOG 消息，并在映射函数 OnInitDialog 中自动添加了一系列的初始化代码：

```
BOOL CEx_DlgDlg::OnInitDialog()
{
    CDialog::OnInitDialog();
    //…
    return TRUE;  // return TRUE  unless you set the focus to a control
}
```

但在应用程序添加的对话框资源，创建的对话框类并不会自动添加该消息的映射函数，这需要手动操作。下面以单文档应用程序 Ex_SDI 添加的 COneDlg 对话框为例说明消息 WM_INITDIALOG 的映射过程：

① 按【Ctrl+W】快捷键，弹出 MFC ClassWizard 对话框，将其切换到 "Message Maps"标签页面。

② 在 Class name 组合框中，将类名选定为 COneDlg（图 10.19 中的标记 1）；在 Object IDs

列表框中选定 COneDlg（图 10.19 中的标记 2），然后拖动 Messages 列表框右侧的滚动块，直到出现要映射的 WM_INITDIALOG 消息为止（图 10.19 中的标记 3），结果如图 10.19 所示。

③ 双击 Messages 列表中的 WM_INITDIALOG 消息或单击 Add Function 按钮，都会在 CEx_SDIView 类中添加该消息的映射函数 OnInitDialog，同时在 Member funcions 列表中显示这一消息映射函数和被映射的消息。

④ 双击消息函数，即图 10.20 中的标记 1 或单击 Edit Code 按钮，MFC ClassWizard 对话框退出，并转向文档窗口，定位到 COneDlg::OnInitDialog 函数实现的源代码处，从中可添加一些初始化代码：

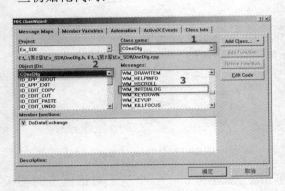 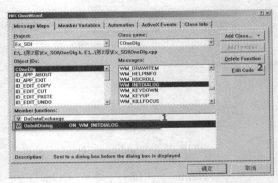

图 10.19　MFC ClassWizard 对话框　　　　图 10.20　映射 WM_INITDIALOG 消息

```
BOOL COneDlg::OnInitDialog()
{
    CDialog::OnInitDialog();
    // TODO: Add extra initialization here
    this->SetWindowText("修改标题");
    return TRUE;  // return TRUE unless you set the focus to a control
                  // EXCEPTION: OCX Property Pages should return FALSE
}
```

代码中，SetWindowText 是 CWnd 的一个成员函数，用来设置窗口的文本内容。对于对话框来说，它设置的是对话框标题。

10.3.3　在程序中调用对话框

在程序中调用对话框，一般是通过映射事件的消息（如命令消息、鼠标消息、键盘消息等），在映射函数中进行调用。这样，相应事件产生后，就会调用其消息映射函数，从而调用对话框的代码被执行。例如，下面的步骤用来实现在单文档应用程序 Ex_SDI 的客户区中单击鼠标左键，显示前面添加的对话框。

（1）按 Ctrl+W 键，弹出 MFC ClassWizard 对话框。

（2）在 Message Maps 页面中，从 Class name 列表中选择 CEx_SDIView，在 IDs 列表中选择 CEx_SDIView，然后在 Messages 框中找到并选中 WM_LBUTTONDOWN 消息。

（3）单击 Add Function 按钮或双击 WM_LBUTTONDOWN 消息，则该消息的映射函数 OnLButtonDown 自动添加到 Member Functions 列表框中。

（4）选中刚才添加的 OnLButtonDown 函数，单击 Edit Code 按钮（或直接双击函数名），在打开的文档窗口中的此成员函数中添加下列代码：

```
void CEx_SDIView::OnLButtonDown(UINT nFlags, CPoint point)
{
    // TODO: Add your message handler code here and/or call default
```

```
        COneDlg dlg;
        dlg.DoModal();
        CView::OnLButtonDown(nFlags, point);
}
```

代码中，DoModal 是 CDialog 基类成员函数，用来将对话框按模式方式来显示。

（5）在 CEx_SDIView 类的实现文件 Ex_SDIView.cpp 前面添加 COneDlg 类的文件包含，即：

```
#include "Ex_SDIDoc.h"
#include "Ex_SDIView.h"
#include "OneDlg.h"
```

（6）编译并运行。在应用程序文档窗口的客户区中单击鼠标，就会出现一对话框，如图 10.21 所示，它就是前面添加的对话框，对话框的标题文字是前面 COneDlg::OnInitDialog 函数中的程序代码所指定的结果。

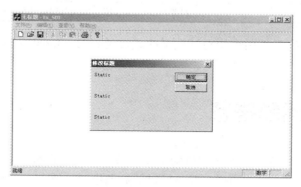

图 10.21　Ex_SDI 运行的结果

10.3.4　模式和无模式对话框

上述通过 DoModal 成员函数来显示的对话框称为模式对话框，所谓"模式对话框"是指当对话框被弹出，用户必须在对话框中作出相应的操作，在退出对话框之前，对话框所在应用程序的其它操作不能继续执行。

模式对话框的应用范围较广，一般情况下，模式对话框会有 确定 （OK）和 取消 （Cancel）按钮。单击 确定 按钮，系统认定用户在对话框中的选择或输入有效，对话框退出；单击 取消 按钮，对话框中的选择或输入无效，对话框退出，程序恢复原有状态。

事实上，对话框还可以用"无模式"方式来显示，称为无模式对话框，所谓"无模式对话框"是指当对话框被弹出后，一直保留在屏幕上，用户可继续在对话框所在的应用程序中进行其它操作；当需要使用对话框时，只需象激活一般窗口一样单击对话框所在的区域即可激活。由于"无模式"方式还要涉及到其它一些编程工作，限于篇幅，这里不作讨论。

10.3.5　通用对话框

Windows 提供了一组标准用户界面对话框，它们都有相应的 MFC 库中的类来支持。或许早已熟悉了全部或大部分的这些对话框，因为许多基于 Windows 的应用程序其实早已使用过它们，这其中就包括 Visual C++。MFC 对这些通用对话框所构造的类都是从一个公共的基类 CCommonDialog 派生而来。表 10.7 列出了这些通用对话框类。

这些对话框都有一个共同特点：它们都从用户获取信息，但并不对信息作处理。例如文件对话框可以帮助用户选择一个用于打开的文件，但它实际上只是给程序提供了一个文件路径名，用户的程序必须调用相应的成员函数才能打开文件。类似地，字体对话框只是填充一个描述字体的逻辑结构，但它并不创建字体。

表 10.7　MFC 的通用对话框

对　话　框	用　　途
CColorDialog	颜色对话框，允许用户选择或创建颜色
CFileDialog	文件对话框，允许用户打开或保存一个文件
CFindReplaceDialog	查找替换对话框，允许用户查找或替换指定字符串
CPageSetupDialog	页面设置对话框，允许用户设置页面参数
CFontDialog	字体对话框，允许用户从列出的可用字体中选择一种字体
CPrintDialog	打印对话框，允许用户设置打印机的参数及打印文档

需要强调的是，只有当调用通用对话框类的成员函数 DoModal 并返回 IDOK 后，该通用对话框类的属性成员函数才会有效。

10.4　常见问题解答

（1）在编辑状态下，当输入类的成员变量或函数时，会自动弹出相应的智能感知窗口，从中可以快速选择相应的成员。同样，若要指定函数调用时，还会自动弹出其形参窗口提示。可有时却怎么也不能显示这样提示，如何解决呢？

解答： 可按下列步骤进行：

① 选择"文件"→"关闭工作区"菜单命令，关闭当前项目。

② 删除当前项目文件夹中"*.ncb"文件。

③ 选择"文件"→"打开工作区"菜单命令，重新打开项目。

（2）如何将在项目工作区中消失的类找出来？或者是有"类"，但双击成员函数节点却打不开其实现文件（.cpp）？

解答： 可按下列方法进行：

● 打开该类对应的头文件，然后将其类名随便改一下，这个时候工作区就会出现新的类，再将这个类改回原来的名字就可以了。

● 或者，关闭当前项目，删除当前项目文件夹中"*.ncb"文件，然后再重新打开项目。

● 或者，删除当前项目文件夹中"*.clw"文件，然后按【Ctrl+W】键，会提示添加类，添加全部。

● 或者，用 MFC ClassWizard 为这个类生成一个消息映射函数，就可以在项目工作区的 ClassView 页面中看到了，最后再删除添加的映射函数。

10.5　实验实训

学习本章后，可按下列内容进行实验实训：

（1）创建一个单文档应用程序 Ex_SDISize，使其主框架窗口最初的大小设定为 400 x 300 并居中显示，同时限制主框架窗口的大小改变。试用多种方法编程实现之，并分析。

提示： 限制主框架窗口的大小改变的最直接的方法是映射 WM_GETMINMAXINFO 消息，

并在消息处理函数中修改 ptMinTrackSize 的大小，如下面的代码：

```
void CMainFrame::OnGetMinMaxInfo(MINMAXINFO FAR* lpMMI)
{
    // TODO: Add your message handler code here and/or call default
    lpMMI->ptMinTrackSize.x    = 400;
    lpMMI->ptMinTrackSize.y    = 300;
    CFrameWnd::OnGetMinMaxInfo(lpMMI);
}
```

（2）对话框常需要根据实际情况来改变对话框的标题。例如，当用于获取用户数据时，对话框的标题为"输入"；而若是用于修改时，则对话框的标题为"修改"。试创建一个单文档应用程序 Ex_SDIDlg，添加对话框资源并创建其类为 CDataDlg，当鼠标左击时，弹出"输入"对话框，而当鼠标右击时，弹出"修改"对话框。

参考过程如下：

【例 Ex_SDIDlg】修改对话框标题

① 启动 Visual C++ 6.0，创建一个默认的单文档应用程序 Ex_SDIDlg。

② 按【Ctrl+R】键，打开"插入资源"对话框，选中 Dialog 类型节点，单击 新建(N) 按钮。这样，就添加一个默认的对话框模板资源。在对话框模板的空白处右击鼠标，从弹出的快捷菜单中选择"属性"菜单项，出现对话框属性窗口。单击 字体(O)... 按钮，通过弹出的字体对话框将对话框内的文本设置成"宋体，9"。

③ 在对话框资源模板的空白区域内双击鼠标左键，为其添加对话框类 CDataDlg。

④ 将项目工作区切换到 ClassView 页面，右击 CDataDlg 类节点，从弹出的快捷菜单中选择"Add Member Variable（添加成员变量）"，弹出如图 10.22 所示的对话框。在"变量类型"（Variable Type）框中输入成员变量类型 CString，在"变量名称"（Variable Name）框中输入成员变量名 m_strTitle。保留默认的访问方式（Access）为 Public。单击 确定 按钮。

图 10.22　"Add Member Variable"对话框

⑤ 用 MFC ClassWizard 为 CDataDlg 类添加 WM_INITDIALOG 的消息映射，并在其消息处理函数中添加下列代码：

```
BOOL CDataDlg::OnInitDialog()
{
    CDialog::OnInitDialog();
    // TODO: Add extra initialization here
    if ( m_strTitle.IsEmpty() )    SetWindowText( "我的对话框" );
    else SetWindowText( m_strTitle );
    return TRUE;
}
```

代码中，IsEmpty 是用来判断字符串是否为空；SetWindowText 用来设定对话框窗口标题。

⑥ 用 MFC ClassWizard 为 CEx_SDIDlgView 类添加 WM_LBUTTOMDOWN（左击）的消息映射，并在其消息处理函数中添加下列代码：

```
void CEx_SDIDlgView::OnLButtonDown(UINT nFlags, CPoint point)
{
    // TODO: Add your message handler code here and/or call default
    CDataDlg dlg;
    dlg.m_strTitle = "输入";
    dlg.DoModal();
    CView::OnLButtonDown(nFlags, point);
}
```

⑦ 同样，为 CEx_SDIDlgView 类添加 WM_RBUTTOMDOWN（右击）的消息映射，并在其消息处理函数中添加下列代码：

```
void CEx_SDIDlgView::OnRButtonDown(UINT nFlags, CPoint point)
{
    // TODO: Add your message handler code here and/or call default
    CDataDlg dlg;
    dlg.m_strTitle = "修改";
    dlg.DoModal();
    CView::OnRButtonDown(nFlags, point);
}
```

⑧ 在 CEx_SDIDlgView 类的实现文件 Ex_SDIDlgView.cpp 前面添加 COneDlg 类的文件包含，即：

```
#include "Ex_SDIDlgDoc.h"
#include "Ex_SDIDlgView.h"
#include "DataDlg.h"
```

⑨ 编译运行并测试。

思考与练习

1. 什么是主窗口和文档窗口？

2. 窗口的风格分为哪两类？各举一例。

3. 改变窗口风格的方法有哪些？

4. 窗口状态的改变方法有哪些？

5. 若将主窗口的大小设置为屏幕的 1/4 大小，并移动到屏幕的右上角，应如何实现？

6. 若将多文档的文档窗口的大小设置为主窗口客户区的 1/4 大小，并移动到主窗口客户区的右上角，应如何实现？

7. 什么是对话框？它分为哪两类？什么是对话框模板、对话框资源和对话框类？对一个对话框编程一般经过几个步骤？

8. 在 MFC 中，通用对话框有哪些？如何在程序中使用它们？

第**11**章
常用控件

　　控件是在系统内部定义的用于和用户交互的基本单元。在所有的控件中，根据它们的使用及 Visual C++ 6.0 对其支持的情况，可以把控件分为 Windows 普通控件（如编辑框、列表框、组合框等）、MFC 扩展控件和 ActiveX 控件。ActiveX 控件可以理解成是一个 OLE（Object Linking and Embedding，对象连接与嵌入）组件，它既可用于 Windows 应用程序中，也可用于 Web 页面中。本章重点介绍经常使用的控件，主要有静态控件、按钮、编辑框、列表框、组合框、滚动条、进展条、旋转按钮控件、滑动条、计时器和日期时间控件等。

11.1　创建和使用控件

　　在 MFC 应用程序中使用控件不仅简化编程，还能完成各种常用功能。为了更好地发挥控件作用，还必须理解和掌握控件的属性、消息以及使用方法。

11.1.1　控件的通用属性和消息

　　当在对话框模板资源中用编辑器添加控件后，右击控件可弹出快捷菜单，从中选择"属性"菜单，则弹出该控件的属性对话框，一般情况下，它有"常规"（General）、"样式"（Styles）和"扩展样式"（Extended Styles）三个标签页面。其中，"样式"属性反映控件的内在的主要属性，各控件是不相同的。而"扩展样式"属性通常用来指定控件的边框类型、透明背景、文字读取顺序等。例如，图 11.1 所示的是静态文本控件的属性对话框的三个页面，注意比较它们的不同。

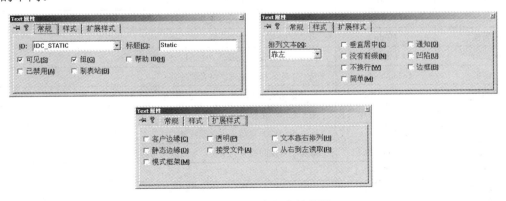

图 11.1　静态文本控件的属性

特别地，对于绝大多数控件来说，其"常规"属性基本上是相同的。其含义如下：

● "ID"是控件的标识符，每种控件都有默认的 ID 号，可按以前的资源标识命名规则自己定义。对于静态控件来说，尽管它们有不同类型，但均默认为 IDC_STATIC。

● "标题"（Caption）用来指示控件的标题内容或说明等。

● "组"（Group）用来指定控件组中的第一个控件，如果该项未被选中，则此控件后的所有控件均被看成同一组。成组的目的是可以用键盘方向键在同一组控件中进行切换。

● "帮助 ID"（Help ID）用来指定是否为该控件建立一个上下文相关的帮助标识符。

● "可见"（Visible）用来指定创建的控件是否可见。

● "已禁用"（Disabled）指定控件初始化时是否禁用。

● "制表站"（TabStop），又为"制表位、制表停止位"，用来指定是否允许使用 Tab 键来选择控件。

当控件的状态发生改变（例如用户利用控件进行输入）时，控件就会向其父窗口发送消息，这个消息称为"通知消息"。对于一般控件来说，其通知消息通常是一条 WM_COMMAND 消息，而对于有些控件，其通知消息通常是一条 WM_NOTIFY 消息。但不管是什么控件消息，一般都可以用 MFC ClassWizard 对它们加以映射。需要说明的是：

● 不同资源对象（控件、菜单命令等）所产生的消息是不相同的。例如，按钮控件的消息有两个：BN_CLICKED 和 BN_DOUBLECLICKED，分别表示当用户单击或双击该按钮时产生的消息。

● 一般不需要对对话框中的"OK"（确定）与"Cancel"（取消）按钮进行消息映射，因为系统已自动设置了这两个按钮的动作，当用户单击这两个按钮都将自动关闭对话框，且"OK"（确定）按钮动作还使得对话框数据有效。

11.1.2　控件类和控件变量

一旦创建控件后，有时就需要使用控件进行深入编程。控件的使用之前需获得该控件的类对象指针或映射一个对象，然后通过该指针或对象来引用其成员函数进行操作。表 11.1 列出了 MFC 封装的常用控件类。

表 11.1　常用控件类

控 件 名 称	MFC 类	功 能 描 述
静态控件	CStatic	用来显示一些几乎固定不变的文字或图形
按钮	CButton	用来产生某些命令或改变某些选项，包括单选按钮、复选框和组框
编辑框	CEdit	用于完成文本和数字的输入和编辑
列表框	CListBox	显示一个列表，让用户从中选取一个或多个项
组合框	CComboBox	是一个列表框和编辑框组合的控件
滚动条	CScrollBar	通过滚动块在滚动条上的移动和滚动按钮来改变某些量
进展条	CProgressCtrl	用来表示一个操作的进度
滑动条	CSliderCtrl	通过滑动块的移动来改变某些量，并带有刻度指示
旋转按钮控件	CSpinButtonCtrl	带有一对反向箭头的按钮，单击这对按钮可增加或减少某个值
日期时间控件	CDateTimeCtrl	用于选择指定的日期和时间
图像列表	CImageList	一个具有相同大小的图标或位图的集合
标签控件	CTabCtrl	类似于一个笔记本的分隔器或一个文件柜上的标签，使用它可以将一个窗口或对话框的相同区域定义为多个页面

在 MFC 中，获取一个控件的类对象指针是通过 CWnd 类的成员函数 GetDlgItem 来实现的，它具有下列原型：

```
CWnd* GetDlgItem( int nID ) const;
void GetDlgItem( int nID,  HWND* phWnd) const;
```

其中，*nID* 用来指定控件或子窗口的 ID 值，第 1 版本是直接通过函数来返回 CWnd 类指针，而第 2 版本是通过函数形参 *phWnd* 来返回其句柄指针（为叙述方便，上述这些重载函数从上到下依次称为第 1 版本、第 2 版本、…）。

需要说明的是，由于 CWnd 类是通用的窗口基类，因此想要调用实际的控件类及其基类成员，还必需将其进行类型的强制转换。例如下面的代码：

```
CButton* pBtn = (CButton*)GetDlgItem(IDC_BUTTON1);
```

由于 GetDlgItem 获取的是类对象指针，因而它可以用到程序的任何地方，且可多次使用，并可对同一个控件定义不同的对象指针，均可对指向的控件操作有效。事实上，在父窗口类，还可为控件或子窗口定义一个类变量，通过它也能对控件或子窗口进行操作。

11.1.3　DDX 和 DDV

对于控件的数据变量，MFC 还提供了独特的 DDX 和 DDV 技术。DDX 将数据成员变量同对话类模板内的控件相联接，这样就使得数据在控件之间很容易地传输。而 DDV 用于数据的校验，例如它能自动校验数据成员变量数值的范围，并发出相应的警告。

一旦某控件与一个数据变量相绑定后，就可以使用 CWnd::UpdateData 函数实现控件数据的输入和读取。UpdateData 函数只有一个 BOOL 参数，它为 TRUE 或 FALSE。当在程序中调用 UpdateData(FALSE)时，数据由控件绑定的成员变量向控件传输，当调用 UpdateData(TRUE)或不带参数的 UpdateData()时，数据从控件向相绑定的成员变量复制。

需要说明的是，数据变量的类型由被绑定的控件类型而定，例如对于编辑框来说，数值类型可以有 CString、int、UINT、long、DWORD、float、double、BYTE、short、BOOL 等。不过，任何时候传递的数据类型只能是一种。这就是说，一旦指定了数据类型，则在控件与变量传递交换的数据就不能是其他类型，否则无效。

11.1.4　示例：使用控件变量

MFC 的控件变量分为两种类型，一是用于操作的控件类对象，另一是用于存取的数据变量。它们都是与控件或子窗口进行绑定，但 MFC 只允许每种类型仅绑定一个。下面就来看一个示例。

【例 Ex_Member】使用控件变量

（1）用控件变量来操作

① 创建一个默认的对话框应用程序 Ex_Member。

② 在打开的对话框资源模板中，删除"TODO: 在这里设置对话控制。"静态文本控件，将 确定 和 取消 按钮向对话框左边移动一段位置，然后将鼠标移至对话框资源模板右下角的实心蓝色方块处，拖动鼠标，将对话框资源模板的大小缩小一些。

③ 在对话框资源模板的左边添加一个编辑框控件和一个按钮控件，保留其默认属性，并将其布局得整齐一些。如图 11.2 所示。

④ 按快捷键 Ctrl+W，打开 MFC ClassWizard 对话框，并切换到 Member Variables 页面，

查看"Class name"列表中是否选择了 CEx_MemberDlg，此时可以在 Control IDs 列表中看到刚才添加的控钮和编辑框的标识符 IDC_BUTTON1 和 IDC_EDIT1。

⑤ 在 Control IDs 列表中，选定按钮控件标识符 IDC_BUTTON1，双击鼠标左键或单击 Add Variable... 按钮，弹出 Add Member Variable 对话框，如图 11.3 所示。注意：对象名通常以"m_"作为开头，表示"成员" (member)的意思。

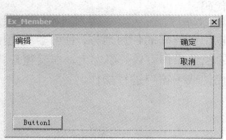

图 11.2 添加编辑框和按钮

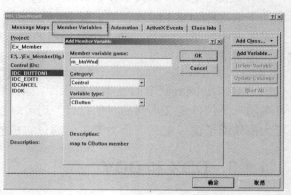

图 11.3 添加控件对象

⑥ 在 Member variable name 框中填好与控件相关联的成员变量 m_btnWnd，且使 Category（类别）项为"Control"，单击 OK 按钮，又回到 MFC ClassWizard 对话框的 Member Variables 页面中，在 Control IDs 列表中出现刚才添加的 CButton 控件对象 m_btnWnd。这样，对按钮控件 IDC_BUTTON1 的编程就可用与之绑定的对象 m_btnWnd 来操作。

⑦ 将 MFC ClassWizard 对话框切换到 Message Maps 页面，为 CEx_MemberDlg 添加 IDC_BUTTON1 的 BN_CLICKED 消息映射函数 OnButton1，并添加下列代码：

```
void CEx_MemberDlg::OnButton1()
{
    CString strEdit;                        // 定义一个字符串
    CEdit   *pEdit = (CEdit*)GetDlgItem( IDC_EDIT1);
    pEdit->GetWindowText( strEdit );        // 获取编辑框中的内容
    strEdit.TrimLeft(); strEdit.TrimRight();
    if (strEdit.IsEmpty())
        m_btnWnd.SetWindowText(_T("Button1"));
    else
        m_btnWnd.SetWindowText(strEdit);
}
```

代码中，TrimLeft 和 TrimRight 函数不带参数时分别用来去除字符串最左边或最右边一些空格符、换行符、Tab 字符等白字符，IsEmpty 是用来判断字符串是否为空。这样一来，当编辑框内容有除空白字符之外的实际字符的字符串时，SetWindowText 用将其内容设定为按钮控件的标题。否则，按钮控件的标题为"Button1"。

⑧ 编译并运行。当在编辑框中输入"Hello"后，单击 Button1 按钮，按钮的名称就变成了编辑框控件中的内容"Hello"。

（2）控件数据变量的 DDX 和 DDV

① 按快捷键 Ctrl+W，打开 MFC ClassWizard 对话框，并切换到 Member Variables 页面，查看"Class name"列表中是否选择了 CEx_MemberDlg。

② 在 Control IDs 列表中，选定按钮控件标识符 IDC_EDIT1，双击鼠标左键或单击 Add Variable... 按钮，弹出 Add Member Variable 对话框，将 Category（类别）选为默认的 Value（值），将 Variable Type 类型选为默认的 CString，在 Member variable name 框中填好与控件相关联的成员变量

m_strEdit，如图 11.4 所示。

③ 单击 OK 按钮，又回到 MFC ClassWizard 对话框的 Member Variables 页面中，在 Control IDs 列表中出现刚才添加的编辑框控件变量 m_strEdit。选择后，将在 MFC ClassWizard 对话框下方出现 Maximum Characters 编辑框，从中可设定该变量允许的最大字符个数，这就是控件变量的 DDV 设置。填入 10 后，如图 11.5 所示，单击 确定 按钮，退出 MFC ClassWizard 对话框。

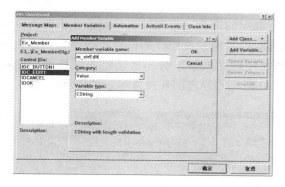

图 11.4　添加控件变量图

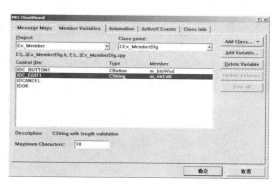

图 11.5　设置 m_strEdit 允许的最大字符个数

④ 将项目工作区切换到 ClassView 页面，展开 CEx_MemberDlg 类节点，双击 OnButton1 成员函数节点，定位到 CEx_MemberDlg::OnButton1 函数实现代码处，将代码修改如下：

```
void CEx_MemberDlg::OnButton1()
{
        UpdateData();                     // 将控件的内容存放到变量中
        // 没有参数，表示使用的是默认参数值 TRUE
        m_strEdit.TrimLeft();        m_strEdit.TrimRight();
        if (m_strEdit.IsEmpty())
            m_btnWnd.SetWindowText(_T("Button1"));
        else
            m_btnWnd.SetWindowText(m_strEdit);
}
```

⑤ 编译并运行。当在编辑框中输入"Hello"，单击 Button1 按钮后，OnButton1 函数中的 UpdateData 将编辑框内容保存到 m_strEdit 变量中，从而执行下一条语句后按钮的名称就变成了编辑框控件中的内容"Hello"。若输入"Hello DDX/DDV"，则当输入第 10 个字符后，再也输入不进去了，这就是 DDV 的作用。

11.2　静态控件和按钮

静态控件和按钮是 Windows 最基本的控件之一。

11.2.1　静态控件

一个静态控件是用来显示一个字符串、框、矩形、图标、位图或增强的图元文件。它可以被用来作为标签、框或用来分隔其它的控件。一个静态控件一般不接收用户输入，也不产生通知消息。在对话框编辑器的控件工具栏中，属于静态控件的有：静态文本（ Aa ）、组框（ xyz ）和静态图片（ 图 ）3 种。

"静态文本"控件用于文字信息的显示。若要在程序中指定静态文本控件显示的内容，则应在其属性对话框的"常规"（General）页面中修改其 ID 号，例如修改为 IDC_TEXT1，然后在相应的函数（如 **OnInitDialog**）中添加下列类似代码：

```
CStatic *pTextCtrl = (CStatic *)GetDlgItem( IDC_TEXT1 );
pTextCtrl->SetWindowText( "测试的文本" );
```

"组框"（Group Box）能产生具有刻蚀效果的矩形框线来细分对话框界面。在对话框模板的"网格"方式下，多个组框重叠后可构成形式多样的单元格，如图 11.6 所示。

静态图片控件的常规（General）属性，如图 11.7 所示。可选择图片"类型"、"图像"两个组合框中的有关选项内容，并可将应用程序资源中的图标、位图等内容显示在该静态图片控件中。此外，还可设置其样式来改变控件的外观以及图像在控件的位置等。例如，在任一个对话框中添加一个静态图片控件，在其常规属性对话框中，将其"类型"选择为"图标（Icon）"，再将其"图像"选择为 IDR_MAINFRAME，则静态图片控件显示的图标是。

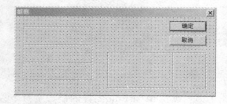

图 11.6　"组框"构成的形状

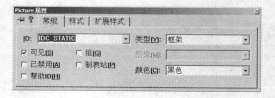

图 11.7　静态图片控件的"常规"属性对话框

需要说明的是，静态图片控件也可像组框那样在对话框中形成一个水平或垂直蚀刻线，从而起到分隔其他控件的作用。例如，下面的步骤是在对话框中创建一个水平蚀刻线：

① 在对话框资源模板中的靠左中间位置添加一个静态图片控件，右击该控件，从弹出的快捷菜单中选择"属性"，弹出其属性对话框。

② 将"类型"选择为默认的"框架（Frame）"，将"颜色"类型选为"蚀刻（Etched）"，然后关闭属性对话框。此时，静态图片控件变成一个蚀刻矩形框。

③ 将鼠标移动到添加的静态图片控件的右下角位置，使鼠标指针变成，拖动鼠标使控件的大小变成一条水平线，单击对话框测试按钮，则结果如图 11.8 所示。

需要说明的是，凡以后在对话框中有这样的水平蚀刻线或垂直蚀刻线，都是指的这种制作方法，到时不再讲述其制作过程。本书作此约定。

图 11.8　水平蚀刻线

11.2.2　按钮

在 Windows 中所用的按钮是用来实现一种开与关的输入。

1. 按钮的类型

常见的按钮有 3 种类型：按键按钮、单选按钮和复选框按钮，如图 11.9 所示。

（1）按键按钮。按键按钮通常可以立即产生某个动作，执行某个命令，因此也常被称为命令按钮。按键按钮有两种样式：标准按键按钮和默认按键按钮（或称缺省按钮）。从外观上来说，默认按键按钮是在标准按键按钮的周围加上一个黑色边框（参见图 11.9），这个黑色边框表示该按钮已接受到键盘的

图 11.9　按钮的不同类型

输入焦点，这样一来，用户只须按回车键就能按下该按钮。一般来说，只把最常用的按键按钮设定为默认按键按钮，具体设定的方法是在按键按钮属性对话框的 Style 页面中选中"默认按钮（Default button）"项。

（2）单选按钮。单选按钮的外形是在文本前有一个圆圈，当它被选中时，单选按钮中就标上一个黑点，它可分为一般和自动两种类型。在自动类型中，用户若选中同组按钮中的某个单选按钮，则其余的单选按钮的选中状态就会清除，保证了多个选项始终只有一个被选中。

（3）复选框。复选框的外形是在文本前有一个空心方框，当它被选中时，复选框中就加上一个"✔"标记，通常复选框只有选中和未选中两种状态，若复选框前面有一个是灰色"✔"，则这样的复选框是三态复选框，如图 11.9 的 Check2，它表示复选框的选择状态是"不确定"。设定成三态复选框的方法是在复选框属性对话框的样式（Style）页面中选中"三次状态"（Tri-state，应译为"三态"）选项。

2. 按钮消息

按钮消息常见的只有两个：BN_CLICKED（单击按钮）和 BN_DOUBLE_CLICKED（双击按钮）。

3. 按钮操作

最常用的按钮操作是设置或获取一个或多个按钮的选中状态。封装按钮的 CButton 类中的成员函数 SetCheck 和 GetCheck 就是分别用来设置或获取指定按钮的选中状态，其原型如下：

```
void SetCheck( int nCheck );
int GetCheck( ) const;
```

其中，nCheck 和 GetCheck 函数返回的值可以是：0（不选中）、1（选中）和 2（不确定，仅用于三态按钮）。

若对于同组多个单选按钮的选中状态设置或获取，则需要使用通用窗口类 CWnd 的成员函数 CheckRadioButton 和 GetCheckedRadioButton，它们的原型如下：

```
void CheckRadioButton( int nIDFirstButton, int nIDLastButton, int nIDCheckButton );
int GetCheckedRadioButton( int nIDFirstButton, int nIDLastButton );
```

其中，nIDFirstButton 和 nIDLastButton 分别指定同组单选按钮的第一个和最后一个按钮 ID 值，nIDCheckButton 用来指定要设置选中状态的按钮 ID 值，函数 GetCheckedRadioButton 返回被选中的按钮 ID 值。

11.2.3 示例：制作问卷调查

问卷调查是日常生活中经常遇到的调查方式。例如，图 11.10 就是一个问卷调查对话框，它针对"上网"话题提出了 3 个问题，每个问题都有 4 个选项，除最后一个问题外，其余都是单项选择。本例用到了组框、静态文本、单选按钮、复选框等控件。实现时，需要通过 CheckRadioButton 函数来设置同组单选按钮的最初选中状态，通过 SetCheck 来设置指定复选框的选中状态，然后 GetCheckedRadioButton 和 GetCheck 来判断被选中的单选按钮和复选框，并通过 GetDlgItemText 或 GetWindowText 获取选中控件的窗口文本。

【例 Ex_Research】制作问卷调查

（1）设计对话框

① 创建一个默认的基于对话框应用 Ex_Research。系统会自动打开对话框编辑器并显示对话框资源模板。单击对话框编辑器工具栏上的切换网格按钮▦，显示对话框网格。打开对话框属性对话框，将对话框标题改为"上网问卷调查"。

② 调整对话框大小（状态栏显示的大小为 ▦ 227×181），删除对话框中间的"TODO: 在这

里设置对话控制。"静态文本控件，将 [确定] 和 [取消] 按钮移至对话框的下方，并向对话框中添加组框（Group）控件，然后调整其大小和位置。

③ 右击添加的组框控件，从弹出的快捷菜单中选择"属性"菜单，出现该控件的属性对话框，在"常规"页面中可以看到它的 ID 为默认的 IDC_STATIC。将其"标题"（Caption）属性内容由"Static"改成"你的年龄"。在组框控件的"样式（Styles）"属性中，"水平排列"属性用来指定文本在顶部的左边（Left）、居中（Center）还是右边（Right）。默认（Default，缺省）选项表示左对齐。

④ 在组框内添加 4 个单选按钮，默认的 ID 依次为 IDC_RADIO1、IDC_RADIO2、IDC_RADIO3 和 IDC_RADIO4。在其属性对话框中将 ID 属性内容分别改成 IDC_AGE_L18、IDC_AGE_18T27、IDC_AGE_28T38 和 IDC_AGE_M38，然后将其"标题"（Caption）属性内容分别改成"< 18"、"18 – 27"、"28 – 38"和"> 38"，最后调整位置，结果如图 11.11 所示。

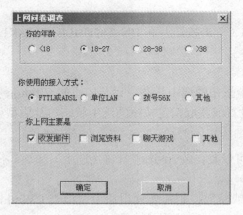

图 11.10　上网问卷调查对话框　　　　图 11.11　添加的组框和单选按钮

⑤ 接下来添加一个静态文本，标题设为"你使用的接入方式："，然后在其下再添加 4 个单选按钮，标题分别是"FTTL 或 ADSL"、"单位 LAN"、"拨号 56K"和"其他"，并将相应的 ID 属性依次改成：IDC_CM_FTTL、IDC_CM_LAN、IDC_CM_56K 和 IDC_CM_OTHER。用对话框编辑器工具栏的按钮命令调整控件左右之间的间距，结果如图 11.12 所示。

⑥ 在对话框的下方，再添加一个组框控件，其标题为"你上网主要是"。然后添加 4 个复选框，其标题分别为"收发邮件"、"浏览资料"、"聊天游戏"和"其他"，ID 分别为 IDC_DO_POP、IDC_DO_READ、IDC_DO_GAME 和 IDC_DO_OTHER。结果如图 11.13 所示。

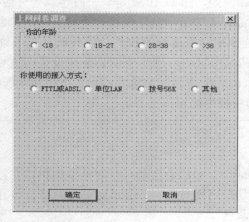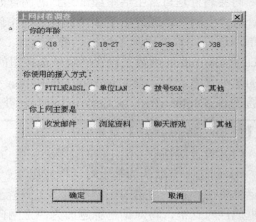

图 11.12　再添加单选框图　　　　　　图 11.13　三个问题全部添加后的对话框

⑦ 单击工具栏上的测试对话框按钮。对话框测试后，可以发现：顺序添加的这 8 个单选按钮全部变成一组，也就是说，在这组中只有一个单选按钮被选中，这不符合本意。解决这个问题的最好的办法是将每一组中的第 1 个单选按钮的"组"（Group）属性选中。因此，分别将以上 2 个问题中的第 1 个单选按钮的"组"（Group）属性均选中。如图 11.14 所示是对第 2 个问题设置的结果。

图 11.14 选中"Group"属性

⑧ 单击对话框编辑器工具栏上的切换辅助线按钮，然后将对话框中的控件调整到辅助线以内，并适当对其他控件进行调整。这样，整个问卷调查的对话框就设计好了，单击工具栏上的按钮测试对话框。

（2）完善代码

① 将项目工作区切换到 ClassView 页面，展开 CEx_ResearchDlg 类的所有成员，双击 OnInitDialog 函数节点，将会在文档窗口中自动定位到该函数的实现代码处，在此函数添加下列初始化代码：

```
BOOL CEx_ResearchDlg::OnInitDialog()
{
    CDialog::OnInitDialog();
    //...
        CheckRadioButton(IDC_AGE_L18, IDC_AGE_M38, IDC_AGE_18T27);
        CheckRadioButton(IDC_CM_FTTL, IDC_CM_OTHER, IDC_CM_FTTL);
        CButton* pBtn = (CButton*)GetDlgItem(IDC_DO_POP);
        pBtn->SetCheck(1);          // 使"收发邮件"复选框选中
    return TRUE;  // return TRUE unless you set the focus to a control
}
```

② 用 MFC ClassWizard 为 CEx_ResearchDlg 类添加 IDOK 按钮的 BN_CLICKED 消息映射，并添加下列代码：

```
void CEx_ResearchDlg::OnOK()
{
    CString str, strCtrl;   // 定义两个字符串变量，CString 是操作字符串的 MFC 类
    // 获取第一个问题的用户选择
    str = "你的年龄: ";
    UINT nID = GetCheckedRadioButton( IDC_AGE_L18, IDC_AGE_M38);
    GetDlgItemText(nID, strCtrl);       // 获取指定控件的标题文本
    str = str + strCtrl;
    // 获取第二个问题的用户选择
    str = str + "\n 你使用的接入方式: ";
    nID = GetCheckedRadioButton( IDC_CM_FTTL, IDC_CM_OTHER);
    GetDlgItemText(nID, strCtrl);       // 获取指定控件的标题文本
    str = str + strCtrl;
    // 获取第三个问题的用户选择
    str = str + "\n 你上网主要是: \n";
    UINT  nCheckIDs[4]  =  {IDC_DO_POP,  IDC_DO_READ,  IDC_DO_GAME,
IDC_DO_OTHER};
    CButton* pBtn;
    for (int i=0; i<4; i++)
    {
        pBtn = (CButton*)GetDlgItem(nCheckIDs[i]);
        if ( pBtn->GetCheck() ) {
            pBtn->GetWindowText( strCtrl );
            str = str + strCtrl;
            str = str + "  ";
        }
    }
    MessageBox( str );
```

```
            CDialog::OnOK();
}
```

代码中，GetDlgItemText 是 CWnd 类成员函数，用来获得对话框（或其它窗口）中指定控件的窗口文本。在单选按钮和复选框中，控件的窗口文本就是它们的标题属性内容。该函数有两个参数，第一个参数用来指定控件的标识，第二个参数是返回的窗口文本。后面的函数 GetWindowText 的作用与 GetDlgItemText 相同，也是获取窗口的文本内容。不过，GetWindowText 使用更加广泛，要注意这两个函数在使用上的不同。

图 11.15 显示选择的内容

③ 编译并运行，出现"上网问卷调查"对话框，当回答问题后，按 确定 按钮，出现如图 11.15 所示的消息对话框，显示选择的结果内容。

11.3 编辑框和旋转按钮

编辑框（ab）是一个让用户从键盘输入和编辑文本的矩形窗口，可以通过它很方便地输入各种文本、数字或者口令，也可使用它来编辑和修改简单的文本内容。当编辑框被激活且具有输入焦点时，就会出现一个闪动的插入符（又可称为文本光标），表明当前插入点的位置。

11.3.1 编辑框

用对话框编辑器可以方便地设置编辑框的属性和样式，如图 11.16 所示。表 11.2 还列出其中各项的含义。

需要注意的是，多行编辑框具有简单文本编辑器的常用功能，例如它可以有滚动条等。而单行编辑框功能较简单，它仅用于单行文本的显示和操作。当编辑框的文本修改或者被滚动时，会向其父窗口发送一些消息，如表 11.3 所示。

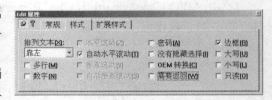

图 11.16 编辑框的属性对话框

表 11.2 编辑框的"样式"（Style）属性

项 目	说 明
排列文本（Align text）	各行文本对齐方式：Left、Center、Right，默认时为 Left
多行（Multiline）	选中时为多行编辑框，否则为单行编辑框
数字（Number）	选中时控件只能输入数字
水平滚动（Horizontal scroll）	水平滚动，仅对多行编辑框有效。
自动水平滚动（Auto HScroll）	当用户在行尾键入一个字符时，文本自动向右滚动。
垂直滚动（Vertical scroll）	垂直滚动，仅对多行编辑框有效
自动垂直滚动（Auto VScroll）	当用户在最后一行按 ENTER 键时，文本自动向上滚动一页，仅对多行编辑框有效
密码（Password）	选中时，键入编辑框的字符都将显示为"*"，仅对单行编辑框有效
没有隐藏选择（No hide selection）	通常情况下，当编辑框失去键盘焦点时，被选择的文本仍然反色显示。选中时，则不具备此功能

项　　目	说　　明
OEM 转换（OEM convert）	选中时，实现对特定字符集的字符转换
需要返回（Want return）	选中时，用户按下 ENTER 键，编辑框中就会插入一个回车符
边框（Border）	选中时，在控件的周围存在边框
大写（Uppercase）	选中时，键入在编辑框的字符全部转换成大写形式
小写（Lowercase）	选中时，键入在编辑框的字符全部转换成小写形式
只读（Read-Only）	选中时，防止用户键入或编辑文本

表 11.3　编辑框的通知消息

通 知 消 息	说　　明
EN_CHANGE	当编辑框中的文本已被修改，在新的文本显示之后发送此消息
EN_HSCROLL	当编辑框的水平滚动条被使用，在更新显示之前发送此消息
EN_KILLFOCUS	编辑框失去键盘输入焦点时发送此消息
EN_MAXTEXT	文本数目到达了限定值时发送此消息
EN_SETFOCUS	编辑框得到键盘输入焦点时发送此消息
EN_UPDATE	编辑框中的文本已被修改，新的文本显示之前发送此消息。
EN_VSCROLL	当编辑框的垂直滚动条被使用，在更新显示之前发送此消息。

由于编辑框的形式多样，用途各异，因此下面针对编辑框的不同用途，分别介绍一些常用操作，以实现一些基本功能。

（1）口令设置

口令设置在编辑框中不同于一般的文本编辑框，用户输入的每个字符都被一个特殊的字符代替显示，这个特殊的字符称为口令字符。默认的口令字符是"*"，应用程序可以用成员函数 CEdit::SetPasswordChar 来定义自己的口令字符，其函数原型如下：

```
void SetPasswordChar( TCHAR ch );
```

其中，参数 ch 表示设定的口令字符；当 ch = 0 时，编辑框内将显示实际字符。

（2）获取编辑框文本

获取编辑框控件的文本的最简单的方法是使用 DDX/DDV，当将编辑框控件所关联的变量类型选定为 CString 后，则不管编辑框的文本有多少都可用此变量来保存，从而能简单地解决编辑框文本的读取。

11.3.2　旋转按钮

"旋转按钮控件"（ ⬍ ，也称为上下控件）是一对箭头按钮。用户点击它们来增加或减小某个值，比如一个滚动位置或显示在相应控件中的一个数字。

一个旋转按钮控件通常是与一个相伴的控件一起使用的，这个控件称为"伙伴窗口"。若相伴的控件的 Tab 键次序刚好在旋转按钮控件的前面，则这时的旋转按钮控件可以自动定位在它的伙伴窗口的旁边，看起来就像一个单一的控件。通常，将一个旋转按钮控件与一个编辑框一起使用，以提示用户进行数字输入。点击向上箭头使当前位置向最大值方向移动，而点击向下箭头使当前位置向最小值的方向移动。如图 11.17 所示。

默认时，旋转按钮控件的最小值是 100，最大值是 0。当点击向上箭头减少数值，而点击向下箭头则增加它，这看起来就象颠倒一样，因此还需使用 CSpinButtonCtrl::SetRange 成员函数来改变其最大和最小值。但在使用时不要忘记在旋转按钮控件属性对话框中应选中"自动伙伴（Auto buddy）"，若还选中"设置结伴整数（Set buddy integer）"属性，则伙伴窗口的数值将自动改变。

（1）旋转按钮控件常用的样式

旋转按钮控件有许多样式，它们都可以通过旋转按钮控件属性对话框进行设置，如图 11.18 所示，其中各项的含义见图11.4。

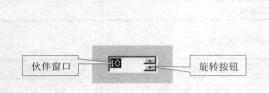

图 11.17　旋转按钮控件及其伙伴窗口 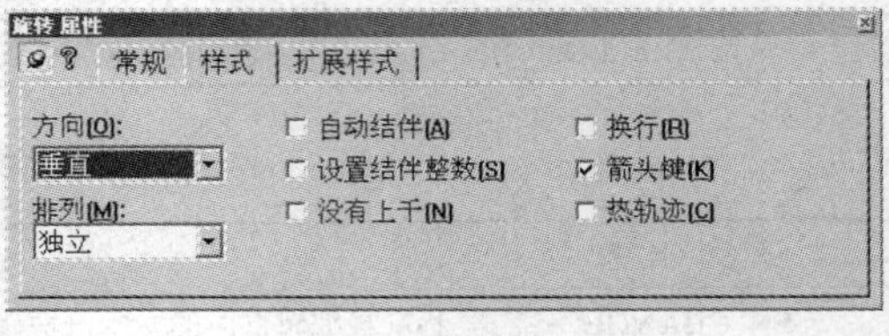　　　　图 11.18　旋转按钮控件属性对话框

图 11.4　旋转按钮控件的"样式"（Style）属性

项　　目	说　　明
方向（Orientation）	控件放置方向：Vertical（垂直）、Horizontal（水平）
排列（Alignment）	控件在伙伴窗口的位置安排：Unattached（不相干）、Right（右边）、Left（左边）
自动结伴（Auto buddy）	选中此项，自动选择一个 Z-order 中的前一个窗口作为控件的伙伴窗口
自动结伴整数（Set buddy integer）	选中此项，使控件设置伙伴窗口数值，这个值可以是十进制或十六进制
没有上千（No thousands）	选中此项，不在每隔三个十进制数字的地方加上千分隔符
换行（Wrap）	选中此项，当增加或减小的数值超出范围，则从最小值或最大值开始回绕
箭头键（Arrow keys）	选中此项，当按下向上和向下方向键时，也能增加或减小
热轨迹（Hot track）	选中此项，当光标移过控件时，突出显示控件的上下按钮

（2）旋转按钮控件的基本操作

MFC 的 CSpinButtonCtrl 类提供了旋转按钮控件的各种操作函数，使用它们可以进行基数（SetBase）、范围、位置设置和获取等基本操作。

成员函数 SetPos 和 SetRange 分别用来设置旋转按钮控件的当前位置和范围，它们的函数原型如下：

```
int SetPos( int nPos );
void SetRange( int nLower, int nUpper );
```

其中，参数 nPos 表示控件的新位置，它必须在控件的上限和下限指定的范围之内。nLower 和 nUpper 表示控件的上限和下限。与这两个函数相对应的成员函数 GetPos 和 GetRange 分别用来获取旋转按钮控件的当前位置和范围。

（3）旋转按钮控件的通知消息

旋转按钮控件的通知消息只有一个：UDN_DELTAPOS，它是在当控件的当前数值将要改变时向其父窗口发送的。

11.3.3　示例：学生成绩输入

在一个简单的学生成绩结构中，常常有学生的姓名、学号以及三门成绩等内容。为了能够输入这些数据，需要设计一个对话框，如图 11.19 所示。本例将用到静态文本、编辑框、旋转按钮控件等控件。实现时，最关键的是如何将编辑框设置成旋转按钮控件的伙伴窗口。

【例 Ex_Input】用对话框输入学生成绩

（1）设计对话框

① 创建一个默认的基于对话框应用 Ex_Input。系统会自动打开对话框编辑器并显示对话框资源模板。单击对话框编辑器工具栏上的切换网格按钮 ▦，显示对话框网格。打开对话框属性对话框，将对话框标题改为"学生成绩输入"。

② 删除对话框中间的"TODO：在这里设置对话控制。"静态文本控件，将 ▭确定▭ 和 ▭取消▭ 按钮移至对话框的下方，并向对话框中添加水平蚀刻线。调整对话框大小（状态栏显示的大小为 ▭ 142 × 149），向对话框添加如表 11.5 所示的控件，调整控件位置，结果如图 11.20 所示。

图 11.19　学生成绩输入对话框

图 11.20　设计的学生成绩输入对话框

表 11.5　学生成绩输入对话框添加的控件

添加的控件	ID 号	标　题	其　他　属　性
编辑框	IDC_EDIT_NAME	——	默认
编辑框	IDC_EDIT_NO	——	默认
编辑框	IDC_EDIT_S1	——	默认
旋转按钮控件	IDC_SPIN_S1	——	自动结伴，设置结伴整数，靠右排列
编辑框	IDC_EDIT_S2	——	默认
旋转按钮控件	IDC_SPIN_S2	——	自动结伴，设置结伴整数，靠右排列
编辑框	IDC_EDIT_S3	——	默认
旋转按钮控件	IDC_SPIN_S3	——	自动结伴，设置结伴整数，靠右排列

表格中 ID、标题和其他属性均是通过控件的属性对话框进行设置的，凡是"默认"属性均为保留属性对话框中的默认设置。

本书约定： 由于控件的添加、布局和属性设置的方法以前已详述过，为了节约篇幅，这里用表格形式列出所要添加的控件，并且因默认静态文本控件的"标题"属性内容可从对话框直接看出，因此不在表中列出。

---

③ 选择"布局"→"Tab 次序"菜单命令，或按快捷键【Ctrl+D】，此时每个控件的左上方都有一个数字，表明了当前 Tab 键次序，这个次序就是在对话框显示时按 Tab 键所选择控件的次序。

④ 单击对话框中的控件，重新设置控件的 Tab 键次序，以保证旋转按钮控件的 Tab 键次序在相对应的编辑框（伙伴窗口）之后，结果如图 11.21 所示，单击对话框或按 Enter 键结束 Tab Order 方式。

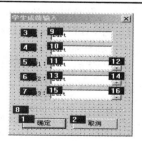

图 11.21　改变控件的 Tab 键次序

⑤ 打开 MFC ClassWizard，在 Member Variables 页面中确定 Class name 中是否已选择了 CInputDlg，选中所需的控件 ID 号，双击鼠标或单击 Add Variables 按钮。依次为表 11.6 控件增加成员变量。

表 11.6 控件变量

控件 ID 号	变量类别	变量类型	变量名	范围和大小
IDC_EDIT_NAME	Value	CString	m_strName	20
IDC_EDIT_NO	Value	CString	m_strNO	20
IDC_EDIT_S1	Value	float	m_fScore1	0.0 ~ 100.0
IDC_SPIN_S1	Control	CSpinButtonCtrl	m_spinScore1	——
IDC_EDIT_S2	Value	float	m_fScore2	0.0 ~ 100.0
IDC_SPIN_S2	Control	CSpinButtonCtrl	m_spinScore2	——
IDC_EDIT_S3	Value	float	m_fScore3	0.0 ~ 100.0
IDC_SPIN_S3	Control	CSpinButtonCtrl	m_spinScore3	——

（2）添加代码

① 定位到 CEx_InputDlg::OnInitDialog 函数，在"return TRUE；"前添加下列代码：

```
BOOL CEx_InputDlg::OnInitDialog()
{
    CDialog::OnInitDialog();
    // …
        m_spinScore1.SetRange( 0, 100 );
        m_spinScore2.SetRange( 0, 100 );
        m_spinScore3.SetRange( 0, 100 );
    return TRUE;
}
```

② 用 MFC ClassWizard 为 CEx_InputDlg 类增加 IDC_SPIN_S1 控件的 UDN_DELTAPOS 消息映射，并添加下列代码：

```
void CEx_InputDlg::OnDeltaposSpinS1(NMHDR* pNMHDR, LRESULT* pResult)
{
    NM_UPDOWN* pNMUpDown = (NM_UPDOWN*)pNMHDR;
        UpdateData(TRUE);                     // 将控件的内容保存到变量中
        m_fScore1 += (float)pNMUpDown->iDelta * 0.5f;
        if (m_fScore1<0.0)      m_fScore1 = 0.0f;
        if (m_fScore1>100.0)    m_fScore1 = 100.0f;
        UpdateData(FALSE);                    // 将变量的内容显示在控件中
    *pResult = 0;
}
```

代码中，LPNMUPDOWN 是 NMUPDOWN 结构指针类型，NMUPDOWN 结构用于反映旋转控件的当前位置（由成员 iPos 指定）和增量大小（由成员 iDelta 指定）。

③ 同样，为 CEx_InputDlg 类增加 IDC_SPIN_S2 和 IDC_SPIN_S3 控件的 UDN_DELTAPOS 消息映射，并在映射函数类似添加对 m_fScore2 和 m_fScore3 处理的代码。

④ 用 MFC ClassWizard 为 CEx_InputDlg 类添加 IDOK 按钮的 BN_CLICKED 消息映射，并添加下列代码：

```
void CEx_InputDlg::OnOK()
{
        UpdateData(TRUE);                     // 将控件的内容保存到变量中
        CString str;
        str.Format("%s, %s, %4.1f, %4.1f, %4.1f",
            m_strName, m_strNo,        m_fScore1, m_fScore2, m_fScore3 );
        MessageBox(str);
    CDialog::OnOK();
}
```

代码中，Format 是 CString 类的一个经常使用的成员函数，它通过格式操作使任意类型的数据转换成一个字符串。该函数的第一个参数是带格式的字符串，其中的"%s"就是一个格式符，每一个格式符依次对应于该函数的后面参数表中的参数项。例如格式字符串中第一个 %s 对应于 dlg.m_strName。CString 类的 Format 和 C 语言库函数 printf 十分相似。

⑤ 编译运行并测试。

11.4 列表框

列表框（⊞）是一个列有许多项目让用户选择的控件。它与单选按钮组或复选框组一样，都可让用户在其中选择一个或多个项，但不同的是，列表框中项的数目是可灵活变化的，程序运行时可往列表框中添加或删除某些项。并且，当列表框中项的数目较多，而不能一次全部显示时，还可以自动提供滚动条来让用户浏览其余的列表项。

11.4.1 列表框样式和消息

按性质来分，列表框有单选、多选、扩展多选以及非选 4 种类型，如图 11.22 所示。默认样式下的单选列表框一次只能选择一个项，多选列表框一次选择几个项，而扩展多选列表框允许用鼠标拖动或其它特殊组合键进行选择，非选列表框则不提供选择功能。

列表框还有一系列其它样式，用来定义列表框的外观及操作方式，这些样式可在如图 11.23 所示的列表框属性对话框中设置。表 11.7 列出样式（Style）各项的含义。

图 11.22　不同类型的列表框

图 11.23　列表框的属性对话框

表 11.7　列表框的"样式"（Style）属性

项　　目	说　　明
选择（Selection）	指定列表框的类型：单选（Single）、多选（Multiple）、扩展多选（Extended）、不选（None）
所有者绘制（Owner draw）	自画列表框，默认为 No
有字符串（Has strings）	选中时，在自画列表框中的项目中含有字符串文本
边框（Border）	选中时，使列表框含有边框
排序（分类）（Sort）	选中时，列表框的项目按字母顺序排列
通知（Notify）	选中时，当用户对列表框操作，就会向父窗口发送通知消息
多列（Multi-column）	选中时，指定一个具有水平滚动的多列列表框
水平滚动（Horizontal scroll）	选中时，在列表框中创建一个水平滚动条
垂直滚动（Vertical scroll）	选中时，在列表框中创建一个垂直滚动条
不刷新屏幕（No redraw）	选中时，列表框发生变化后不会自动重画
使用制表站（位）（Use tabstops）	选中时，允许使用停止位来调整列表项的水平位置

项　　目	说　　明
需要键输入（Want key input）	选中此项，当用户按键且列表框有输入焦点时，就会向列表框的父窗口发送相应消息
禁止不滚动（Disable no scroll）	选中时，即使列表框的列表项能全部显示，垂直滚动条也会显示，但此时是禁用的（灰显）
没有完整高度（No integral height）	选中时，在创建列表框的过程中，系统会把用户指定的尺寸完全作为列表框的尺寸，而不管是否会有项目在列表框不能完全显示出来

当列表框中发生了某个动作，如双击选择了列表框中某一项时，列表框就会向其父窗口发送一条通知消息。常用的通知消息如表 11.8 所示。

表 11.8　列表框的通知消息

通 知 消 息	说　　明
LBN_DBLCLK	用户双击列表框的某项字符串时发送此消息
LBN_KILLFOCUS	列表框失去键盘输入焦点时发送此消息
LBN_SELCANCEL	当前选择项被取消时发送此消息
LBN_SELCHANGE	列表框中的当前选择项将要改变时发送此消息
LBN_SETFOCUS	列表框获得键盘输入焦点时发送此消息

11.4.2　列表框基本操作

当列表框创建之后，往往要添加、删除、改变或获取列表框中的列表项，这些操作都可以调用 MFC 封装 CListBox 类的成员函数来实现。

要注意的是：列表框的项除了用字符串来标识外，还常常通过索引来确定。索引表明项目在列表框中排列的位置，它是以 0 为基数的，即列表框中第 1 项的索引是 0，第 2 项的索引是 1，依次类推。

（1）添加列表项

列表框创建时是一个空的列表，需要用户添加或插入一些列表项。CListBox 类成员函数 AddString 和 InsertString 分别用来向列表框增加列表项，其函数原型如下：

```
int AddString( LPCTSTR lpszItem );
int InsertString( int nIndex, LPCTSTR lpszItem );
```

其中，列表项的字符串文本由参数 pszItem 来指定。这两个函数成功调用时都将返回列表项在列表框的索引，错误时返回 LB_ERR，空间不够时返回 LB_ERRSPACE。但 InsertString 函数不会对列表项进行排序，不管列表框是否具有"排序（分类）（sort）"属性，只是将列表项插在指定索引的列表项之前，若 nIndex 等于-1，则列表项添加在列表框末尾。而 AddString 函数当列表框控件具有"排序（分类）（sort）"属性时会自动将添加的列表项进行排序。

上述两个函数只能将字符串增加到列表框中，但有时用户还会需要根据列表项使用其他数据。这时，就需要调用 CListBox 的 SetItemData 和 SetItemDataPtr，它们能使用户数据和某个列表项关联起来。

```
int SetItemData( int nIndex, DWORD dwItemData );
int SetItemDataPtr( int nIndex, void* pData );
```

其中，SetItemData 是将一个 32 位数与某列表项（由 nIndex 指定）关联起来，而 SetItemDataPtr 可以将用户的数组、结构体等大量的数据与列表项关联。若有错误产生时，两个函数都将返回 LB_ERR。

与上述函数相对应的两个函数 GetItemData 和 GetItemDataPtr 分别用来获取相关联的用户数据。

（2）删除列表项

CListBox 类成员函数 DeleteString 和 ResetContent 分别用来删除指定的列表项和清除列表框所有项目。它们的函数原型如下：

```
int DeleteString( UINT nIndex );          // nIndex 指定要删除的列表项的索引
void ResetContent( );
```

需要注意的是，若在添加列表项时使用 SetItemDataPtr 函数，不要忘记在进行删除操作时及时将关联数据所占的内存空间释放出来。

（3）查找列表项

为了保证列表项不会重复地添加在列表框中，有时还需要对列表项进行查找。CListBox 类成员函数 FindString 和 FindStringExact 分别用来在列表框中查找所匹配的列表项。其中，FindStringExact 的查找精度最高。

```
int FindString( int nStartAfter, LPCTSTR lpszItem ) const;
int FindStringExact( int nIndexStart, LPCTSTR lpszFind ) const;
```

其中，lpszFind 和 lpszItem 指定要查找的列表项文本，nStartAfter 和 nIndexStart 指定查找的开始位置，若为-1，则从头至尾查找。查到后，这两个函数都将返回所匹配列表项的索引，否则返回 LB_ERR。

（4）列表框的单项选择

当选中列表框中某个列表项时，可使用 CListBox::GetCurSel 来获取这个结果，与该函数相对应的 CListBox::SetCurSel 函数是用来设定某个列表项呈选中状态（高亮显示）。

```
int GetCurSel( ) const;               // 返回当前选择项的索引
int SetCurSel( int nSelect );
```

其中，nSelect 指定要设置的列表项索引，错误时这两个函数都将返回 LB_ERR。

若要获取某个列表项的字符串，可使用下列函数：

```
int GetText( int nIndex, LPTSTR lpszBuffer ) const;
void GetText( int nIndex, CString& rString ) const;
```

其中，nIndex 指定列表项索引，lpszBuffer 和 rString 是用来存放列表项文本。

11.4.3　示例：城市邮政编码

在一组城市邮政编码中，城市名和邮政编码是一一对应的。为了能添加和删除城市邮政编码列表项，需要设计一个这样的对话框，如图 11.24 所示。

单击 添加 按钮，将城市名和邮政编码添加到列表框中，为了使添加不重复，还要进行一些判断操作，单击列表框的城市名，将在编辑框中显示出城市名和邮政编码，单击 删除 按钮，删除当前的列表项。实现本例有两个要点：一是在添加时需要通过 FindString 或 FindStringExact 来判断添加的列表项是否重复，然后通过 SetItemData 将邮政编码（将它视为一个 32 位整数）与列表项关联起来；二是由于删除操作是针对当前选中的列表项的，如果当前没有选中的列表项则应通过 EnableWindow(FLASE)使 删除 按钮灰显，即不能单击它。

【例 Ex_City】城市邮政编码对话框

（1）设计对话框

① 创建一个默认的基于对话框应用 Ex_City。系统会自动打开对话框编辑器并显示对话框资源模板。单击对话框编辑器工具栏上的切换网格按钮 ，显示对话框网格。打开对话框属性对话框，将对话框标题改为"城市邮政编码"。

② 删除 [取消] 按钮和对话框中间的"TODO：在这里设置对话控制。"静态文本控件，将 [确定] 按钮标题改为"退出"，然后调整对话框大小（ [232×95] ）。向对话框添加如表 11.9 所示的控件，调整控件位置，结果如图 11.25 所示。

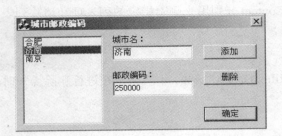

图 11.24　城市邮政编码

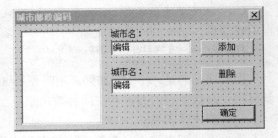

图 11.25　设计的城市邮政编码对话框

表 11.9　城市邮政编码对话框添加的控件

添加的控件	ID 号	标　题	其 他 属 性
列表框	IDC_LIST1	——	默认
编辑框(城市名)	IDC_EDIT_CITY	——	默认
编辑框(邮政编码)	IDC_EDIT_ZIP	——	默认
按钮(添加)	IDC_BUTTON_ADD	添加	默认
按钮(修改)	IDC_BUTTON_DEL	修改	默认

（2）完善 CCityDlg 类代码

① 打开 ClassWizard 的 Member Variables 页面，看看 Class name 是否是 CCityDlg，然后选中所需的控件 ID 号，双击鼠标或单击 Add Variables 按钮，依次添加下列控件变量。如表 11.10 所示。

表 11.10　控件变量

控件 ID 号	变 量 类 别	变 量 类 型	变 量 名	范围和大小
IDC_LIST1	Control	CListBox	m_ListBox	——
IDC_EDIT_CITY	Value	CString	m_strCity	40
IDC_EDIT_ZIP	Value	DWORD	m_dwZipCode	100000~999999

② 将项目工作区切换到 ClassView 页面，右击 CCityDlg 类名，从弹出的快捷菜单中选择"Add Member Function"，弹出 "添加成员函数"对话框，在"函数类型"（Function Type）框中输入 BOOL，在"函数描述（声明）"（Function Declaration）框中输入 IsValidate，单击 [确定] 按钮。

③ 在 CCityDlg::IsValidate 函数中输入下列代码：

```
BOOL CCityDlg::IsValidate()
{
    UpdateData();
    m_strCity.TrimLeft();
    if (m_strCity.IsEmpty()) {
        MessageBox("城市名输入无效！");
        return FALSE;
    }
    return TRUE;
}
```

IsValidate 函数的功能是判断城市名编辑框中的内容是否是有效的字符串。代码中，TrimLeft 是 CString 类的一个成员函数，用来去除字符串左边的空格。

④ 打开 MFC ClassWizard，切换到 Messsage Maps 页面，为对话框添加 WM_INITDIALOG 消息映射，并加下列代码：

```
BOOL CCityDlg::OnInitDialog()
{
    CDialog::OnInitDialog();
        m_dwZipCode = 100000;                    // 设置初始的邮政编码
        UpdateData( FALSE );                     // 将邮政编码显示在控件中
        GetDlgItem(IDC_BUTTON_DEL)->EnableWindow( FALSE );
    return TRUE; // return TRUE unless you set the focus to a control
}
```

⑤ 打开 MFC ClassWizard，切换到 Messsage Maps 页面，为按钮 IDC_BUTTON_ADD 添加 BN_CLICKED 的消息映射，并增加下列代码：

```
void CCityDlg::OnButtonAdd()
{
        if (!IsValidate()) return;
        int nIndex = m_ListBox.FindStringExact( -1, m_strCity );
        if (nIndex != LB_ERR ){
            MessageBox("该城市已添加！");
            return;
        }
        nIndex = m_ListBox.AddString( m_strCity );
        m_ListBox.SetItemData( nIndex, m_dwZipCode );
}
```

⑥ 用 MFC ClassWizard 为按钮 IDC_BUTTON_DEL 添加 BN_CLICKED 的消息映射，并增加下列代码：

```
void CCityDlg::OnButtonDel()
{
        int nIndex = m_ListBox.GetCurSel();
        if (nIndex != LB_ERR ){
            m_ListBox.DeleteString( nIndex );
        } else
            GetDlgItem(IDC_BUTTON_DEL)->EnableWindow( FALSE );
}
```

⑦ 用 MFC ClassWizard 为列表框 IDC_LIST1 添加 LBN_SELCHANGE（当前选择项发生改变发生的消息）的消息映射，并增加下列代码。这样，当单击列表框的城市名时，将会在编辑框中显示出城市名和邮政编码。

```
void CCityDlg::OnSelchangeList1()
{
        int nIndex = m_ListBox.GetCurSel();
        if (nIndex != LB_ERR ){
            m_ListBox.GetText( nIndex, m_strCity );
            m_dwZipCode = m_ListBox.GetItemData( nIndex );
            UpdateData( FALSE );          // 使用当前列表项所关联的内容显示在控件上
            GetDlgItem(IDC_BUTTON_DEL)->EnableWindow( TRUE );
        }
}
```

⑧ 编译运行并测试。

11.5 组合框

作为用户输入的接口，前面的列表框和编辑框各有其优点。例如，列表框中可以列出所需的各种可能的选项，这样一来，不需要记住这些项，只需进行选择操作即可，但却不能输入列表框中列表项之外的内容。虽然编辑框能够允许输入内容，但却没有列表框的选择操作。于是很自然地产生这样的想法：把常用的项列在列表框中以供选择，而同时提供编辑框，允许输入列表框中所没有的新项。组合框正是这样的一种控件，它结合列表框和编辑框的特点，取二者之长，从而完成较为复杂的输入功能。

11.5.1　组合框样式和消息

按照组合框的主要样式特征，可把组合框分为三类：简单组合框、下拉式组合框、下拉式列表框。如图 11.26 所示。简单组合框和下拉式组合框都包含有列表框和编辑框，但是简单组合框中的列表框不需要下拉，是直接显示出来的，而当用户单击下拉式组合框中的下拉按钮时，下拉的列表框才被显示出来。下拉式列表框虽然具有下拉式的列表，却没有文字编辑功能。

组合框还有其他一些样式，这些样式可在如图 11.27 所示的组合框的属性对话框中设置。其各项含义见表 11.11。

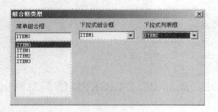

图 11.26　组合框的类型

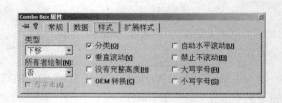

图 11.27　组合框的属性对话框

表 11.11　组合框的"样式"（Style）属性

项　目	说　明
类型（Type）	设置组合框的类型：Simple（简单）、Dropdown（下拉）、Drop List（下拉列表框）
所有者绘制（Owner draw）	自画组合框，默认为 No
有字符串（Has strings）	选中时，在自画组合框中的项目中含有字符串文本
排序（分类）（Sort）	选中时，组合框的项目按字母顺序排列
垂直滚动（Vertical scroll）	选中时，在组合框中创建一个垂直滚动条
没有完整高度（No integral height）	选中时，在创建组合框的过程中，系统会把用户指定的尺寸完全作为组合框的尺寸，而不管是否会有项目在组合框中的列表中不能完全显示出来
OEM 转换（OEM convert）	选中时，实现对特定字符集的字符转换
自动水平滚动（Auto HScroll）	当用户在行尾键入一个字符时，文本自动向右滚动。
禁止不滚动（Disable no scroll）	选中时，即使组合框的列表项能全部显示，垂直滚动条也会显示，但此时是禁用的（灰显）
大写字母（Uppercase）	选中时，键入在编辑框的字符全部转换成大写形式
小写字母（Lowercase）	选中时，键入在编辑框的字符全部转换成小写形式

需要说明的是，组合框属性对话框中，"数据"（Data）标签页面可以直接输入组合框的数据项，每输入一条数据项后，按【Ctrl+Enter】快捷键可继续输入下一条数据项。

在组合框的通知消息中，有的是列表框发出的，有的是编辑框发出的，如表 11.12 所示。

表 11.12　组合框的常用通知消息

通 知 消 息	说　　　明
CBN_DBLCLK	用户双击组合框的某项字符串时发送此消息
CBN_DROPDOWN	当组合框的列表打开时发送此消息
CBN_EDITCHANGE	同编辑框的 EN_CHANGE 消息
CBN_EDITUPDATE	同编辑框的 EN_UPDATE 消息
CBN_SELENDCANCEL	当前选择项被取消时发送此消息
CBN_SELENDOK	当用户选择一个项并按下 ENTER 键或单击下拉箭头（▼）隐藏列表框时发送此消息。
CBN_SELCHANGE	组合框中的当前选择项将要改变时发送此消息
CBN_SETFOCUS	组合框获得键盘输入焦点时发送此消息

11.5.2　组合框常见操作

组合框的操作大致分为两类，一类是对组合框中的列表框进行操作，另一类是对组合框中的编辑框进行操作。这些操作都可以调用 CComboBox 成员函数来实现，见表 11.13。

表 11.13　CComboBox 类常用成员函数

成 员 函 数	作　　用	说　　　明
int AddString(LPCTSTR lpszString);	向组合框添加字符串	错误时返回 CB_ERR；空间不够时，返回 CB_ERRSPACE
int DeleteString(UINT nIndex)	删除指定的索引项	返回剩下的列表项总数，错误时返回 CB_ERR
int InsertString(int nIndex, LPCTSTR lpszString)	在指定的位置处插入字符串，若 nIndex=-1 时，向组合框尾部添加	返回插入后索引，错误时返回 CB_ERR；空间不够时，返回 CB_ERRSPACE
void ResetContent();	删除组合框的全部项和编辑文本	
int FindString(int nStartAfter, LPCTSTR lpszString) const;	查找字符串	参数 1=搜索起始项的索引，-1 时从头开始，参数 2=被搜索字符串
int FindStringExact(int nIndexStart, LPCTSTR lpszFind) const;	精确查找字符串	返回匹配项的索引，错误时返回 CB_ERR
int SelectString(int nStartAfter, LPCTSTR lpszString);	选定指定字符串	返回选择项的索引，若当前选择项没有改变则返回 CB_ERR
int GetCurSel( ) const;	获得当前选择项的索引	当没有当前选择项时返回 CB_ERR
int SetCurSel(int nSelect);	设置当前选择项	参数为当前选择项的索引，−1 时，没有选择项。错误时返回 CB_ERR
int GetCount( ) const;	获取组合框的项数	错误时返回 CB_ERR
int SetItemData(int nIndex, DWORD dwItemData);	将一个 32 位值和指定列表项关联	错误时返回 CB_ERR
int SetItemDataPtr(int nIndex, void* pData);	将一个值的指针和指定列表项关联	错误时返回 CB_ERR
DWORD GetItemData(int nIndex) const;	获取和指定列表项关联的一个 32 位值	错误时返回 CB_ERR

成 员 函 数	作　用	说　明
void* GetItemDataPtr(int nIndex) const;	获取和指定列表项关联的一个值的指针	错误时返回-1
int GetLBText(int nIndex, LPTSTR lpszText); void GetLBText(int nIndex, CString& rString);	获取指定项的字符串	返回字符串的长度,若每一个参数无效时返回 CB_ERR
int GetLBTextLen(int nIndex) const;	获取指定项的字符串长度	若参数无效时返回 CB_ERR

由于组合框的一些编辑操作与编辑框 CEdit 的成员函数相似,如:GetEditSet、SetEditSel 等,因此这些成员函数没有在表中列出。

11.5.3　示例:城市邮编和区号

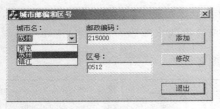

图 11.28　城市邮政编码和区号

前面【例 Ex_City】中,只是简单地涉及到城市名和邮政编码的对应关系。实际上,城市名还和区号一一对应,为此本例需要设计这样的对话框,如图 11.28 所示。单击 添加 按钮将城市名、邮政编码和区号添加到组合框中,在添加前同样需要进行重复性的判断。选择组合框中的城市名,将在编辑框中显示出邮政编码和区号,单击 修改 按钮,将以城市名作为组合框的查找关键字,找到后修改其邮政编码和区号内容。

实现本例最关键的技巧是如何使组合框中的项关联邮政编码和区号内容,这里先将邮政编码和区号变成一个字符串,中间用逗号分隔,然后通过 SetItemDataPtr 来将字符串和组合框中的项相关联。由于 SetItemDataPtr 关联的是一个数据指针,因此需要用 new 运算符为要关联的数据分配内存,同时在对话框即将关闭时,需要用 delete 运算符来释放组合框中的项所关联所有数据的内存空间。

【例 Ex_Zone】创建并使用城市邮政编码和区号对话框

(1)设计对话框

① 创建一个默认的基于对话框应用 Ex_Zone。系统会自动打开对话框编辑器并显示对话框资源模板。单击对话框编辑器工具栏上的切换网格按钮 ,显示对话框网格。打开对话框属性对话框,将对话框标题改为"城市邮编和区号"。

② 删除 取消 按钮和对话框中间的"TODO: 在这里设置对话控制。"静态文本控件,将 确定 按钮标题改为"退出",然后调整对话框大小(232 x 95)。参看图 11.28 的布局,向对话框添加如表 11.14 所示的控件。

表 11.14　城市邮政编码和区号对话框添加的控件

添加的控件	ID 号	标　题	其 他 属 性
组合框	IDC_COMBO1	——	默认
编辑框(邮政编码)	IDC_EDIT_ZIP	——	默认
编辑框(区号)	IDC_EDIT_ZONE	——	默认
按钮(添加)	IDC_BUTTON_ADD	添加	默认
按钮(修改)	IDC_BUTTON_CHANGE	修改	默认

需要说明的是，在组合框添加到对话框模板后，一定要单击组合框的下拉按钮（▼），然后调整出现的下拉框大小，如图 11.29 所示，否则组合框可能因为下拉框太小而无法显示其下拉列表项。

（2）完善代码

① 打开 MFC ClassWizard 对话框，切换到 Member Variables 页面，看看 Class name 是否是 CEx_ZoneDlg，然后选中所需的控件 ID 号，双击鼠标或单击 Add Variables 按钮。依次添加下列控件变量，如表 11.15 所示。

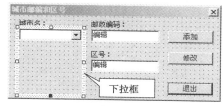

图 11.29　调整组合框的下拉框

表 11.15　控件变量

控件 ID 号	变量类别	变量类型	变量名	范围和大小
IDC_COMBO1	Control	CComboBox	m_ComboBox	——
IDC_COMBO1	Value	CString	m_strCity	20
IDC_EDIT_ZONE	Value	CString	m_strZone	10
IDC_EDIT_ZIP	Value	CString	m_strZip	6

② 将项目工作区切换到 ClassView 页面，右击 CEx_ZoneDlg 类名，从弹出的快捷菜单中选择"Add Member Function"，弹出"添加成员函数"对话框，在"函数类型"框中输入 BOOL，在"函数声明"框中输入 IsValidate，单击 确定 按钮。在 CEx_ZoneDlg::IsValidate 函数输入下列代码：

```
BOOL CEx_ZoneDlg::IsValidate()
{
        UpdateData();
        m_strCity.TrimLeft();
        if (m_strCity.IsEmpty()){
            MessageBox("城市名输入无效！");    return FALSE;
        }
        m_strZip.TrimLeft();
        if (m_strZip.IsEmpty()) {
            MessageBox("邮政编码输入无效！"); return FALSE;
        }
        m_strZone.TrimLeft();
        if (m_strZone.IsEmpty()){
            MessageBox("区号输入无效！");        return FALSE;
        }
        return TRUE;
}
```

③ 打开 MFC ClassWizard，切换到 Messsage Maps 页面，为按钮 IDC_BUTTON_ADD 添加 BN_CLICKED 的消息映射，并增加下列代码：

```
void CEx_ZoneDlg::OnButtonAdd()
{
        if (!IsValidate()) return;
        int nIndex = m_ComboBox.FindStringExact( -1, m_strCity );
        if (nIndex != CB_ERR ){
            MessageBox("该城市已添加！");              return;
        }
        nIndex = m_ComboBox.AddString( m_strCity );
        CString strData;
        strData.Format("%s,%s", m_strZip, m_strZone);
        // 将邮政编码和区号合并为一个字符串
        m_ComboBox.SetItemDataPtr( nIndex, new CString(strData) );
}
```

④ 用 MFC ClassWizard 为按钮 IDC_BUTTON_CHANGE 添加 BN_CLICKED 的消息映射，并增加下列代码：

```
void CEx_ZoneDlg::OnButtonChange()
{
        if (!IsValidate()) return;
        int nIndex = m_ComboBox.FindStringExact( -1, m_strCity );
        if (nIndex != CB_ERR ){
            delete (CString*)m_ComboBox.GetItemDataPtr( nIndex );
            CString strData;
            strData.Format("%s,%s", m_strZip, m_strZone);
            m_ComboBox.SetItemDataPtr( nIndex, new CString(strData) );
        }
}
```

⑤ 用 MFC ClassWizard 为组合框 IDC_COMBO1 添加 CBN_SELCHANGE（当前选择项发生改变时发出的消息）的消息映射，并增加下列代码：

```
void CEx_ZoneDlg::OnSelchangeCombo1()
{
        int nIndex = m_ComboBox.GetCurSel();
        if (nIndex != CB_ERR ){
            m_ComboBox.GetLBText( nIndex, m_strCity );
            CString strData;
            strData = *(CString*)m_ComboBox.GetItemDataPtr( nIndex );
            // 分解字符串
            int n = strData.Find(',');
            m_strZip = strData.Left( n );          // 前面的 n 个字符
            m_strZone = strData.Mid( n+1 );        // 从中间第 n+1 字符到末尾的字符串
            UpdateData( FALSE );
        }
}
```

⑥ 用 MFC ClassWizard 为对话框 CEx_ZoneDlg 添加 WM_DESTROY 的消息映射，并增加下列代码：

```
void CEx_ZoneDlg::OnDestroy()                    // 此消息是当对话框关闭时发送的
{
        for (int nIndex = m_ComboBox.GetCount()-1; nIndex>=0; nIndex--)
        {   // 删除所有与列表项相关联的 CString 数据，并释放内存
        delete (CString *)m_ComboBox.GetItemDataPtr(nIndex);
        }
    CDialog::OnDestroy();
}
```

需要说明的是，当对话框从屏幕消失后，对话框被清除时发送 WM_DESTROY 消息。在此消息的映射函数中添加一些对象删除代码，以便在对话框清除前有效地释放内存空间。

⑦ 编译运行并测试。

11.6 进展条和日历控件

进展条通常用来说明一个操作的进度，并在操作完成时从左到右填充进展条，这个过程可以让用户看到任务还有多少要完成。而日历控件可以允许用户选择日期和时间。特别地，还有一个与时间相关的"计时器"。

11.6.1 进展条

进展条（）是一个如图 11.30 所示的控件。除了能表示一个过程进展情况外，使用进展条还可表明温度、水平面或类似的测量值。

图 11.30　进展条

（1）进展条的样式。打开进展条的属性对话框，可以看到它的"样式"属性并不是很多。其中，"边框"（Border）用来指定进展条是否有边框，"垂直"（Vertical）用来指定进展是水平还是垂直的，若选中，则为垂直的。"平滑"（Smooth）表示平滑地填充进展条，若不选中则表示将用块来填充，就像图 11.30 所示的那样。

（2）进展条的基本操作。进展条的基本操作有：设置其范围、当前位置、设置增量等。这些操作都是通过 CProgressCtrl 类的相关成员函数来实现的。

```
int SetPos( int nPos );
int GetPos();
```

这两个函数分别用来设置和获取进展条的当前位置。需要说明的是，这个当前位置是指在 SetRange 中的上限和下限范围之间的位置。

```
void SetRange( short nLower, short nUpper );
void SetRange32(int nLower, int nUpper );
void GetRange( int & nLower, int& nUpper );
```

它们分别用来设置和获取进展条范围的上限和下限值。一旦设置后，还会重画此进展条来反映新的范围。成员函数 SetRange32 为进展条设置 32 位的范围。参数 nLower 和 nUpper 分别表示范围的下限（默认值为 0）和上限（默认值为 100）。

```
int SetStep( int nStep );
```

该函数用来设置进展条的步长并返回原来的步长，默认步长为 10。

```
int StepIt();
```

该函数将当前位置向前移动一个步长并重画进展条以反映新的位置。函数返回进展条上一次的位置。

11.6.2 日历控件

日历控件（），又称日期时间拾取控件（简称 DTP 控件），是一个组合控件，它由编辑框和一个下拉按钮组成，单击控件的右边的下拉按钮，即可弹出日历控件可供用户选择日期，如图 11.31 所示。

日期时间有许多样式，这些样式用来定义日期时间控件的外观及操作方式，它们可以在日期时间控件属性对话框中进行设置，如图 11.32 所示。表 11.16 列出其各项含义。

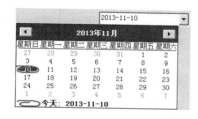

图 11.31　日期时间控件

图 11.32　日期时间控件属性对话框

表 11.16　日期时间控件的"样式"（Style）属性

项　　目	说　　明
格式（Format）	日期时间控件的格式有：短日期（Short Date）、长日期（Long Date）、时间（Time）
靠右排列（Right Align）	下拉月历右对齐控件
使用旋转控件（Use Spin Control）	选中此项，在控件的右边出现一个旋转按钮用来调整日期。否则，控件的右边是一个下拉按钮用来弹出月历
显示没有（Show None）	选中此项，日期前面显示一个复选框，当用户选中复选框时，方可键入或选择一个日期
允许编辑（Allow Edit）	选中此项，日期和时间允许在编辑框中直接更改

在 MFC 中，CDateTimeCtrl 类环封装了 DTP 控件的操作，一般来说，用户最关心地是如何设置和获取日期时间控件的日期或时间。CDateTimeCtrl 类的成员函数 SetTime 和 GetTime 可以满足这样的要求，它们最常用的函数原型如下：

```
BOOL SetTime( const CTime* pTimeNew );
BOOL SetTime( const COleDateTime& timeNew );
DWORD GetTime( CTime& timeDest ) const;
BOOL GetTime( COleDateTime& timeDest ) const;
```

其中，COleDateTime 和 CTime 都是 Visual C++用于时间操作的类。COleDateTime 类封装了在 OLE 自动化中使用的 DATE 数据类型，它是 OLE 自动化的 VARIANT 数据类型转化成 MFC 日期时间的一种最有效类型，使用时要在加上头文件 afxdisp.h 包含。而 CTime 类是对 ANSI time_t 数据类型的一种封装。这两个类都有同名的静态函数 GetCurrentTime 用来获取当前的时间和日期。

11.6.3　计时器

严格来说，计时器不是一个控件，它实质好比一个输入设备。它周期性地按一定的时间间隔向应用程序发送 WM_TIMER 消息，由于它能实现"实时更新"以及"后台运行"等功能，因而在应用程序中计时器是一个难得的程序方法。

应用程序是通过 CWnd 的 SetTimer 函数来设置并启动计时器的，这个函数的原型如下：

```
UINT SetTimer( UINT nIDEvent, UINT nElapse,
void (CALLBACK EXPORT* lpfnTimer)(HWND, UINT, UINT, DWORD) );
```

参数 nIDEvent 用来指定该计时器的标识值（不能为 0），当应用程序需要多个计时器时可多次调用该函数，但每一个计时器的标识值应是唯一的，各不相同。nElapse 表示计时器的时间间隔（单位为毫秒），lpfnTimer 是一个回调函数的指针，该函数由应用程序来定义，用来处理计时器 WM_TIMER 消息。一般情况下该参数为 NULL，此时 WM_TIMER 消息被放入到应用程序消息队列中供 CWnd 对象处理。

SetTimer 函数成功调用后返回新计时器的标识值。当应用程序不再使用计时器时，可调用 CWnd:: KillTimer 函数来停止 WM_TIMER 消息的传送，其函数原型如下：

```
BOOL KillTimer( int nIDEvent );
```

其中 nIDEvent 和用户调用 SetTimer 函数设置的计时器标识值是一致的。

对于 WM_TIMER 消息，ClassWizard 会将其映射成具有下列原型的消息处理函数：

```
afx_msg void OnTimer( UINT nIDEvent );
```

通过 nIDEvent 可判断出 WM_TIMER 是哪个计时器传送的。

11.6.4 示例: 自动时间显示

在本例中,对话框中的日期时间控件能自动显示当前系统中的时间,且还通过进展条在线地显示 0~59 秒的情况,如图 11.33 所示。

图 11.33 自动时间显示

【例 Ex_Timer】自动时间显示

① 用 MFC AppWizard(exe)创建一个默认的对话框应用程序 Ex_Timer。

② 将对话框的标题设为"自动时间显示"。删除"TODO: 在这里设置对话控制。"静态文本控件和[取消]按钮,将[确定]按钮标题改为"退出"。

③ 打开对话框网格,调整对话框大小为 237 × 59 ,参看图 11.33 的控件布局,向对话框添加 2 个静态标签控件、1 个日期时间控件(设为"时间"格式,其它默认)、1 个进展条控件(去除"边框"选项,选中"平滑"项,其它默认)。

④ 打开 MFC ClassWizard 的 Member Variables 页面,为进展条控件添加 Control 类型变量 m_wndProgress,为日期时间控件添加 Value 类型(CTime)变量 m_curTime。

⑤ 再次打开 MFC ClassWizard,切换到 Messsage Maps 页面,为 CEx_TimerDlg 类添加 WM_TIMER 消息映射,并增加下列代码:

```
void CEx_TimerDlg::OnTimer(UINT nIDEvent)
{
    m_curTime   = CTime::GetCurrentTime();      // 获取当前时间
    UpdateData( FALSE );                        // 结果显示在控件中
    int nSec    = m_curTime.GetSecond();        // 获取当前时间的秒数
    m_wndProgress.SetPos( nSec );               // 设定进展条的当前位置
    CDialog::OnTimer(nIDEvent);
}
```

⑥ 在 CEx_TimerDlg::OnInitDialog 中添加下列代码:

```
BOOL CEx_TimerDlg::OnInitDialog()
{
    CDialog::OnInitDialog();
    …
    m_wndProgress.SetRange( 0, 59 );
    SetTimer( 1, 200, NULL );
    return TRUE;  // return TRUE  unless you set the focus to a control
}
```

⑦ 编译运行。

需要说明的是,由于 OnTimer 函数中是通过获取系统时间来显示相应的内容,因此 SetTimer 中所指定的消息发生的时间间隔对结果基本没有影响,因此间隔设置小一些,只是可以让结果显示更加可靠一些而已。

11.7 滚动条和滑动条

滚动条和滑动条可以完成诸如定位、指示等之类的操作。

11.7.1 滚动条

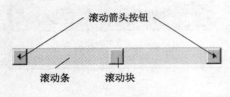

滚动箭头按钮

滚动条　　滚动块

图 11.34　滚动条外观

滚动条是一个独立的窗口，虽然它具有直接的输入焦点，但却不能自动地滚动窗口内容，因此，它的使用受到一定的限制。根据滚动条的走向，可分为垂直滚动条（▤）和水平滚动条（◨）两种类型。这两种类型滚动条的组成部分都是一样的，两端都有两个箭头按钮，中间有一个可沿滚动条方向移动的滚动块。如图 11.34 所示。

（1）滚动条的基本操作。滚动条的基本操作一般包括设置和获取滚动条的范围及滚动块的相应位置。在 MFC 中，CScrollBar 类封装了滚动条的所有操作。

由于滚动条控件的默认滚动范围是 0 到 0，因此在使用滚动条之前必须设定其滚动范围。函数 SetScrollRange 用来设置滚动条的滚动范围，其原型为：

```
SetScrollRange( int nMinPos, int nMaxPos, BOOL bRedraw = TRUE );
```

其中，nMinPos 和 nMaxPos 表示滚动位置的最小值和最大值。bRedraw 为重画标志，当为 TRUE 时，滚动条被重画。

而设置滚动块位置的操作则是由 SetScrollPos 函数来完成的，其原型如下：

```
int SetScrollPos( int nPos, BOOL bRedraw = TRUE );
```

其中，nPos 表示滚动块的新位置，它必须是在滚动范围之内。

与 SetScrollRange 和 SetScrollPos 相对应的两个函数是分别用来获取滚动条的当前范围以及当前滚动位置：

```
void GetScrollRange( LPINT lpMinPos, LPINT lpMaxPos ) ;
int GetScrollPos();
```

其中，LPINT 是整型指针类型，lpMinPos 和 lpMaxPos 分别用来返回滚动块最小和最大滚动位置。

（2）WM_HSCROLL 或 WM_VSCROLL 消息。当用户对滚动条进行操作时，滚动条就会向父窗口发送 WM_HSCROLL 或 WM_VSCROLL 消息（分别对应于水平滚动条和垂直滚动条）。这些消息是通过 MFC ClassWizard 在其对话框（滚动条的父窗口）中进行映射的，并产生相应的消息映射函数 OnHScroll 和 OnVScroll，这两个函数具有下列原型：

```
afx_msg void OnHScroll( UINT nSBCode, UINT nPos, CScrollBar* pScrollBar );
afx_msg void OnVScroll( UINT nSBCode, UINT nPos, CScrollBar* pScrollBar );
```

其中，nPos 表示滚动块的当前位置，pScrollBar 表示由滚动条控件的指针，nSBCode 表示滚动条的通知消息。图 11.35 表示当鼠标单击滚动条的不同部位时，所产生的不同通知消息。表 11.17 列出了各通知消息的含义。

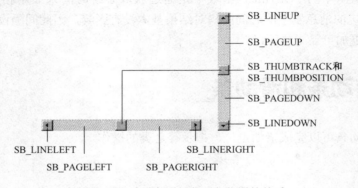

图 11.35　滚动条通知代码与位置的关系

表 11.17　滚动条的通知消息

通 知 消 息	说 明
SB_LEFT、SB_RIGHT	滚动到最左端或最右端时发送此消息
SB_TOP 、SB_BOTTOM	滚动到最上端或最下端时发送此消息
SB_LINELEFT、SB_LINERIGHT	向左或右滚动一行(或一个单位)时发送此消息
SB_LINEUP、SB_LINEDOWN	向上或下滚动一行(或一个单位)时发送此消息
SB_PAGELEFT、SB_PAGERIGHT	向左或右滚动一页时发送此消息
SB_PAGEUP、SB_PAGEDOWN	向上或下滚动一页时发送此消息
SB_THUMBPOSITION	滚动到某绝对位置时发送此消息
SB_THUMBTRACK	拖动滚动块时发送此消息
SB_ENDSCROLL	结束滚动

11.7.2　滑动条

滑动条控件（ 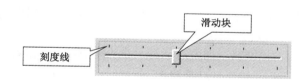 ）是由滑动块和可选的刻度线组成的，如图 11.36 所示。当用户用鼠标或方向键移动滑动块时，该控件发送通知消息来表明这些改变。

滑动条是按照应用程序中指定的增量来移动。例如，如果用户指定此滑动条的范围为 5，则滑动块只能有 6 个位置：在滑动条控件最左边的一个位置和另外 5 个在此范围内每隔一个增量的位置。通常，这些位置都是由相应的刻度线来标识。

（1）滑动条的风格和消息。滑动条控件有许多样式，它们都可以通过滑动条控件的属性对话框进行设置，如图 11.37 所示。表 11.18 列出该属性对话框的各项含义。

图 11.36　带刻度线的滑动条

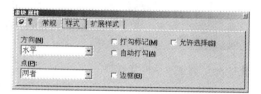

图 11.37　滑动条属性对话框

表 11.18　滑动条控件的"样式"（Style）属性

项　目	说　明
方向（Orientation）	控件放置方向：垂直（Vertical）、水平（Horizontal，默认）
点（Point）	刻度线在滑动条控件中放置的位置：两者（Both，两边都有）、顶部/左侧（Top/Left，水平滑动条的上边或垂直滑动条的左边，同时滑动块的尖头指向有刻度线的哪一边）、底部/右侧（Bottom/Right，水平滑动条的下边或垂直滑动条的右边，同时滑动块的尖头指向有刻度线的哪一边）
打勾标记（Tick marks）	选中此项，在滑动条控件上显示刻度线
自动打勾（Auto ticks）	选中此项，滑动条控件上的每个增量位置处都有刻度线，并且增量大小自动根据其范围来确定
边框（Border）	选中此项，控件周围有边框
允许选择（Enable selection）	选中此项，控件中供用户选择的数值范围高亮显示

滑动条的通知消息代码常见的有：TB_BOTTOM 、TB_LINEDOWN 、TB_LINEUP、TB_PAGEDOWN 、TB_PAGEUP 、TB_THUMBPOSITION 、TB_TOP 和 TB_THUMBTR

ACK 等。这些消息代码都来自于 WM_HSCROLL 或 WM_VSCROLL 消息，其具体含义同滚动条。

（2）滑动条的基本操作。MFC 的 CSliderCtrl 类提供了滑动条控件的各种操作函数，这其中包括范围、位置设置和获取等。

成员函数 SetPos 和 SetRange 分别用来设置滑动条的位置和范围，其原型如下：

```
void SetPos( int nPos );
void SetRange( int nMin, int nMax, BOOL bRedraw = FALSE );
```

其中，参数 nPos 表示新的滑动条位置。bMin 和 nMax 表示滑动条的最小和最大位置，bRedraw 表示重画标志，为 TRUE 时，滑动条被重画。

与这两个函数相对应的成员函数 GetPos 和 GetRange，它们分别用来获取滑动条的位置和范围的。

11.7.3　示例：调整对话框背景颜色

设置对话框背景颜色有许多方法，这里采用最简单也是最直接的方法，即通过映射 WM_CTLCOLOR（子窗口将要绘制时发送的消息）来达到改变背景颜色的目的。本例通过滚动条和两个滑动条来调整 Visual C++所使用的 RGB 颜色的三个分量：R（红色）、G（绿色）和 B（蓝色），如图 11.38 所示。

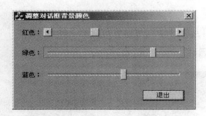

图 11.38　调整对话框背景颜色

【例 Ex_BkColor】调整对话框背景颜色

① 用 MFC AppWizard(exe)创建一个默认的对话框应用程序 Ex_BkColor。

② 将对话框的标题设为"调整对话框背景颜色"。删除"TODO：在这里设置对话控制。"静态文本控件和[取消]按钮，将[确定]按钮标题改为"退出"。

③ 打开对话框网格，调整对话框大小为 217 × 119，参看图 11.38 的控件布局，添加如表 11.19 所示的一些控件。

表 11.19　对话框添加的控件

添加的控件	ID 标识符	标　题	其 他 属 性
水平滚动条（红色）	IDC_SCROLLBAR_RED	——	默认
滑动条（绿色）	IDC_SLIDER_GREEN	——	默认
滑动条（蓝色）	IDC_SLIDER_BLUE	——	默认

④ 打开 ClassWizard 的 Member Variables 页面，选中所需的控件 ID 标识符，双击鼠标。依次添加下列控件变量，如表 11.20 所示。

表 11.20　控件变量

控件 ID 标识符	变量类别	变 量 类 型	变 量 名	范围和大小
IDC_SCROLLBAR_RED	Control	CScrollBar	m_scrollRed	——
IDC_SLIDER_GREEN	Control	CSliderCtrl	m_sliderGreen	——
IDC_SLIDER_GREEN	Value	int	m_nGreen	——
IDC_SLIDER_BLUE	Control	CSliderCtrl	m_sliderBlue	——
IDC_SLIDER_BLUE	Value	int	m_nBlue	——

⑤ 为 CEx_BkColorDlg 类添加两个成员变量，一个是 int 型 m_nRedValue，用来指定 RGB 中的红色分量，另一个是画刷 CBrush 类对象 m_Brush，用来设置对话框背景所需要的画刷。在 OnInitDialog 中添加下列初始化代码：

```
BOOL CEx_BkColorDlg::OnInitDialog()
{
    CDialog::OnInitDialog();
    …
    // TODO: Add extra initialization here
    m_scrollRed.SetScrollRange(0, 255);
    m_sliderBlue.SetRange(0, 255);
    m_sliderGreen.SetRange(0, 255);
    m_nBlue = m_nGreen = m_nRedValue = 192;
    UpdateData( FALSE );
    m_scrollRed.SetScrollPos(m_nRedValue);
    return TRUE;  // return TRUE  unless you set the focus to a control
}
```

⑥ 用 MFC ClassWizard 为 CEx_BkColorDlg 类添加 WM_HSCROLL 消息映射，并添加下列代码：

```
void  CEx_BkColorDlg::OnHScroll(UINT  nSBCode,  UINT  nPos,  CScrollBar* pScrollBar)
{
    int nID = pScrollBar->GetDlgCtrlID();         // 获取对话框中控件 ID 值
    if (nID == IDC_SCROLLBAR_RED)    {    // 若是滚动条产生的水平滚动消息
        switch(nSBCode){
            case SB_LINELEFT:        m_nRedValue--;  // 单击滚动条左边箭头
                                break;
            case SB_LINERIGHT:       m_nRedValue++;  // 单击滚动条右边箭头
                                break;
            case SB_PAGELEFT:        m_nRedValue -= 10;
                                break;
            case SB_PAGERIGHT:       m_nRedValue += 10;
                                break;
            case SB_THUMBTRACK: m_nRedValue = nPos;
                                break;
        }
        if (m_nRedValue<0) m_nRedValue = 0;
        if (m_nRedValue>255) m_nRedValue = 255;
        m_scrollRed.SetScrollPos(m_nRedValue);
    }
    Invalidate();           // 使对话框无效，强迫系统重绘对话框
    CDialog::OnHScroll(nSBCode, nPos, pScrollBar);
}
```

⑦ 用 MFC ClassWizard 为 CEx_BkColorDlg 类添加 WM_CTLCOLOR 消息映射，并添加下列代码：

```
HBRUSH CEx_BkColorDlg::OnCtlColor(CDC* pDC, CWnd* pWnd, UINT nCtlColor)
{
    UpdateData(TRUE);
    COLORREF color = RGB(m_nRedValue, m_nGreen, m_nBlue);
    m_Brush.Detach();                    // 使画刷和对象分离
    m_Brush.CreateSolidBrush(color);         // 创建颜色画刷
    pDC->SetBkColor( color );            // 设置背景颜色
    return (HBRUSH)m_Brush;              // 返回画刷句柄，以便系统使此画刷绘制对话框
}
```

代码中，COLORREF 是用来表示 RGB 颜色的一个 32 位的数据类型，它是 Visual C++中一种专门用来定义颜色的数据类型。（画刷的详细用法以后还会讨论）

⑧ 编译运行并测试。需要说明的是：由于滚动条和滑动条等许多控件都能产生

WM_HSCROLL 或 WM_VSCROLL 消息，因此当它们是处在同一方向（水平或垂直）时，就需要添加相应代码判断消息是谁产生的。同时，由于滚动条中间的滚动块在默认时是不会停止在用户操作的位置处的，因此需要调用 SetScrollPos 函数来进行相应位置的设定。

11.8　常见问题解答

（1）如何将在项目工作区中消失的类找出来？或者是有"类"，但双击成员函数节点却打不开其实现文件（.cpp）？

解答： 可按以下方法进行：

● 打开该类对应的头文件，然后将其类名随便改一下，这个时候工作区就会出现新的类，再将这个类改回原来的名字就可以了。

● 或者，关闭当前项目，删除当前项目文件夹中 "*.ncb" 文件，然后再重新打开项目。

● 或者，删除当前项目文件夹中 "*.clw" 文件，然后按【Ctrl+W】键，会提示添加类，添加全部。

● 或者，用 MFC ClassWizard 为这个类生成一个消息映射函数，就可以在项目工作区的 ClassView 页面中看到了，最后再删除添加的映射函数。

（2）如何用编程方式来创建控件？

解答： 用编程方式来创建控件，即调用 MFC 相应控件类的成员函数 Create 来创建，并在 Create 函数指定控件的父窗口指针。例如，若先在某类添加 CButton 类对象名 m_btnWnd，则然后在初始化函数中添加下列代码：

```
m_btnWnd.Create("你好", WS_CHILD | WS_VISIBLE | BS_PUSHBUTTON | WS_TABSTOP,
        CRect(20, 20, 120, 40), this, 201);    // 创建
CFont *font = this->GetFont();                 // 获取对话框的字体
m_btnWnd.SetFont(font);                        // 设置控件字体
```

这样就创建一个按钮控件 m_btnWnd。

11.9　实验实训

本章进行实验实训时，先来创建一个默认的对话框应用程序 Ex_11，对话框中左侧是一个大大的静态文本框（ID 号为 IDC_TEXT_SHOW），右侧有 5 个竖排的按钮，按钮标题依次为"问卷调查"、"学生成绩输入"、"城市邮编和区号"、"自动时间显示"和"调整对话框背景颜色"。然后，实现以下功能：

（1）单击"问卷调查"按钮，弹出如【例 Ex_Research】中的对话框，并当单击 确定 按钮时，获取的信息内容显示在 IDC_TEXT_SHOW 文本框中。

（2）单击"学生成绩输入"按钮，弹出如【例 Ex_Input】中的对话框，并当单击 确定 按钮时，获取的信息内容显示在 IDC_TEXT_SHOW 文本框中。

（3）单击"城市邮编和区号"按钮，弹出如【例 Ex_Zone】中的对话框。

（4）单击"自动时间显示"按钮，弹出如【例 Ex_Timer】中的对话框。

（5）单击"调整对话框背景颜色"按钮，弹出如【例 Ex_BkColor】中的对话框。

思考与练习

1．什么是控件？根据控件的性质可以将控件分为几类？

2．什么是 DDV/DDX 技术？如何使用这种技术？

3．什么是控件的通知消息？它在编程中起哪些作用？

4．若在"学生个人信息"对话框中添加一个静态图片控件，当单击性别"男"时，图片呈现一个"男"图片（可用其他图片代替），而当单击性别"女"时，图片是另一个内容。看看如何实现？

5．什么是编辑框控件？ EN_CHANGE 和 EN_UPDATE 通知消息有何异同？

6．什么是列表框和组合框？它们的通知消息有何异同？

7．什么是滚动条、进展条、滑动条和旋转按钮控件？

8．什么是旋转按钮的"伙伴"控件？如何设置？

9．与时间日期相关的控件有哪些？

第**12**章

基本界面元素

窗口、菜单、图标、光标（指针）是最基本的界面元素，工具栏和状态栏是界面中另一种形式的界面容器，这些都是 Windows 文档应用程序中不可缺少的，其风格和外观有时还直接影响着用户对软件的评价。许多优秀软件（如 Microsoft Office ）为增加对用户的吸引力，不惜资源将它们做得多姿多彩，甚至达到真三维的效果。本章将从它们最简单的用法开始入手，逐步深入直到对其进行编程控制。

12.1 图标和光标

基于 Windows 的应用程序是离不开图形图像的，这些图像最为常见的则是 Windows 位图（Bitmap），它实际上就是一些和显示像素相对应的位阵列，它可以用来保存、加载和显示。图标、光标也是一种位图，但它们有各自的特点，例如，同一个图标或光标对应于不同的显示设备时，可以包含不同的图像，对于光标而言，还有"热点"的特性。这里将介绍如何用图形编辑器创建和编辑图标和光标，并着重讨论它们在程序中的控制方法。

12.1.1 图像编辑器

在 Visual C++ 6.0 中，图像编辑器可以创建和编辑任何位图格式的图像资源，除了后面要讨论的工具栏按钮外，它还用于位图（以后讨论）、图标和光标。它的功能很多，如提供一套完整的绘图工具来绘制 256 色的图像，进行位图的移动和复制以及含有若干个编辑工具等。由于图像编辑器的使用和 Windows 中的"绘图"工具相似，因此它的具体绘制操作在这里不再重复。这里仅讨论一些常用操作：创建新的图标和光标、选用或定制显示设备和设置光标"热点"（所谓热点，就是指光标的位置点）等。

1. 创建一个新的图标或光标

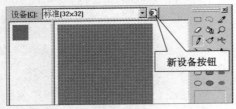

图 12.1 添加图标后的图像编辑器

在 Visual C++ 6.0 中，创建一个应用程序后，当按【Ctrl+R】快捷键就可打开"插入资源"对话框，从中选择 Cursor（光标）或 Icon（图标）资源类型，单击 新建(N) 按钮后，系统为程序添加一个新的图标或光标资源，同时在开发环境右侧出现图像编辑器。图 12.1 是添加一个新的图标资源后出现的图像编辑器。

在创建新图标或光标的时候，图像编辑器首先创建的是一个适合当前设备环境中的图像，开始的时候它以屏幕色（透明方式）来填充。对于创建的新光标，其"热点"被初始化为左上角的点，坐标为（0，0）。默认情况下，图像编辑器所支持的显示设备如表 12.1 所示。

表 12.1　创建图标或光标时可选用的显示设备

设　　备	颜 色 数 目	宽　　度	高　　度
单显模式（Monochrome）	2	32	32
小设备模式（Small）	16	16	16
标准模式（Standard）	16	32	32
大模式（Large）	256	48	48

由于同一个图标或光标在不同的显示环境中包含有不同的图像，因此，在创建图标或光标前必须事先指定好目标显示设备。这样，在打开所创建的图形资源时，与当前设备最相吻合的图像被打开。

2. 选用和定制显示设备

在图像编辑器工作窗口的控制条上，有一个"新设备图像"（New Device Image）按钮，单击此按钮后，系统弹出相应的新设备列表，可以从中选取需要的显示设备，如图 12.2 所示。

除了对话框列表框显示的设备外，还可以单击[自定义(C)...]按钮，在弹出的对话框中定制新的显示设备，如图 12.3 所示，在这里可指定新设备图像的大小和颜色。

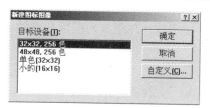

图 12.2　图像设备选择对话框图

图 12.3　自定义设备图像

3. 设置光标热点

Windows 系统借助光标"热点"来确定光标实际的位置。在图像编辑器的控制条上或光标属性对话框中都可以看到当前的光标"热点"位置。图 12.4 是添加一个新的光标资源后出现的图像编辑器。

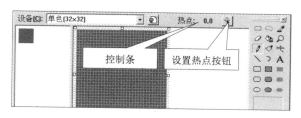

图 12.4　添加光标后的图像编辑器

默认时，光标热点是图像左上角（0，0）的点，当然，这个热点位置是可以重新指定，单击[热点]（Hot Spot）按钮后，在光标图像上单击要指定的像素点，此时会看到在控制条上自动显示所点中的像素点的坐标。

12.1.2　图标及其使用

在 Windows 中，一个应用程序允许有两种尺寸的图标来标明自己：一种是普通图标，也称为大图标，它是 32 x 32 的位图。另一种是小图标，它是大小为 16 x 16 的位图。在桌面上，应用程序总是用大图标作为自身的类型标识，而一旦启动后，其窗口的左上角和任务栏的程序按钮上就显示出该应用程序的小图标。

1. 图标的调入和清除

在 MFC 中，当在应用程序中添加一个图标资源后，就可以使用 CWinApp::LoadIcon 函数可将其调入并返回一个图标句柄。函数原型如下：

```
HICON LoadIcon( LPCTSTR lpszResourceName ) const;
HICON LoadIcon( UINT nIDResource ) const;
```

其中，lpszResourceName 和 nIDResource 分别表示图标资源的字符串名和标识。函数返回的是一个图标句柄。

如果不想使用新的图标资源，也可使用系统中预定义好的标准图标，这时需调用 CWinApp::LoadStandardIcon 函数，其原型如下：

```
HICON LoadStandardIcon( LPCTSTR lpszIconName ) const;
```

其中，lpszIconName 可以是下列值之一：

```
IDI_APPLICATION          默认的应用程序图标
IDI_HAND                 手形图标（用于严重警告）
IDI_QUESTION             问号图标（用于提示消息）
IDI_EXCLAMATION          警告消息图标（惊叹号）
IDI_ASTERISK             消息图标
```

图标装载后，可使用全局函数 DestroyIcon 来删除图标，并释放为图标分配的内存，其原型如下：

```
BOOL DestroyIcon( HICON hIcon );
```

其中，hIcon 用来指定要删除的图标句柄。

2. 应用程序图标的改变

在用 MFC AppWizard 创建的应用程序中，图标资源 IDR_MAINFRAME 用来表示应用程序窗口的图标，通过图形编辑器可将其内容直接修改。实际上，程序中还可使用 GetClassLong 和 SetClassLong 函数重新指定应用程序窗口的图标，函数原型如下：

```
DWORD SetClassLong( HWND hWnd, int nIndex, LONG dwNewLong);
DWORD GetClassLong( HWND hWnd, int nIndex);
```

其中，hWnd 用来指定窗口类句柄，dwNewLong 用来指定新的 32 位值。nIndex 用来指定与 WNDCLASSEX 结构相关的索引，它可以是下列值之一：

```
GCL_HBRBACKGROUND        窗口类的背景画刷句柄
GCL_HCURSOR              窗口类的的光标句柄
GCL_HICON               窗口类的的图标句柄
GCL_MENUNAME            窗口类的的菜单资源名称
```

下面看一示例，它是将应用程序的图标按一定的序列来显示，使其看起来具有动画效果。

【例 Ex_Icon】图标使用

① 用 MFC AppWizard(exe)创建一个默认的单文档应用程序 Ex_Icon。

② 添加 4 个图标资源，单击"新建设备图像"按钮圆，选择"小的（16 x 16）"设备类型，保留图标资源默认的 ID 号：IDI_ICON1～IDI_ICON4，制作如图 12.5 所示的图标。

③ 为 CMainFrame 类添加一个成员函数 ChangeIcon，用来切换应用程序的图标。该函数的代码如下：

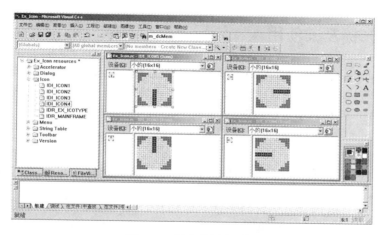

图 12.5　创建的四个图标

```
void CMainFrame::ChangeIcon(UINT nIconID)
{
    HICON hIconNew = AfxGetApp()->LoadIcon(nIconID);
    HICON hIconOld = (HICON)GetClassLong(m_hWnd, GCL_HICON);
    if (hIconNew != hIconOld){
        DestroyIcon(hIconOld);
        SetClassLong(m_hWnd, GCL_HICON, (long)hIconNew);
        RedrawWindow();                // 重绘窗口
    }
}
```

④ 在 CMainFrame::OnCreate 函数的最后添加计时器设置代码：

```
int CMainFrame::OnCreate(LPCREATESTRUCT lpCreateStruct)
{
    if (CFrameWnd::OnCreate(lpCreateStruct) == -1) return -1;
    //...
    SetTimer(1, 500, NULL);
    return 0;
}
```

⑤ 用 MFC ClassWizard 为 CMainFrame 类添加 WM_TIMER 的消息映射函数，并增加下列代码：

```
void CMainFrame::OnTimer(UINT nIDEvent)
{
    static int icons[] = { IDI_ICON1, IDI_ICON2, IDI_ICON3, IDI_ICON4};
    static int index = 0;
    ChangeIcon(icons[index]);
    index++;
    if (index>3) index = 0;
    CFrameWnd::OnTimer(nIDEvent);
}
```

⑥ 用 MFC ClassWizard 为 CMainFrame 类添加 WM_DESTROY 的消息映射函数，并增加下列代码：

```
void CMainFrame::OnDestroy()
{
    CFrameWnd::OnDestroy();
    KillTimer(1);
}
```

⑦ 编译并运行。可以看到任务栏上的按钮以及应用程序的标题栏上 4 个图标循环显示的动态效果，显示速度为每秒 2 帧。

12.1.3 光标及其使用

光标在 Windows 程序中起着非常重要的作用，它不仅能反映鼠标的运动位置，而且还可以表示程序执行的状态，引导用户的操作，使程序更加生动。例如沙漏光标表示"正在执行，请等待"，IE 中手形光标表示"可以跳转"，另外还有一些有趣的动画光标。光标又称为"鼠标指针"。

1. 使用系统光标

Windows 预定义了一些经常使用的标准光标，这些光标均可以使用函数 CWinApp::LoadStandardCursor 加载到程序中，其函数原型如下：

```
HCURSOR LoadStandardCursor( LPCTSTR lpszCursorName ) const;
```

其中，lpszCursorName 用来指定一个标准光标名，它可以是下列宏定义：

IDC_ARROW	标准箭头光标	IDC_IBEAM	标准文本输入光标
IDC_WAIT	漏斗型计时等待光标	IDC_CROSS	十字形光标
IDC_UPARROW	垂直箭头光标	IDC_SIZEALL	四向箭头光标
IDC_SIZENWSE	向下的双向箭头光标	IDC_SIZENESW	向上双向箭头光标
IDC_SIZEWE	左右双向箭头光标	IDC_SIZENS	上下双向箭头光标

例如，加载一个垂直箭头光标 **IDC_UPARROW** 的代码如下：

```
HCURSOR hCursor;
hCursor = AfxGetApp()->LoadStandardCursor(IDC_UPARROW);
```

2. 使用光标资源

用编辑器创建或从外部调入的光标资源，可通过函数 CWinApp::LoadCursor 进行加载，其原型如下：

```
HCURSOR LoadCursor( LPCTSTR lpszResourceName ) const;
HCURSOR LoadCursor( UINT nIDResource ) const;
```

其中，lpszResourceName 和 nIDResource 分别用来指定光标资源的名称或 ID 号。例如，当光标资源为 IDC_CURSOR1 时，则可使用下列代码：

```
HCURSOR hCursor;
hCursor = AfxGetApp()->LoadCursor(IDC_CURSOR1);
```

需要说明的是，也可直接用全局函数 LoadCursorFromFile 加载一个外部光标文件，例如

```
HCURSOR hCursor;
hCursor = LoadCursorFromFile("c:\\windows\\cursors\\globe.ani");
```

3. 更改程序中的光标

更改应用程序中的光标除了可以使用 GetClassLong 和 SetClassLong 函数外，最简单的方法是用 MFC ClassWizard 映射 WM_SETCURSOR 消息，该消息是当光标移动到一个窗口内并且还没有捕捉到鼠标时产生的。CWnd 为此消息的映射函数定义这样的原型：

```
afx_msg BOOL OnSetCursor( CWnd* pWnd, UINT nHitTest, UINT message );
```

其中，pWnd 表示拥有光标的窗口指针，nHitTest 用来表示光标所处的位置，例如当为 HTCLIENT 时表示光标在窗口的客户区中，而为 HTCAPTION 时表示光标在窗口的标题栏处，为 HTMENU 时表示光标在窗口的菜单栏区域等等。message 用来表示鼠标消息。

在 OnSetCursor 函数调用 SetCursor 来设置相应的光标，并将 OnSetCursor 函数返回 TRUE，就可改变当前的光标了。例如，可根据当前鼠标所在的位置来确定单文档应用程序光标的类型，当处在标题栏时为一个动画光标，当处在客户区时为一个自定义光标。

【例 Ex_Cursor】改变应用程序光标

① 用 MFC AppWizard(exe)创建一个默认的单文档应用程序 Ex_Cursor。

② 按快捷键 Ctrl+R，打开"插入资源"对话框，选择"Cursor"类型后，单击 新建(N) 按钮。

在图像编辑器窗口的控制条上，单击"新建设备图像"按钮，从弹出的"新建设备图像"对话框中，单击 自定义(C)... 按钮。在弹出的"自定义图像"对话框中，保留默认的大小和颜色数，单击 确定 按钮。回到"新建设备图像"对话框。这样，"32 x 32, 16 颜色"设备类型就被添加上了，单击 确定 按钮。

③ 在图像编辑器的"设备"组合框中，选择"单色[32 x 32]"，打开"图像"（Image）菜单，选择"删除设备图像"（Delete Device Image）命令，这样，就删除"单色[32 x 32]"设备类型。如果不这样做，加载后的光标不会采用"32 x 32, 16 颜色"设备类型。

④ 保留默认 ID 号 IDC_CURSOR1，用图像编辑器绘制光标图形，指定光标热点位置为（15，15），结果如图 12.6 所示。

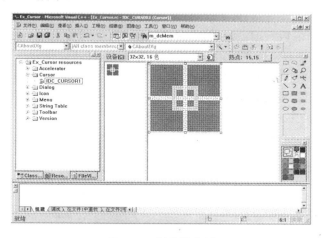

图 12.6　创建的光标

⑤ 为 CMainFrame 类添加一个成员变量 m_hCursor，变量类型为光标句柄 HCURSOR。用 MFC ClassWizard 为 CMainFrame 类添加 WM_SETCURSOR 的消息映射函数，并增加下列代码：

```
BOOL CMainFrame::OnSetCursor(CWnd* pWnd, UINT nHitTest, UINT message)
{
    BOOL bRes = CFrameWnd::OnSetCursor(pWnd, nHitTest, message);
    if (nHitTest == HTCAPTION )    {
        m_hCursor = LoadCursorFromFile("c:\\windows\\cursors\\hand.ani");
        SetCursor(m_hCursor);         bRes = TRUE;
    } else if (nHitTest == HTCLIENT ) {
        m_hCursor = AfxGetApp()->LoadCursor(IDC_CURSOR1);
        SetCursor(m_hCursor);         bRes = TRUE;
    }
    return bRes;
}
```

⑥ 编译运行并测试。当鼠标移动到标题栏时，光标变成了 hand.ani 的动画光标，而当移动到客户区时，光标变成了 IDC_CURSOR1 定义的形状。

需要说明的是，Visual C++6.0 中还提供 BeginWaitCursor 和 EndWaitCursor 函数来启动和终止动画沙漏光标。

12.2　菜单

像图标一样，菜单也是一种资源模板（容器），其上可包含多级的菜单项。通过菜单项的选择可产生相应的命令消息，从而通过消息映射实现要执行的相应任务。需要强调的是，在常见的菜单系统中，最上面的一层水平排列的菜单称为顶层菜单，每一个顶层菜单项可以是一个简单的菜单命令，也可以是下拉（Popup）菜单，在下拉菜单中的每一个菜单项也可是菜单命令或下拉菜单，这样一级一级下去可以构造出复杂的菜单系统。

12.2.1 用编辑器设计菜单

若创建的默认单文档应用程序 Ex_SDI。当双击资源"Menu"项的 IDR_MAINFRAME，则菜单编辑器窗口出现在主界面的右边，相应的 Ex_SDI 项目的菜单资源被显示出来。现在，就可以使用菜单编辑器设计菜单了。

1. 编辑菜单

（1）在顶层菜单的最后一项，Visual C++自动留出了一个空位置，用来输入新的顶层菜单项。在菜单的空位置上双击鼠标左键，出现菜单项的属性对话框，在标题框中输入"测试(&T)"，结果如图 12.7 所示，其中符号&用来将其后面的字符作为该菜单项的助记符，这样当按住"Alt"键不放，再敲击该助记符键时，对应的菜单项就会被选中，或在菜单打开时，直接按相应的助记符键，对应的菜单项也会被选中。

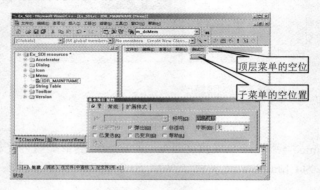

图 12.7　Ex_SDI 菜单资源

需要说明的是，Visual C++将顶层菜单项的默认属性定义为"弹出"（下拉）菜单，即该菜单项有下拉式子菜单。一个含有下拉子菜单的菜单项是不需要相应的 ID 标识符。同时，"弹出"菜单项的属性对话框中，ID、分隔符（Separator）和提示（Prompt）项无效。表 12.2 列出菜单属性对话框"常规"（General）的其他项目含义。

表 12.2　菜单 General 属性对话框的其他项目含义

项　目	含　义
分隔符（Separator）	选中时，菜单项是一个分隔符或是一条水平线
已复选（Checked）	选中时，菜单项文本前显示一个选中标记
已变灰（Grayed）	选中时，菜单项显示是灰色的，用户不能选用
非活动（Inactive）	选中时，菜单项没有被激活，用户不能选用
帮助（Help）	选中时，菜单项在程序运行时被放在顶层菜单的最右端
中断（Break，分块）	当为"列"（Column）时，对于顶层菜单上的菜单项来说，被放置在另外一行上，而对于弹出式子菜单的菜单项来说，则被放置在另外一列上；当为"条"（Bar）时，与 Column 相同，只不过对于弹出式子菜单来说，它还在新列与原来的列之间增加一条竖直线；注意这些效果只能在程序运行后才能看到
提示（Prompt）	用来指明光标移至该菜单项时在状态栏上显示的提示信息

（2）单击"测试"菜单项下方的空位置，在菜单项属性对话框中，输入标题"切换菜单(&D)"，在 ID 框输入该菜单项的资源标识符：ID_TEST_CHANGE，结果如图 12.8 所示。

（3）关闭菜单项属性对话框。单击"测试"菜单项并按住鼠标左键不放，移动鼠标，将"测试"菜单项移到"查看"和"帮助"菜单项之间，然后释放鼠标。结果如图 12.9 所示。这样，就将新添加的"测试"菜单项拖放到"查看"和"帮助"菜单项之间了。需要说明的是，菜单项位置改变后，其属性并没改变。

图 12.8　修改菜单项属性

图 12.9　菜单项"测试"拖放后的位置

2. 菜单命令的消息映射

菜单项、工具栏的按钮以及快捷键等用户交互对象都能产生 WM_COMMAND 命令消息。命令消息能够被文档类、应用类、窗口类以及视图类等多种对象接收、处理，且用户可以用 ClassWizard 对命令消息进行映射。例如，上述的"切换菜单"菜单项的命令映射过程如下：

（1）选择"查看"→"建立类向导"菜单命令或按 Ctrl+W 快捷键，则出现 MFC ClassWizard 对话框，并自动切换到 Message Maps 页面。

（2）从"Class name"列表中选择 CMainFrame，在 IDs 列表中选择 ID_TEST_CHANGE，然后在 Messages 框中选择 COMMAND 消息。单击 Add Function... 按钮或双击 COMMAND 消息，出现"Add Member Function"对话框以输入成员函数的名称。系统默认的函数名为 OnTestChange，如图 12.10 所示。该函数是对菜单项 ID_TEST_CHANGE 的映射，也就是说，当应用程序运行后，用户选择"测试"→"切换菜单"菜单时，该函数 OnTestChange 被调用，执行函数中的代码。

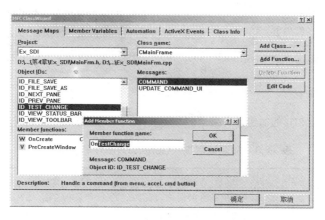

图 12.10　菜单命令消息的映射

（3）单击 OK 按钮，在 ClassWizard 的"Member functions"列表中将列出新增加的成员函数。选择此函数，单击 Edit Code 按钮（或直接在函数名双击鼠标），在此成员函数中添加下列代码：

```cpp
void CMainFrame::OnTestChange()
{
    MessageBox("现在就切换吗？");
}
```

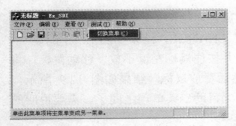

图 12.11　Ex_SDI 运行后的菜单

（4）编译运行并测试。在应用程序的顶层菜单上，单击"测试"菜单项，然后将鼠标移动到弹出的子菜单项"切换菜单"上，则结果如图 12.11 所示，此时状态栏上显示该菜单项的提示信息，该信息就是在前图 12.8 的菜单项属性对话框"提示"框中设置的内容。单击"切换菜单"，则弹出一个消息对话框，显示内容"现在就切换吗？"。

12.2.2　使用键盘快捷键

通过菜单系统，可以选择几乎所有可用的命令和选项，它保证了菜单命令系统的完整性，但菜单系统也有某些美中不足之处，如操作效率不高等。尤其对于那些反复使用的命令，很有必要进一步提高效率，于是加速键应运而生。

加速键往往也被称为键盘快捷键，一个加速键就是一个按键或几个按键的组合，它用于激活特定的命令。加速键也是一种资源，它的显示、编辑过程和菜单相似。例如下面的过程是为前面菜单项 ID_TEST_CHANGE 定义一个键盘快捷键：

（1）在项目工作区窗口的 ResourceView（资源视图）页面中，展开中 Accelerator（加速键）的资源项，双击 IDR_MAINFRAME，在右侧窗口中出现如图 12.12 的加速键资源列表。

（2）建立一个新的加速键时，只要双击加速键列表的最下端的空行，弹出如图 12.13 所示的"Accel 属性"（Accel Properties）对话框，其中可设置的属性如表 12.3 所示

图 12.12　Ex_SDI 的加速键资源　　　　图 12.13　加速键属性对话框

表 12.3　加速键常规（General）属性的各项含义

项　目	含　义
ID	指定资源 ID 号的列表项，为了能和菜单联用，通常选择某菜单项的 ID 号
辅助键（Modifiers）	用来确定 Ctrl、Alt、Shift 是否是构成加速键的组成部分
类型（Type）	用来确定该加速键的值是虚拟键（VirKey）还是 ASCII 字符键
键（Key）	是指启动加速键的键盘按键
下一键（Next Key Typed）	单击此按钮后，用户操作的任何按键将成为此加速键的键值

（3）在加速键属性对话框中，先选择在 Ex_SDI 应用程序菜单资源添加的"切换菜单"菜单项 ID_TEST_CHANGE 作为要联用的加速键的 ID 标识符，然后单击 下一个按下的键(N) 按钮，并按下 Ctrl+1 作为此加速键的键值。

需要说明的是，为了使其他用户能查看并使用该加速键，还需在相应的菜单项文本后面添加加速键内容。例如，可将 ID_TEST_CHANGE 菜单项的标题改成"切换菜单(&C)\tCtrl+1"，其中"\t"是将后面的"Ctrl+1"定位到一个水平制表位。

（4）编译运行并测试。当程序运行后，按 Ctrl+1 键将执行相应的菜单命令。

12.3 工具栏

工具栏是一系列工具按钮的组合，借助它们可以提高工作效率。Visual C++ 6.0 系统保存了每个工具栏相应的位图，其中包括所有按钮的图像，而所有的按钮图像具有相同的尺寸（15象素高，16象素宽），它们在位图中的排列次序与在工具栏上的次序相同。

12.3.1 使用工具栏编辑器

选择菜单"文件"→"打开工作空间（区）"，将前面的单文档应用程序 Ex_SDI 调入。在项目工作区窗口中选择 ResourceView 页面，双击"Toolbar"项中的 IDR_MAINFRAME，则在主界面的右边出现工具栏编辑器，如图 12.14 所示。

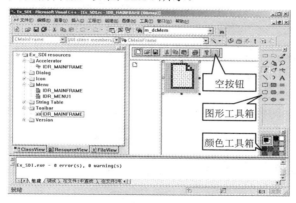

图 12.14 工具栏编辑器窗口

现在，可以用它对工具栏进行操作了。默认情况下，工具栏在最初创建时，其右端有一个空的按钮，在进行编辑之前，该按钮可以拖放移动到工具栏中其他位置。当创建一个新的按钮后，在工具栏右端又会自动出现一个新的空按钮（有时，新的空按钮会紧挨着刚创建的按钮出现）。当保存此工具栏资源时，空按钮不会被保存。下面就其一般操作进行说明。

1. 创建一个新的工具栏按钮

在新建的工具栏中，最右端总有一个空按钮，双击该按钮弹出其属性对话框，在 ID 框中输入其标识符名称，则在其右端又出现一个新的空按钮。单击该按钮，在资源编辑器的工具按钮设计窗口内进行编辑，这个编辑就是绘制一个工具按钮的位图，它同一般图像编辑器操作相同（如 Windows 系统中的"画图"附件）。

2. 移动一个按钮

在工具栏中移动一个按钮，用鼠标左键点中它并拖动至相应位置即可。如果用户拖动它离开工具栏位置，则此按钮从工具栏中消失。若在移动一个按钮的同时，按下【Ctrl】键，则在新位置复制一个按钮，新位置可以是同一个工具栏中的其他位置，也可以在不同的工具栏中。

3. 删除一个按钮

前面已提到过，将选取中的按钮拖离工具栏，则该按钮就消失了。但若选中按钮后，单击 Delete 键并不能删除一个按钮，只是将按钮中的图形全部以背景色填充。

4. 在工具栏中插入空格

在工具栏中插入空格有以下几种情况：

（1）如果按扭前没有任何空格，拖动该按钮向右移动并当覆盖相邻按钮的一半以上时，释放鼠标键，则此按钮前出现空格。

（2）如果按钮前有空格而按钮后没有空格，拖动该按钮向左移动并当按钮的左边界接触到前面按钮时，释放鼠标键，则此按钮后将出现空格。

（3）如果按钮前后均有空格，拖动该按钮向右移动并当接触到相邻按钮时，则此按钮前的空格保留，按钮后的空格消失。相反，拖动该按钮向左移动并当接触到前一个相邻按钮时，则此按钮前面的空格消失，后面的空格保留。

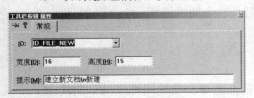

图 12.15　工具栏按钮属性对话框

5. 工具栏按钮属性的设置

双击按钮图标弹出其属性对话框，如图 12.15 所示。属性对话框中的各项说明见表 12.4。

表 12.4　工具栏按钮属性对话框的各项含义

项　　目	含　　义
ID	工具栏按钮的标识符，用户既可以输入自己的标识符名称，也可从 ID 框下拉列表中选取标识符名称
宽度（Width）	工具栏按钮的象素宽度
高度（Height）	工具栏按钮的象素高度
提示（Prompt）	工具栏按钮提示文本；若为"建立新文档\n 新建"，则表示将鼠标指向该按钮时，在状态栏中显示"建立新文档"，而在弹出的提示信息中出现"新建"字样。"\n"是它们的分隔转义符

12.3.2　工具按钮和菜单项相结合

由于按钮与菜单项命令一样，都可以通过 MFC ClassWizard 来直接映射，因此这里不再重复。这里就工具按钮和菜单项相结合的问题来讨论一下。

工具按钮和菜单项相结合（或称联动）就是指当选择工具按钮或菜单命令时，操作结果是一样的。实现的具体方法是在工具按钮的属性对话框中将按钮的 ID 号设置为相关联的菜单项 ID。例如，下面的示例过程。

【例 Ex_TM】工具按钮和菜单项相结合

① 创建一个默认的单文档应用程序 Ex_TM。

② 在项目工作区窗口中选择 ResourceView 页面，展开结点，双击资源"Menu"项中的 IDR_MAINFRAME，利用菜单编辑器在"编辑"菜单的子菜单最后添加一个水平分隔符和一个"测试(&T)"菜单项（ID_EDIT_TEST）。双击资源"Toolbar"项中的 IDR_MAINFRAME，打开工具栏资源编辑器，为其添加并设计一个按钮，其位置和内容如图 12.16 所示。

③ 双击刚才设计的第一个工具按钮，弹出该工具按钮的属性对话框，将该工具按钮的 ID 号设为 ID_EDIT_TEST，在提示框内键入"工具栏按钮和菜单项命令相结合。\n 测试"。

④ 编译运行并测试。当程序运行后，将鼠标移至刚才设计的工具按钮处，这时在状态栏上显示出"工具栏按钮和菜单项命令相结合。"信息，若稍等片刻后，还会弹出提示小窗口，

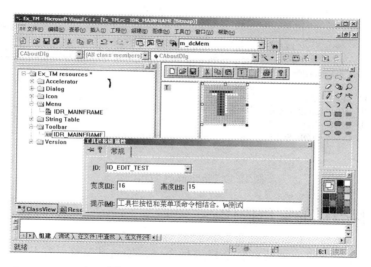

图 12.16 设计的工具栏按钮

显示出"测试"字样。但此时的"测试"按钮和"测试"菜单项都是灰显，暂时无法操作它，这是因为程序中还没有任何与 ID_EDIT_TEST 命令相映射的消息处理函数。

⑤ 用 MFC ClassWizard 在 CMainFrame 添加 ID_EDIT_TEST 的 COMMAND 消息映射，保留默认的消息处理函数名，添加下列代码：

```
void CMainFrame::OnEditTest()
{
    MessageBox("测试命令已执行！");
}
```

⑥ 再次编译运行并测试。

12.4 状态栏

应用程序往往需要把当前的状态信息或提示信息告诉用户，虽然其他窗口（如窗口的标题栏上、提示窗口等）也可显示文本，但它们的功能比较有限，而状态栏能很好地满足应用程序显示信息的需求。状态栏是一条水平长条，位于应用程序的主窗口的底部。它可以分割成几个窗格，用来显示多组信息。

12.4.1 状态栏的定义

在用 MFC AppWizard(exe)创建的 SDI 或 MDI 应用程序框架中，有一个静态的 indicator 数组，它是在 MainFrm.cpp 文件中定义的，被 MFC 用作状态栏的定义。

这个数组中的元素是一些标识常量或是字符串资源的 ID 号。默认的 indicator 数组包含了四个元素，它们是 ID_SEPARATOR、ID_INDICATOR_CAPS、ID_INDICATOR_NUM 和 ID_INDICATOR_SCRL；其中 ID_SEPARATOR 是用来标识信息行窗格的，菜单项或工具按钮的许多信息都在这个信息行窗格中显示，而其余三个元素是用来标识指示器窗格，分别显示出 CapsLock、NumLock 和 ScrollLock 这三个键的状态。图 12.17 列出了 indicators 数组元素与标准状态栏窗格的关系。

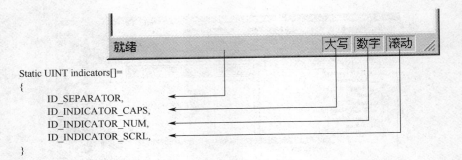

```
Static UINT indicators[]=
{
        ID_SEPARATOR,
        ID_INDICATOR_CAPS,
        ID_INDICATOR_NUM,
        ID_INDICATOR_SCRL,
}
```

图 12.17   indicators 数组的定义

12.4.2   状态栏的常用操作

Visual C++ 6.0 中可以方便地对状态栏进行操作，如增减窗格、在状态栏中显示文本、改变状态栏的风格和大小等，并且 MFC 的 CStatusBar 类封装了状态栏的大部分操作。

1. 增加和减少窗格

状态栏中的窗格可以分为信息行窗格和指示器窗格两类。若在状态栏中增加一个信息行窗格，则只需在 indicators 数组中的适当位置中增加一个 ID_SEPARATOR 标识即可；若在状态栏中增加一个用户指示器窗格，则在 indicators 数组中的适当位置增加一个在字符串表中定义过的资源 ID，其字符串的长度表示用户指示器窗格的大小。若状态栏减少一个窗格，其操作与增加相类似，只需减少 indicators 数组元素即可。

2. 在状态栏上显示文本

调用 CStatusBar::SetPaneText 函数可以更新任何窗格（包括信息行 ID_SEPARATOR 窗格）中的文本。此函数原型描述如下：

```
BOOL SetPaneText( int nIndex, LPCTSTR lpszNewText, BOOL bUpdate = TRUE );
```

其中，lpszNewText 表示要显示的字符串。nIndex 是表示设置的窗格索引（第一个窗格的索引为 0）。若 bUpdate 为 TRUE，则系统自动更新显示的结果。

下面来看一个示例，它是将鼠标在客户区窗口的位置显示在状态栏上。需要说明的是，状态栏对象 m_wndStatusBar 是在 CMainFrame 类定义的保护成员变量，而鼠标等客户消息不能被主框架类 CMainFrame 接收，因而鼠标移动的消息 WM_MOUSEMOVE 只能映射到 CEx_SDIMouseView 类，即客户区窗口类中。但是，这样一来，就需要更多的代码，不仅要在 CEx_SDIMouseView 中访问 CMainFrame 类对象指针，而且还要将 m_wndStatusBar 成员属性由 protected 改为 public。

【例 Ex_SDIMouse】将鼠标在客户区窗口的位置显示在状态栏上

① 用 MFC AppWizard(exe)创建一个默认的单文档应用程序 Ex_SDIMouse。

② 将项目工作区切换到 ClassView 页面，展开类节点以及 CMainFrame 类的所有项，双击构造函数 CMainFrame()节点，此时将在文档窗口中出现该函数的定义，在它的前面就是状态栏数组的定义。

③ 将状态栏 indicators 数组的定义改为下列代码：

```
static UINT indicators[] =
{
    ID_SEPARATOR,
    ID_SEPARATOR,
};
```

④ 打开 MFC ClassWizard 对话框，为 CEx_SDIMouseView 类添加 WM_MOUSEMOVE

的消息映射并添加下列代码：

```
void CEx_SDIMouseView::OnMouseMove(UINT nFlags, CPoint point)
{
    CString str;
    CMainFrame* pFrame=(CMainFrame*)AfxGetApp()->m_pMainWnd;   // 获得主窗口
指针
    CStatusBar* pStatus=&pFrame->m_wndStatusBar;        // 获得主窗口中的状态栏
指针
    if (pStatus)
    {
        str.Format("X=%d, Y=%d",point.x, point.y); // 格式化文本
        pStatus->SetPaneText(1,str);                  // 更新第二个窗格的文本
    }
    CView::OnMouseMove(nFlags, point);
}
```

⑤ 将项目工作区切换到 FileView 页面，展开 Head Files（头文件）所有节点，双击 MainFrm.h 文件，找到并将保护变量 m_wndStatusBar 变成公共变量，即：

```
public:
    CStatusBar       m_wndStatusBar;
protected:  // control bar embedded members
    CToolBar       m_wndToolBar;
```

⑥ 类似的，打开 Ex_SDIMouseView.cpp 文件，并在其开始处添加下列语句：

```
#include "Ex_SDIMouseView.h"
#include "MainFrm.h"
```

⑦ 编译并运行，结果如图 12.18 所示。

12.4.3 改变状态栏的风格

在 MFC 的 CStatusBar 类中，有两个成员函数可以改变状态栏风格，它们是：

```
void SetPaneInfo( int nIndex, UINT nID, UINT
nStyle, int cxWidth );
    void SetPaneStyle( int nIndex, UINT nStyle );
```

其中，参数 nIndex 表示要设置的状态栏窗格的索引，nID 用来为状态栏窗格指定新的 ID，cxWidth 表示窗格的像素宽度，nStyle 表示窗格的风格类型，用来指定窗格的外观，例如 SBPS_POPOUT 表示窗格是凸起来的，具体见表 12.5。

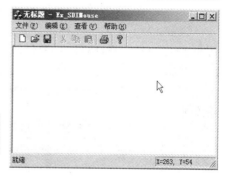

图 12.18　鼠标的位置显示在状态栏上

表 12.5　状态栏窗格的风格类型

风 格 类 型	含　义
SBPS_NOBORDERS	窗格周围没有 3D 边框
SBPS_POPOUT	反显边界以使文字"凸出来"
SBPS_DISABLED	禁用窗格，不显示文本
SBPS_STRETCH	拉伸窗格，并填充窗格不用的空白空间。但状态栏只能有一个窗格具有这种风格
SBPS_NORMAL	普通风格，它没有"拉伸"，"3D 边框"或"凸出来"等特性

例如，在前面的示例中，将 OnMouseMove 函数修改为下列代码，则结果如图 12.19 所示。

```
void CEx_SDIMouseView::OnMouseMove(UINT nFlags, CPoint point)
{
    CString str;
    CMainFrame* pFrame=(CMainFrame*)AfxGetApp()->m_pMainWnd;   // 获得主窗口
```

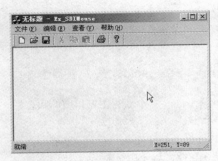

图 12.19　设置状态栏的风格

```
CStatusBar* pStatus=&pFrame->m_wndStatusBar;
    // 获得主窗口中的状态栏指针
  if (pStatus)    {
      pStatus->SetPaneStyle(1, SBPS_POPOUT);

      str.Format("X=%d, Y=%d",point.x, point.y);
// 格式化文本
        pStatus->SetPaneText(1,str);
  // 更新第二个窗格的文本
  }
  CView::OnMouseMove(nFlags, point);
}
```

12.5　常见问题解答

（1）菜单有哪些常见的规则？

解答：为了使应用程序更容易操作，对于菜单系统的设计还遵循下列一些规则：

● 若单击某菜单项后，将弹出一个对话框，那么在该菜单项文本后有"…"。

● 若某项菜单有子菜单，那么在该菜单项文本后有"▶"。

● 若某项菜单需快捷键的支持，如【Ctrl+N】，则一般将其列在相应菜单项文本之后。

（2）菜单项和工具栏按钮的状态是如何更新呢？

解答：为了使菜单项和工具栏按钮等交互对象能动态地更新，MFC 专门为它们提供了"更新命令宏" ON_UPDATE_COMMAND_UI，并可通过 MFC ClassWizard 来映射。

例如，打开【例 Ex_MultiBar】应用程序，用 MFC ClassWizard 在 CMainFrame 类中添加菜单 ID_VIEW_NEWBAR 的 UPDATE_COMMAND_UI 消息映射，保留其默认的映射函数名，并添加下列代码：

```
void CMainFrame::OnUpdateViewNewbar(CCmdUI* pCmdUI)
{
    int bShow = m_wndTestBar.IsWindowVisible();
    pCmdUI ->SetCheck( bShow );
}
```

代码中，OnUpdateViewNewbar 是 ID_VIEW_NEWBAR 的更新命令消息的消息映射函数。该函数只有一个参数，它是指向 CCmdUI 对象的指针。CCmdUI 类仅用于 ON_UPDATE_COMMAND_UI 消息映射函数，它的成员函数将对菜单项、工具按钮等用户交互对象起作用，具体如表 12.6 所示。

表 12.6　CCmdUI 类的成员函数对用户交互对象的作用

用户交互对象	Enable	SetCheck	SetRadio	SetText
菜单项	允许或禁用	选中(✔)或未选中	选中用点(●)	设置菜单文本
工具栏按钮	允许或禁用	选定、未选定或不确定	同 SetCheck	无效
状态栏窗格(PANE)	使文本可见或不可见	边框外凸或正常	同 SetCheck	设置窗格文本
CDialogBar 中的按钮	允许或禁用	选中或未选中	同 SetCheck	设置按钮文本
CDialogBar 中的控件	允许或禁用	无效	无效	设置窗口文本

编译运行后，打开"查看"菜单，可以看到"新的工具栏(&N)"菜单前面有一个"✔"，再次选择"新的工具栏(&N)"菜单，则新创建的工具栏不见，"新的工具栏(&N)"菜单前面

没有任何标记。若将代码中的 SetCheck 改为 SetRadio，则"✔"变成了"●"，这就是交互对象的更新效果。

12.6 实验实训

学习本章后，可按下列内容进行实验实训：

（1）上机练习【例 Ex_Icon】并在此基础上作修改：① 原来的四个图标使动画看上去不够流畅，为此需再增加四个图标使其变化更完美一些；② 当窗口最小化时，图标停止变化。

（2）上机练习【例 Ex_Cursor】并在此基础上作修改：创建 3 个光标资源，在客户区窗口中单击鼠标，光标将依次变化。

（2）上机练习【例 Ex_TM】并在此基础上实现快捷键、菜单项和工具按钮的命令联动。

（3）上机练习【例 Ex_SDIMouse】并在此基础上实现功能：单击鼠标记录该点，移动鼠标在状态栏显示与该点的相对坐标。

思考与练习

1．如何改变应用程序的图标和光标？

2．什么是助记符？它是如何在菜单中定义的？

3．菜单项的消息有哪些？

4．若对同一个菜单用 ClassWizard 分别在视图类和主框架窗口类 CMainFrame 都处理其 COMMAND 消息，并在它们的函数中添加相同的代码，则当用户选择该菜单后，会有什么样的结果？为什么？

5．什么是键盘快捷键？它是如何定义的？

6．如何使一个工具按钮和某菜单项命令相结合？

7．状态栏的作用是什么？状态栏的窗格分为几类？如何添加和减少相应的窗格？

8．如何在状态栏的窗格显示文本？

9．若状态栏只有一个用户定义的指示器窗格（其 ID 号为 ID_TEXT_PANE），应如何定义？若当用户在客户区双击鼠标时，在该窗格中显示"双击鼠标"字样，则应如何编程？

第**13**章

数据、文档和视图

在 MFC 文档应用程序框架中，文档代表一个数据单元，用户可使用"文件"菜单的"打开"和"保存"命令进行文档数据操作。视图不仅是用户与文档之间的交互接口，而且也是数据可视化的体现。同时，文档模板又使框架窗口、文档和视图紧密相联，它们围绕数据、资源和消息构成了 MFC 文档视图结构体系的核心。

13.1 数据和文档序列化

以前曾介绍过，在 Windows 应用程序开发平台中，为了满足数据定义的需要，Visual C++ 添加了一些新的数据类型，这些数据类型大体包括了字符型、整型、浮点型、布尔型、指针型以及 Windows 应用程序所特有的句柄型。除了这些数据类型外，在 MFC 中还提供了一些如集合类来解决数据在内存中处理和储存。当然，数据还应有共享机制以及能持久地存储在指定的磁盘文件中。这时，就需要理解文档应用程序框架中类对象之间的访问方式，以及使用 MFC 独特的文档 Serialize（序列化）机制来操作数据。

13.1.1 字串资源

事实上，在 MFC 文档序列化流程中，文档的标题和通用文件"打开"和"保存"对话框的过滤器中文件类型还可通过相关资源给予指定，这个资源就是文档模板字串资源，它包含在 String Table（字符串）资源列表的 IDR_MAINFRAME 中，其内容如下（若创建的单文档应用程序为 Ex_SDI）：

```
Ex_SDI\n\n\nEx_SDI\n\n\nExSDI.Document\nEx_SDI Document
```

可以看出，IDR_MAINFRAME 所标识的字符串被 "\n" 分成了七段子串，每段都有特定的用途，其含义如表 13.1 所示。

表 13.1 文档模板字符串的含义

IDR_MAINFRAME 的子串	串 号	用 途
Ex_SDI\n	0	应用程序窗口标题
\n	1	文档根名。对多文档应用程序来说，若在文档窗口标题上显示"Sheet1"，则其中的 Sheet 就是文档根名。若该子串为空，则文档名为默认的"无标题"
Ex_SDI\n	2	新建文档的类型名。若有多个文档类型，则这个名称将出现在"新建"对话框中。
\n	3	通用对话框的文件过滤器正文
\n	4	通用对话框的文件扩展名

IDR_MAINFRAME 的子串	串　号	用　　途
ExSDI.Document\n	5	在注册表中登记的文档类型标识
Ex_SDI Document	6	在注册表中登记的文档类型名称

但对于 MDI 来说，上述的字串分别由 IDR_MAINFRAME 和 IDR_EX_MDITYPE（若项目名为 Ex_MDI）组成；其中，IDR_MAINFRAME 表示窗口标题，而 IDR_EX_MDITYPE 表示后 6 项内容。它们的内容如下：

```
IDR_MAINFRAME: Ex_MDI
IDR_EX_MDITYPE                                          :
\nEx_MDI\nEx_MDI\n\n\nExMDI.Document\nEx_MDI
Document
```

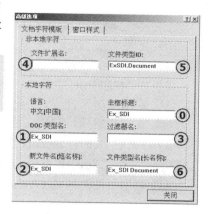

图 13.1　"高级选项"对话框

实际上，文档模板字串资源内容既可直接通过上述字串资源编辑器进行修改，也可以在文档应用程序创建向导的第四步中，单击 高级(A)... 按扭，通过"高级选项（Advanced Options）"对话框中的"文档字符模板（Document Template Strings）"页面来指定，如图 13.1 所示（以单文档应用程序 Ex_SDI 为例）。图中的数字与表 13.1 中对应的串号相一致。

13.1.2　文档序列化

将文档类中的数据成员变量的值保存在磁盘文件中，或者将存储的文档文件中的数据读取到相应的成员变量中，这个过程称为序列化（Serialize）。MFC 文档序列化过程包括：创建空文档、打开文档、保存文档和关闭文档这几个操作，下面来阐述它们的具体运行过程。

1. 创建空文档

应用程序类的 InitInstance 函数在调用了 AddDocTemplate 函数之后，会通过 CWinApp::ProcessShellCommand 间接调用 CWinApp 的另一个非常有用的成员函数 OnFileNew，并依次完成下列工作：

① 构造文档对象，但并不从磁盘中读数据。

② 构造主框架类 CMainFrame 的对象，并创建该主框架窗口，但不显示。

③ 构造视图对象，并创建视图窗口，也不显示。

④ 通过内部机制，使文档、主框架和视图"对象"之间"真正"建立联系。注意与 AddDocTemplate 函数的区别，AddDocTemplate 函数建立的是"类"之间的联系。

⑤ 调用文档对象的 CDocument::OnNewDocument 虚函数，并调用 CDocument::DeleteContents 虚函数来清除文档对象的内容。

⑥ 调用视图对象的 CView::OnInitialUpdate 虚函数对视图进行初始化操作。

⑦ 调用框架对象的 CFrameWnd::ActiveFrame 虚函数，以便显示出带有菜单、工具栏、状态栏以及视图窗口的主框架窗口。

在单文档应用程序中，文档、主框架以及视图对象仅被创建一次，并且这些对象在整个运行过程中都有效。CWinApp::OnFileNew 函数被 InitInstance 函数所调用。但当用户选择"文件（File）"菜单中的"新建（New）"时，CWinApp::OnFileNew 也会被调用，但与 InitInstance 不同的是，这种情况下不再创建文档、主框架以及视图对象，但上述过程的最后 3 个步骤仍然会被执行。

2. 打开文档

当 MFC AppWizard 创建应用程序时，它会自动将"文件（File）"菜单中的"打开（Open）"命令（ID 号为 ID_FILE_OPEN）映射到 CWinApp 的 OnFileOpen 成员函数。这一结果可以从应用类的消息入口处得到验证：

```
BEGIN_MESSAGE_MAP(CEx_SDIApp, CWinApp)
    ...
    ON_COMMAND(ID_FILE_NEW, CWinApp::OnFileNew)
    ON_COMMAND(ID_FILE_OPEN, CWinApp::OnFileOpen)
    // Standard print setup command
    ON_COMMAND(ID_FILE_PRINT_SETUP, CWinApp::OnFilePrintSetup)
END_MESSAGE_MAP()
```

OnFileOpen 函数还会进一步完成下列工作：

① 弹出通用文件"打开"对话框，供用户选择一个文档。

② 文档指定后，调用文档对象的 CDocument:: OnOpenDocument 虚函数。该函数将打开文档，并调用 DeleteContents 清除文档对象的内容，然后创建一个 CArchive 对象用于数据的读取，接着又自动调用 Serialize 函数。

③ 调用视图对象的 CView::OnInitialUpdate 虚函数。

除了使用"文件（File）"→"打开（Open）"菜单项外，用户也可以选择最近使用过的文件列表来打开相应的文档。在应用程序的运行过程中，系统会记录下 4 个默认最近使用过的文件，并将文件名保存在 Windows 的注册表中。当每次启动应用程序时，应用程序都会最近使用过的文件名称显示在"文件（File）"菜单中。

3. 保存文档

当 MFC AppWizard 创建应用程序时，它会自动将"文件（File）"菜单中的"保存（Save）"命令与文档类 CDocument 的 OnFileSave 函数在内部关联起来，但用户在程序框架中看不到相应的代码。OnFileSave 函数还会进一步完成下列工作：

① 弹出通用文件"保存"对话框，让用户提供一个文件名。

② 调用文档对象的 CDocument::OnSaveDocument 虚函数，接着又自动调用 Serialize 函数，将 CArchive 对象的内容保存在文档中。

需要说明的是：

● 只有在保存文档之前还没有存过盘（亦即没有文件名）或读取的文档是"只读"的，OnFileSave 函数才会弹出通用"保存"对话框。否则，只执行第 2 步。

● "文件（File）"菜单中还有一个"另存为（Save As）"命令，它是与文档类 CDocument 的 OnFileSaveAs 函数相关联。不管文档有没有保存过，OnFileSaveAs 都会执行上述两个步骤。

● 上述文档存盘的必要操作都是由系统自动完成的。

4. 关闭文档

当用户试图关闭文档（或退出应用程序）时，应用程序会根据用户对文档的修改与否来进一步完成下列任务：

① 若文档内容已被修改，则弹出一个消息对话框，询问用户是否需要将文档保存。当用户选择"是"，则应用程序执行 OnFileSave 过程。

② 调用 CDocument::OnCloseDocument 虚函数，关闭所有与该文档相关联的文档窗口及相应的视图，调用文档类 CDocument 的 DeleteContents 清除文档数据。

需要说明的是，MFC 应用程序通过 CDocument 的 protected 类型成员变量 m_bModified

的逻辑值来判断用户是否对文档进行修改，如果 m_bModified 为"真"，则表示文档被修改。对于用户来说，可以通过 CDocument 的 SetModifiedFlag 成员函数来设置或通过 IsModified 成员函数来访问 m_bModified 的逻辑值。当文档创建、从磁盘中读出以及文档存盘时，文档的这个标记就被置为 FALSE（假）；而当文档数据被修改时，用户必须使用 SetModifiedFlag 函数将该标记置为 TRUE（真）。这样，当关闭文档时，应用程序就会弹出消息对话框，询问是否保存已修改的文档。

特别地，由于多文档应用程序序列化过程基本上和单文档相似，因此这里无需重复。

13.1.3 使用 CArchive 类

从上述的单文档序列化过程可以看出：打开和保存文档时，系统都会自动调用 Serialize 函数。事实上，MFC AppWizard 在创建文档应用程序框架时已在文档类中重载了 Serialize 函数，通过在该函数中添加代码可达到实现数据序列化的目的。例如，在 Ex_SDI 单文档应用程序的文档类中有这样的默认代码：

```
void CEx_SDIDoc::Serialize(CArchive& ar)
{
    if (ar.IsStoring())              // 当文档数据需要存盘时
    {
        // TODO: add storing code here
    } else                          // 当文档数据需要读取时
    {  // TODO: add loading code here
    }
}
```

代码中，Serialize 函数的参数 ar 是一个 CArchive 类引用变量。通过判断 ar.IsStoring 的结果是"真"还是"假"就可决定向文档写或读数据。

CArchive（归档）类提供对文件数据进行缓存，它同时还保存一个内部标记，用来标识文档是存入（写盘）还是载入（读盘）。每次只能有一个活动的存档与 ar 相连。通过 CArchive 类可以简化文件操作，它提供"<<"和">>"运算符，用于向文件写入简单的数据类型以及从文件中读取它们，表 13.2 列出了 CArchive 所支持的的常用数据类型。

表 13.2 ar 中可以使用<<和>>运算符的数据类型

类　型	描　述	类　型	描　述
BYTE	8 位无符号整型	WORD	16 位无符号整型
LONG	32 位带符号整型	DWORD	32 位无符号整型
float	单精度浮点	double	双精度浮点
int	带符号整型	short	带符号短整型
char	字符型	unsigned	无符号整型

除了"<<"和">>"运算符外，CArchive 类还提供成员函数 ReadString 和 WriteString 用来从一个文件对象中读写一行文本，它们常用的原型如下：

```
Bool ReadString(CString& rString );
void WriteString( LPCTSTR lpsz );
```

其中，lpsz 用来指定读或写的文本内容，nMax 用来指定可以读出的最大字符个数。需要说明的是，当向一个文件写一行字符串时，字符 '\0'和'\n'都不会写到文件中，在使用时要特别注意。

13.1.4 简单数组集合类

文档数据存取时常常需要使用 MFC 提供的集合类来进行操作。这样不仅可以有利于优化数据结构，简化数据的序列化，而且保证数据类型的安全性。

集合类常常用于装载一组对象，组织文档中的数据，也常用作数据的容器。从集合类的表现形式上看，MFC 提供的集合类可分为三类：链表集合类（List）、数组集合类（Array）和映射集合类（Map）。限于篇幅，这里仅讨论简单数组集合类，它包括 CObArray（对象数组集合类）、CByteArray（BYTE 数组集合类）、CDWordArray（DWORD 数组集合类）、CPtrArray（指针数组集合类） 、CStringArray（字符串数组集合类）、CUIntArray（UINT 数组集合类）和 CWordArray（WORD 数组集合类）。

简单数组集合类是一个大小动态可变的数组，数组中的元素可用下标运算符"[ ]"来访问（从 0 开始）、设置或获取元素数据。若要设置超过数组当前个数的元素的值，可以指定是否使数组自动扩展。当数组不需扩展时，访问数组集合类的速度与访问标准 C++中的数组的速度同样快。以下的基本操作对所有的简单数组集合类都适用。

1. 简单数组集合类的构造及元素的添加

对简单数组集合类构造的方法都是一样的，均是使用各自的构造函数。下面的代码说明了简单数组集合类的两种构造方法：

```
CObArray array;                        // 使用默认的内存块大小
CObArray* pArray = new CObArray;       // 使用堆内存中的默认的内存块大小
```

一旦简单数组集合类对象定义或构造后，就可向其添加元素，此时可使用成员函数 Add 和 Append，它们的原型如下：

```
int Add( CObject* newElement );
int Append( const CObArray& src );
```

其中，Add 函数是向数组的末尾添加一个新元素，且数组自动增 1。如果调用的函数 SetSize 的参数 nGrowBy 的值大于 1，那么扩展内存将被分配。此函数返回被添加的元素序号，元素序号就是数组下标。参数 newElement 表示要添加的相应类型的数据元素。而 Append 函数是向数组的末尾添加由 src 指定的另一个数组的内容。函数返回加入的第一个元素的序号。

2. 访问简单数组集合类的元素

在 MFC 中，一个简单数组集合类元素的访问既可以使用 GetAt 函数，也可使用"[]"操作符，例如：

```
// CObArray::operator []示例
CObArray array;
CAge* pa;                              // CAge 是一个用户类
array.Add( new CAge( 21 ) );          // 添加一个元素
array.Add( new CAge( 40 ) );          // 再添加一个元素
pa = (CAge*)array[0];                 // 获取元素 0
array[0] = new CAge( 30 );            // 替换元素 0；
// CObArray::GetAt 示例
CObArray array;
array.Add( new CAge( 21 ) );          // 元素 0
array.Add( new CAge( 40 ) );          // 元素 1
```

3. 删除简单数组集合类的元素

删除简单数组集合类中的元素一般需要进行以下几个步骤：

① 使用函数 GetSize 和整数下标值访问简单数组集合类中的元素。

② 若对象元素是在堆内存中创建的，则使用 delete 操作符删除每一个对象元素。

③ 调用函数 RemoveAll 删除简单数组集合类中的所有元素。

例如，下面代码是一个 CObArray 的删除示例：

```
CObArray array;
CAge* pa1;
CAge* pa2;
array.Add( pa1 = new CAge( 21 ) );
array.Add( pa2 = new CAge( 40 ) );
for (int i=0;i<array.GetSize();i++)
    delete array.GetAt(i);
array.RemoveAll();
```

需要说明的是：函数 RemoveAll 是删除数组中的所有元素，而函数 RemoveAt(int nIndex, int nCount = 1)则表示要删除数组中从序号为 nIndex 元素开始的，数目为 nCount 的元素。

13.1.5　示例：文档读取并显示

下面来看一个示例，用来读取打开的文档内容并显示在文档窗口（视图）中。

【例 Ex_Array】读取文档数据并显示

① 用 MFC AppWizard(exe)创建一个默认的单文档应用程序 Ex_Array。为 CEx_ArrayDoc 类添加 CStringArray 类型的成员变量 m_strContents，用来读取文档内容。

② 在 CEx_ArrayDoc::Serialize 函数中添加读取文档内容的代码：

```
void CEx_ArrayDoc::Serialize(CArchive& ar)
{
    if (ar.IsStoring()){}
    else    {
        CString str;
        m_strContents.RemoveAll();
        while (ar.ReadString(str)) {
            m_strContents.Add(str);
        }
    }
}
```

③ 在 CEx_ArrayView::OnDraw 中添加下列代码：

```
void CEx_ArrayView::OnDraw(CDC* pDC)
{
    CEx_ArrayDoc* pDoc = GetDocument();
    ASSERT_VALID(pDoc);
    int y = 0;
    CString str;
    for (int i=0; i<pDoc->m_strContents.GetSize(); i++) {
        str = pDoc->m_strContents.GetAt(i);
        pDC->TextOut( 0, y, str);
        y += 16;
    }
}
```

代码中，宏 ASSERT_VALID 是用来调用 AssertValid 函数，AssertValid 的目的是启用"断言"机制来检验对象的正确性和合法性。通过 GetDocument 函数可以在视图类中访问文档类的成员，TextOut 是 CDC 类的一个成员函数，用于在视图指定位置处绘制文本内容。

④ 编译运行并测试，打开任意一个文本文件，结果如图 13.2 所示。需要说明的是，该示例的功能还需要进行添加，例如显示的字体改变、行距的控制等，最主要的是不能在视图中通过滚动条来查看文档的全部内容。

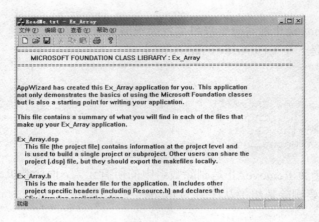

图 13.2　在视图上显示文档内容

13.2　视图及应用框架

视图，不仅可以响应各种类型的输入，例如键盘输入、鼠标输入或拖放输入、菜单、工具条和滚动条产生的命令输入等，而且还与文档或控件一起构成了视图应用框架，如列表视图、树视图等。

13.2.1　一般视图框架

MFC 中的 CView 类及其它的派生类封装了视图的各种不同的应用功能，它们为用户实现最新的 Windows 应用程序特性提供了很大的便利。这些视图类如表 13.3 所示。它们都可以作为文档应用程序中视图类的基类，其设置的方法是在 MFC AppWizard(exe)创建单文档或多文档应用程序向导的第 6 步中进行用户视图类的基类的选择。

表 13.3　CView 的派生类及其功能描述

类　　名	功　能　描　述
CScrollView	提供自动滚动或缩放功能
CFormView	提供可滚动的视图应用框架，它由对话框模板创建，并具有和对话框一样的设计方法
CRecordView	提供表单视图直接与 ODBC 记录集对象关联；和所有的表单视图一样，CRecordView 也是基于对话框模板设计的
CDaoRecordView	提供表单视图直接与 DAO 记录集对象关联；其它同 CRecordView
CCtrlView	是 CEditView、CListView、CTreeView 和 CRichEditView 的基类，它们提供的文档视图结构也适用于 Windows 中的新控件
CEditView	提供包含编辑控件的视图应用框架；支持文本的编辑、查找、替换以及滚动功能
CRichEditView	提供包含复合编辑控件的视图应用框架；它除了 CEditView 功能外还支持字体、颜色、图表及 OLE 对象的嵌入等
CListView	提供包含列表控件的视图应用框架；它类似于 Windows 资源管理器的右侧窗口
CTreeView	提供包含树状控件的视图应用框架；它类似于 Windows 资源管理器的左侧窗口

1. CEditView 和 CRichEditView

CEditView 是一种像编辑框控件 CEdit 一样的视图框架，它也提供窗口编辑控制功能，可以用来执行简单文本操作，如打印、查找、替换、剪贴板的剪切、复制和粘贴等。由于 CEditView 类自动封装上述常用操作，因此只要在文档模板中使用 CEditView 类，那么应用程序的"编辑"菜单和"文件"菜单里的菜单项都可自动激活。

CRichEditView 类要比 CEditView 类功能强大得多，由于它使用了复文本编辑控件，因而它支持混合字体格式和更大数据量的文本。CRichEditView 类被设计成与 CRichEditDoc 和 CRichEditCntrItem 类一起使用，用以实现一个完整的 ActiveX 包容器应用程序。

2．CFormView

CFormView 是一个非常有用的视图应用框架，它具有许多无模式对话框的特点。像 CDialog 的派生类一样，CFormView 的派生类也和相应的对话框资源相联系，它也支持对话框数据交换和数据校验（DDX 和 DDV）。特别地，CFormView 还是所有表单视图类（如 CRecordView、CDaoRecordView、CHtmlView 等）的基类。

3．CHtmlView

CHtmlView 框架是将 WebBrowser 控件嵌入到文档视图结构中所形成的视图框架。WebBrowser 控件可以浏览网址，也可以作为本地文件和网络文件系统的窗口，它支持超级链接、统一资源定位（URL）导航器并维护历史列表等。

4．CScrollView

CScrollView 框架不仅能直接支持视图的滚动操作，而且还能管理视口的大小和映射模式，并能响应滚动条消息、键盘消息以及鼠标滚轮消息。

13.2.2 图像列表

（后面要讨论的）列表视图和树视图框架往往还涉及到图像列表类，以便能为列表项设置相应的图标，在它们封装的类的成员函数中，都有一个 SetImageList 函数用来指定要关联的图像列表组件。在 MFC 中，图像列表组件是使用 CImageList 类来创建、显示或管理图像的。

1．图像列表的创建

图像列表是一个组件，它的创建不能像控件那样在对话框资源中通过编辑器来创建。因此，创建一个图像列表首先要声明一个 CImageList 对象，然后调用 Create 函数。由于 Create 函数的重载很多，故这里给出最常用的一个原型：

```
BOOL Create( int cx, int cy, UINT nFlags, int nInitial, int nGrow );
```

其中，cx 和 cy 用来指定图像的像素大小；nFlags 表示要创建的图像类型，一般取其 ILC_COLOR 和 ILC_MASK（指定屏蔽图像）的组合，默认 ILC_COLOR 为 ILC_COLOR4（16 色），当然也可以是 ILC_COLOR8（256 色）、ILC_COLOR16（16 位色）等；nInitial 用来指定图像列表中最初的图像数目；nGrow 表示当图像列表的大小发生改变时图像可以增加的数目。

2．图像列表的基本操作

常见的图像列表的基本操作有：增加、删除和绘制等，其相关成员函数如下：

```
int Add( CBitmap* pbmImage, CBitmap* pbmMask );
int Add( CBitmap* pbmImage, COLORREF crMask );
int Add( HICON hIcon );
```

此函数用来向一个图像列表添加一个图标或多个位图。成功时返回第一个新图像的索引号，否则返回-1。参数 pbmImage 表示包含图像的位图指针，pbmMask 表示包含屏蔽的位图指针，crMask 表示屏蔽色，hIcon 表示图标句柄。

```
BOOL Remove( int nImage );
```

该函数用来从图像列表中删除一个由 nImage 指定的图像，成功时返回非 0，否则返回 0。

```
HICON ExtractIcon( int nImage );
```

该函数用来将 nImage 指定的图像扩展为图标。

```
COLORREF SetBkColor( COLORREF cr );
```

该函数用来设置图像列表的背景色，它可以是 CLR_NONE。成功时返回先前的背景色，否则为 CLR_NONE。

13.2.3 列表视图框架

CListView 框架是将列表控件（CListCtrl）嵌入到文档视图结构中所形成的视图框架。由于它又是从 CCtrlView 中派生的，因此它既可以调用 CCtrlView 的基类 CView 类的成员函数，又可以使用 CListCtrl 功能。当使用 CListCtrl 功能时，必先得到 CListView 封装的内嵌可引用的 CListCtrl 对象，这时就需调用 CListView 的成员函数 GetListCtrl，如下面的代码：

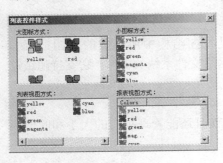

图 13.3　列表控件样式

```
CListCtrl& listCtrl = GetListCtrl();
// listCtrl 必须定义成引用
```

由于 CListView 框架是以列表控件 CListCtrl 为内建对象，因而它的类型和样式也就是列表控件的类型和样式。

1. 列表控件的类型

列表控件是一种极为有用的控件之一，它可以用"大图标"、"小图标"、"列表视图"或"报表视图"等四种不同的方式来显示一组信息，如图 13.3 所示。

所谓大图标方式，是指列表所有项的上方均以大图标（32 x 32）形式出现，用户可将其拖动到列表视图窗口的任意位置。小图标方式是指列表所有项的左方均以小图标（16 x 16）形式出现，用户可将其拖动到列表视图窗口的任意位置。列表视图方式与图标方式不同，列表项被安排在某一列中，用户不能拖动它们。报表视图方式是指列表项出现在各自的行上，而相关的信息出现在右边，最左边的列可以是标签或图标，接下来的列则是程序指定的列表项内容。报表视图方式中最引人注目的是它可以有标题头。

2. 列表控件的样式及其修改

列表控件的样式有两类，一类是一般样式，如表 13.4 所示。

表 13.4　列表控件常用一般样式

样　式	含　义
LVS_ALIGNLEFT	在"大图标"或"小图标"显示方式中，所有列表项左对齐
LVS_ALIGNTOP	在"大图标"或"小图标"显示方式中，所有列表项被安排在控件的顶部
LVS_AUTOARRANGE	在"大图标"或"小图标"显示方式中，图标自动排列
LVS_ICON	"大图标"显示方式
LVS_LIST	"列表视图"显示方式
LVS_REPORT	"报表视图"显示方式
LVS_SHOWSELALWAYS	一直显示被选择的部分
LVS_SINGLESEL	只允许单项选择，默认时是多项选择
LVS_SMALLICON	"小图标"显示方式

另一类是 Visual C++ 在原有的基础上添加的扩展样式，如 LVS_EX_FULLROWSELECT，表示整行选择，但它仅用于"报表视图"显示方式中。类似的扩展样式常用的还有：

```
LVS_EX_BORDERSELECT       用边框选择方式代替高亮显示列表项
```

对于列表控件的一般样式的修改，可先调用 GetWindowLong 来获取当前样式，然后调用 SetWindowLong 重新设置新的样式。对于列表控件的扩展样式，可直接调用 CListCtrl 类成员函数 SetExtendedStyle 加以设置。

3. 列表项的基本操作

列表控件类 CListCtrl 提供了许多用于列表项操作的成员函数，如列表项与列的添加和删除等，下面分别介绍。

（1）函数 SetImageList 用来为列表控件设置一个关联的图像列表，其原型如下：

```
CImageList* SetImageList( CImageList* pImageList, int nImageList );
```

其中，nImageList 用来指定图像列表的类型，它可以是 LVSIL_NORMAL（大图标）、LVSIL_SMALL（小图标）和 LVSIL_STATE（表示状态的图像列表）。

（2）函数 InsertItem 用来向列表控件中插入一个列表项。该函数成功时返回新列表项的索引号，否则返回-1。函数原型如下：

```
int InsertItem( int nItem, LPCTSTR lpszItem );
int InsertItem( int nItem, LPCTSTR lpszItem, int nImage );
```

其中，nItem 用来指定要插入的列表项的索引号，lpszItem 表示列表项的文本标签，nImage 表示列表项图标在图像列表中的索引号。

（3）函数 DeleteItem 和 DeleteAllItems 分别用来删除指定的列表项和全部列表项，函数原型如下：

```
BOOL DeleteItem( int nItem );
BOOL DeleteAllItems( );
```

（4）函数 Arrange 用来按指定方式重新排列列表项，其原型如下：

```
BOOL Arrange( UINT nCode );
```

其中，nCode 用来指定排列方式，它可以是下列值之一：

LVA_ALIGNLEFT	左对齐
LVA_ALIGNTOP	上对齐
LVA_DEFAULT	默认方式
LVA_SNAPTOGRID	使所有的图标安排在最接近的网格位置处

（5）函数 InsertColumn 用来向列表控件插入新的一列，函数成功调用后返回新的列的索引，否则返回-1。其原型如下：

```
int InsertColumn( int nCol, LPCTSTR lpszColumnHeading, int nFormat =
LVCFMT_LEFT, int nWidth = -1, int nSubItem = -1 );
```

其中，nCol 用来指定新列的索引，lpszColumnHeading 用来指定列的标题文本，nFormat 用来指定列排列的方式，它可以是 LVCFMT_LEFT(左对齐)、LVCFMT_RIGHT(右对齐)和 LVCFMT_CENTER(居中对齐)；nWidth 用来指定列的像素宽度，-1 时表示宽度没有设置；nSubItem 表示与列相关的子项索引，-1 时表示没有子项。

（6）函数 DeleteColumn 用来从列表控件中删除一个指定的列，其原型如下：

```
BOOL DeleteColumn( int nCol );
```

除了上述操作外，还有一些函数是用来设置或获取列表控件的相关属性的。例如 SetColumnWidth 用来设置指定列的像素宽度，GetItemCount 用来返回列表控件中的列表项个数等。它们的原型如下：

```
BOOL SetColumnWidth( int nCol, int cx );
int GetItemCount( );
```

其中，nCol 用来指定要设置的列的索引号，cx 用来指定列的像素宽度，它可以是 LVSCW_AUTOSIZE，表示自动调整宽度。

4. 列表控件的消息

在列表视图中，可以用 MFC ClassWizard 映射的控件消息有公共控件消息（如

NM_DBLCLK)、标题头控件消息以及列表控件消息。常用的列表控件消息有：

```
LVN_COLUMNCLICK              某列被按击
LVN_ITEMACTIVATE            用户激活某列表项
LVN_ITEMCHANGED             当前列表项已被改变
LVN_ITEMCHANGING            当前列表项即将改变
```

5．示例：列表显示当前的文件

这个示例用来将当前文件夹中的文件用"大图标"、"小图标"、"列表视图"以及"报表视图" 4 种不同方式在列表视图中显示出来。当双击某个列表项时，还将该项的文本标签内容用消息对话框的形式显示出来。

实现这个示例有两个关键问题，一个是如何获取当前文件夹中的所有文件，另一个是如何获取各个文件的图标以便添加到与列表控件相关联的图像列表中。第 1 个问题可能通过 MFC 类 CFileFind 来解决，而对于第 2 问题，则是需要使用 API 函数 SHGetFileInfo。

需要说明的是，为了使添加到图像列表中的图标不重复，本例还使用了一个字符串数组集合类对象来保存图标的类型，每次添加图标时都先来验证该图标是否已经添加过。

【例 Ex_List】列表显示当前的文件

① 用 MFC AppWizard(exe)创建一个默认的单文档应用程序 Ex_List，但在创建的第 6 步将视图的基类选择为 CListView。

② 打开 Ex_ListView.h 文件，直接为 CEx_ListView 类添加下列成员函数和成员函数：

```cpp
class CEx_ListView : public CListView
{
public:
    CImageList        m_ImageList;
    CImageList        m_ImageListSmall;
    CStringArray      m_strArray;
    void SetCtrlStyle(HWND hWnd, DWORD dwNewStyle)
    {
        DWORD    dwOldStyle;
        dwOldStyle = GetWindowLong(hWnd, GWL_STYLE);       // 获取当前样式
        if ((dwOldStyle&LVS_TYPEMASK) != dwNewStyle){
            dwOldStyle &= ~LVS_TYPEMASK;
            dwNewStyle |= dwOldStyle;
            SetWindowLong(hWnd, GWL_STYLE, dwNewStyle);    // 设置新样式
        }
    }
    ...
```

其中，成员函数 SetCtrlStyle 用来设置列表控件的一般样式。

③ 在工作区窗口的 ResourceView 页面中，将 Accelerator 节点下的 IDR_MAINFRAME 资源打开，为其添加一个键盘加速键【Ctrl+G】，其 ID 号为 ID_VIEW_CHANGE。

④ 用 ClassWizard 为 CEx_ListView 类添加 ID_VIEW_CHANGE 的 COMMAND 消息映射函数，并增加下列代码：

```cpp
void CEx_ListView::OnViewChange()
{
    static int nStyleIndex = 1;
    DWORD style[4] = {LVS_REPORT, LVS_ICON, LVS_SMALLICON, LVS_LIST };
    CListCtrl& m_ListCtrl = GetListCtrl();
    SetCtrlStyle(m_ListCtrl.GetSafeHwnd(), style[nStyleIndex]);
    nStyleIndex++;
    if (nStyleIndex>3) nStyleIndex = 0;
}
```

这样，当程序运行后按下【Ctrl+G】键就会切换列表控件的显示方式。

⑤ 用 ClassWizard 为 CEx_ListView 类添加=NM_DBLCLK（双击列表项）消息映射函数，

并增加下列代码：

```cpp
void CEx_ListView::OnDblclk(NMHDR* pNMHDR, LRESULT* pResult)
{
    LPNMITEMACTIVATE lpItem = (LPNMITEMACTIVATE)pNMHDR;
    int nIndex = lpItem->iItem;
    if (nIndex >= 0) {
        CListCtrl& m_ListCtrl = GetListCtrl();
        CString str = m_ListCtrl.GetItemText(nIndex, 0);
        MessageBox(str);
    }
    *pResult = 0;
}
```

这样，当双击某个列表项时，就是弹出一个消息对话框，显示该列表项的文本内容。

⑥ 在 CEx_ListView::OnInitialUpdate 中添加下列代码：

```cpp
void CEx_ListView::OnInitialUpdate()
{
    CListView::OnInitialUpdate();
    m_ImageList.Create(32,32,ILC_COLOR8|ILC_MASK,1,1);
    m_ImageListSmall.Create(16,16,ILC_COLOR8|ILC_MASK,1,1);
    CListCtrl& m_ListCtrl = GetListCtrl();
    m_ListCtrl.SetImageList(&m_ImageList,LVSIL_NORMAL);
    m_ListCtrl.SetImageList(&m_ImageListSmall,LVSIL_SMALL);
    LV_COLUMN listCol;
    char* arCols[4]={"文件名", "大小", "类型", "修改日期"};
    listCol.mask = LVCF_FMT|LVCF_WIDTH|LVCF_TEXT|LVCF_SUBITEM;
    // 添加列表头
    for (int nCol=0; nCol<4; nCol++)    {
        listCol.iSubItem = nCol;
        listCol.pszText = arCols[nCol];
        if (nCol == 1)  listCol.fmt = LVCFMT_RIGHT;
        else                    listCol.fmt = LVCFMT_LEFT;
        m_ListCtrl.InsertColumn(nCol,&listCol);
    }
    // 查找当前目录下的文件
    CFileFind finder;
    BOOL bWorking = finder.FindFile("*.*");
    int nItem = 0, nIndex, nImage;
    CTime m_time;
    CString str, strTypeName;
    while (bWorking) {
        bWorking = finder.FindNextFile();
        if (finder.IsArchived()){
            str = finder.GetFilePath();
            SHFILEINFO fi;
            // 获取文件关联的图标和文件类型名
            SHGetFileInfo(str,0,&fi,sizeof(SHFILEINFO),
                        SHGFI_ICON|SHGFI_LARGEICON|SHGFI_TYPENAME);
            strTypeName = fi.szTypeName;
            nImage = -1;
            for (int i=0; i<m_strArray.GetSize(); i++) {
                if (m_strArray[i] == strTypeName) {
                    nImage = i;         break;
                }
            }
            if (nImage<0)    {                  // 添加图标
                nImage = m_ImageList.Add(fi.hIcon);
                SHGetFileInfo(str,0,&fi,sizeof(SHFILEINFO),
                            SHGFI_ICON|SHGFI_SMALLICON );
                m_ImageListSmall.Add(fi.hIcon);
                m_strArray.Add(strTypeName);
            }
```

```
                // 添加列表项
                nIndex                                                =
m_ListCtrl.InsertItem(nItem,finder.GetFileName(),nImage);
                DWORD dwSize = finder.GetLength();
                if (dwSize> 1024)        str.Format("%dK", dwSize/1024);
                else                     str.Format("%d", dwSize);
                m_ListCtrl.SetItemText(nIndex, 1, str);
                m_ListCtrl.SetItemText(nIndex, 2, strTypeName);
                finder.GetLastWriteTime(m_time) ;
                m_ListCtrl.SetItemText(nIndex, 3, m_time.Format("%Y-%m-%d"));
                nItem++;
            }
        }
        SetCtrlStyle(m_ListCtrl.GetSafeHwnd(), LVS_REPORT);// 设置为报表方式
        // 设置扩展样式，使得列表项一行全项选择且显示出网格线
        m_ListCtrl.SetExtendedStyle(LVS_EX_FULLROWSELECT|LVS_EX_GRIDLINES);
        m_ListCtrl.SetColumnWidth(0, LVSCW_AUTOSIZE);        // 设置列宽
        m_ListCtrl.SetColumnWidth(1, 100);
        m_ListCtrl.SetColumnWidth(2, LVSCW_AUTOSIZE);
        m_ListCtrl.SetColumnWidth(3, 200);
}
```

⑦ 编译并运行，结果如图 13.4 所示。

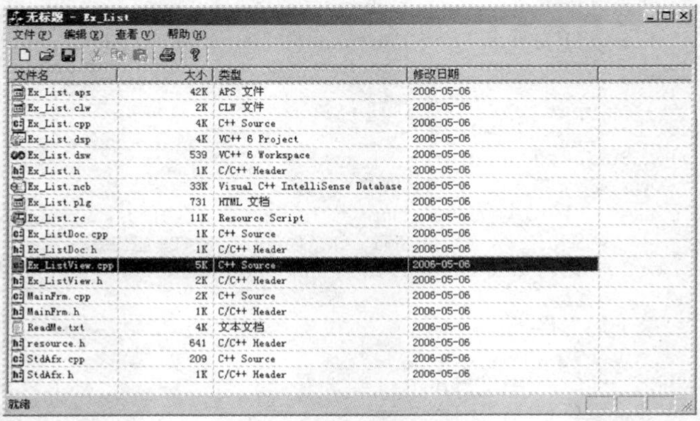

图 13.4   Ex_List 运行结果

13.2.4   树视图框架

同 CListView 相类似，CTreeView 按照 MFC 文档视图结构封装了树控件 CTreeCtrl 类的功能。使用时可用下面代码来获取 CTreeView 中内嵌的树控件：

```
CTreeCtrl& treeCtrl = GetTreeCtrl();        // treeCtrl 必须定义成引用
```

1. 树控件及其样式

与列表控件不同的是，在树控件的初始状态下只显示少量的顶层信息，这样有利于用户决定树的哪一部分需要展开，且可看到节点之间的层次关系。每一个节点都可由一个文本和一个可选的位图图像组成，单击节点可展开或收缩该节点下的子节点。

树控件由父节点和子节点组成。位于某一节点之下的节点称为子节点，位于子节点之上的节点称为该节点的父节点。位于树的顶层或根部的节点称为根节点。

由于 CTreeView 框架是以树控件 CTreeCtrl 为内建对象，因而它的样式也就是控件的样式。常见的树控件样式如表 13.5 所示，其修改方法与列表控件的一般样式修改方法相同。

表 13.5　树控件的一般样式

样　　式	含　　义
TVS_HASLINES	子节点与它们的父节点之间用线连接
TVS_LINESATROOT	用线连接子节点和根节点
TVS_HASBUTTONS	在每一个父节点的左边添加一个按钮"＋"和"－"
TVS_EDITLABELS	允许用户编辑节点的标签文本内容
TVS_SHOWSELALWAYS	当控件失去焦点时，被选择的节点仍然保持被选择
TVS_NOTOOLTIPS	控件禁用工具提示
TVS_SINGLEEXPAND	当使用这个样式时，节点可展开收缩
TVS_CHECKBOXES	在每一节点的最左边有一个复选框
TVS_FULLROWSELECT	多行选择，不能用于 TVS_HASLINES 样式
TVS_INFOTIP	控件得到工具提示时发送 TVN_GETINFOTIP 通知消息
TVS_NOSCROLL	不使用水平或垂直滚动条
TVS_TRACKSELECT	使用热点跟踪

2．树控件的常用操作

MFC 树控件类 CTreeCtrl 类提供了许多关于树控件操作的成员函数，如节点的添加和删除等。下面分别说明。

（1）函数 InsertItem 用来向树控件插入一个新节点，操作成功后，函数返回新节点的句柄，否则返回 NULL。函数原型如下：

```
HTREEITEM InsertItem( UINT nMask, LPCTSTR lpszItem,int nImage, int nSelectedImage,
UINT nState, UINT nStateMask, LPARAM lParam,
HTREEITEM hParent,  HTREEITEM hInsertAfter );
HTREEITEM InsertItem( LPCTSTR lpszItem, HTREEITEM hParent = TVI_ROOT,
HTREEITEM hInsertAfter = TVI_LAST );
HTREEITEM InsertItem( LPCTSTR lpszItem, int nImage, int nSelectedImage,
HTREEITEM hParent = TVI_ROOT, HTREEITEM hInsertAfter = TVI_LAST );
```

其中，nMask 用来指定要设置的属性，lpszItem 用来指定节点的文本标签内容，nImage 用来指定该节点图标在图像列表中的索引号，nSelectedImage 表示该节点被选定时，其图标图像列表中的索引号，nState 表示该节点的当前状态，它可以是 TVIS_BOLD（加粗）、TVIS_EXPANDED（展开）和 TVIS_SELECTED（选中）等，nStateMask 用来指定哪些状态参数有效或必须设置，lParam 表示　与该节点关联的一个 32 位值，hParent 用来指定要插入节点的父节点的句柄，hInsertAfter 用来指定新节点添加的位置，它可以是：

```
TVI_FIRST                  插到开始位置
TVI_LAST                   插到最后
TVI_SORT                   插入后按字母重新排序
```

（2）函数 DeleteItem 和 DeleteAllItems 分别用来删除指定的节点和全部的节点。它们的原型如下：

```
BOOL DeleteAllItems( );
BOOL DeleteItem( HTREEITEM hItem );
```

其中，hItem 用来指定要删除的节点的句柄。如果 hItem 的值是 TVI_ROOT，则所有的节点都被从此控件中删除。

（3）函数 Expand 用来用来展开或收缩指定父节点的所有子节点，其原型如下：

```
BOOL Expand( HTREEETEM hItem, UINT nCode );
```

其中，hItem 指定要被展开或收缩的节点的句柄，nCode 用来指定动作标志，它可以是：

```
TVE_COLLAPSE               收缩所有子节点
TVE_COLLAPSERESET          收缩并删除所有子节点
```

| TVE_EXPAND | 展开所有子节点 |
| TVE_TOGGLE | 如果当前是展开的则收缩，反之则展开 |

（4）函数 GetNextItem 用来获取下一个节点的句柄。它的原型如下：

```
HTREEITEM GetNextItem( HTREEITEM hItem, UINT nCode );
```

其中，hItem 指定参考节点的句柄，nCode 用来指定与 hItem 的关系标志，常见的标志有：

TVGN_CARET	返回当前选择节点的句柄
TVGN_CHILD	返回第一个子节点句柄，hItem 必须为 NULL
TVGN_NEXT	返回下一个兄弟节点(同一个树支上的节点)句柄
TVGN_PARENT	返回指定节点的父节点句柄
TVGN_PREVIOUS	返回上一个兄弟节点句柄
TVGN_ROOT	返回 hItem 父节点的第一个子节点句柄

（5）函数 HitTest 用来测试鼠标当前操作的位置位于哪一个节点中，并返回该节点句柄。它的原型如下：

```
HTREEITEM HitTest( CPoint pt, UINT* pFlags );
```

其中 pFlags 包含当前鼠标所在的位置标志，如下列常用定义：

TVHT_ONITEM	在节点上
TVHT_ONITEMBUTTON	在节点前面的按钮上
TVHT_ONITEMICON	在节点文本前面的图标上
TVHT_ONITEMLABEL	在节点文本上

除了上述操作外，还有其他一些常见操作，如表 13.6 所示。

表 13.6　CTreeCtrl 类其它常见操作

成 员 函 数	说　　明
UINT GetCount( );	获取树中节点的数目，若没有返回-1
BOOL ItemHasChildren(HTREEITEM hItem);	判断一个节点是否有子节点
HTREEITEM GetChildItem(HTREEITEM hItem);	获取由 hItem 指定的节点的子节点句柄
HTREEITEM GetParentItem(HTREEITEM hItem);	获取由 hItem 指定的节点的父节点句柄
HTREEITEM GetSelectedItem( );	获取当前被选择的节点
HTREEITEM GetRootItem( );	获取根节点句柄
CString GetItemText(HTREEITEM hItem) const;	返回由 hItem 指定的节点的文本
BOOL SetItemText(HTREEITEM hItem, LPCTSTR lpszItem);	设置由 hItem 指定的节点的文本
DWORD GetItemData(HTREEITEM hItem) const;	返回与指定节点关联的 32 位值
BOOL SetItemData(HTREEITEM hItem, DWORD dwData);	设置与指定节点关联的 32 位值
COLORREF SetBkColor(COLORREF clr);	设置控件的背景颜色
COLORREF SetTextColor (COLORREF clr);	设置控件的文本颜色
BOOL SelectItem(HTREEITEM hItem);	选中指定节点
BOOL SortChildren(HTREEITEM hItem);	用来将指定节点的所有子节点排序

3. 树视图控件的消息

同列表控件相类似，树控件也可以用 MFC ClassWizard 映射公共控件消息和树控件消息。其中，常用的树控件消息有：

TVN_ITEMEXPANDED	含有子节点的父节点已展开或收缩
TVN_ITEMEXPANDING	含有子节点的父节点将要展开或收缩
TVN_SELCHANGED	当前选择节点发生改变
TVN_SELCHANGING	当前选择节点将要发生改变

4. 示例：遍历本地文件夹

这个示例用来遍历本地磁盘所有的文件夹。需要说明的是，为了能获取本地机器中有效的驱动器，可使用 GetLogicalDrives（获取逻辑驱动器）和 GetDriveType（获取驱动器）函数。

但本例中是使用 SHGetFileInfo 来进行。

【例 Ex_Tree】遍历本地磁盘所有的文件夹

① 用 MFC AppWizard 创建一个默认的单文档应用程序 Ex_Tree，但在创建的第 6 步将视图的基类选择为 CTreeView。

② 为 CEx_TreeView 类添加下列成员变量：

```
class CEx_TreeView : public CTreeView
{
public:
    CImageList      m_ImageList;
    CString         m_strPath;        // 文件夹路径
```

③ 为 CEx_TreeView 类添加成员函数 InsertFoldItem，其代码如下：

```
void CEx_TreeView::InsertFoldItem(HTREEITEM hItem, CString strPath)
{
    CTreeCtrl& treeCtrl = GetTreeCtrl();
    if (treeCtrl.ItemHasChildren(hItem)) return;
    CFileFind finder;
    BOOL bWorking = finder.FindFile(strPath);
    while (bWorking){
        bWorking = finder.FindNextFile();
        if (finder.IsDirectory() && !finder.IsHidden() && !finder.IsDots())
            treeCtrl.InsertItem(finder.GetFileTitle(),    0,    1,    hItem,
TVI_SORT);
    }
}
```

④ 为 CEx_TreeView 类添加成员函数 GetFoldItemPath，其代码如下：

```
CString CEx_TreeView::GetFoldItemPath(HTREEITEM hItem)
{
    CString strPath, str;
    strPath.Empty();
    CTreeCtrl& treeCtrl = GetTreeCtrl();
    HTREEITEM folderItem = hItem;
    while (folderItem) {
        int data = (int)treeCtrl.GetItemData( folderItem );
        if (data == 0)
            str = treeCtrl.GetItemText( folderItem );
        else
            str.Format( "%c:\\", data );
        strPath = str + "\\" + strPath;
        folderItem = treeCtrl.GetParentItem( folderItem );
    }
    strPath = strPath + "*.*";
    return strPath;
}
```

⑤ 用 ClassWizard 为 CEx_TreeView 类添加 TVN_SELCHANGED（当前选择节点改变后）消息处理，并增加下列代码：

```
void CEx_TreeView::OnSelchanged(NMHDR* pNMHDR, LRESULT* pResult)
{
    NM_TREEVIEW* pNMTreeView = (NM_TREEVIEW*)pNMHDR;
    HTREEITEM hSelItem = pNMTreeView->itemNew.hItem; // 获取当前选择的节点
    CTreeCtrl& treeCtrl = GetTreeCtrl();
    CString strPath = GetFoldItemPath( hSelItem );
    if (!strPath.IsEmpty()){
        InsertFoldItem(hSelItem, strPath);
        treeCtrl.Expand(hSelItem,TVE_EXPAND);
    }
    *pResult = 0;
}
```

⑥ 在 CEx_TreeView::PreCreateWindow 函数中添加设置树控件样式代码：

```
BOOL CEx_TreeView::PreCreateWindow(CREATESTRUCT& cs)
{
    cs.style |= TVS_HASLINES|TVS_LINESATROOT|TVS_HASBUTTONS;
    return CTreeView::PreCreateWindow(cs);
}
```

⑦ 在 CEx_TreeView::OnInitialUpdate 函数中添加下列代码：

```
void CEx_TreeView::OnInitialUpdate()
{
    CTreeView::OnInitialUpdate();
    CTreeCtrl& treeCtrl = GetTreeCtrl();
    m_ImageList.Create(16, 16, ILC_COLOR8|ILC_MASK, 2, 1);
    m_ImageList.SetBkColor( RGB( 255,255,255 ));         // 消除图标黑色背景
    treeCtrl.SetImageList(&m_ImageList,TVSIL_NORMAL);
    // 获取 Windows 文件夹路径以便获取其文件夹图标
    CString strPath;
    GetWindowsDirectory((LPTSTR)(LPCTSTR)strPath, MAX_PATH+1);
    // 获取文件夹及其打开时的图标，并添加到图像列表中
    SHFILEINFO fi;
    SHGetFileInfo( strPath, 0, &fi, sizeof(SHFILEINFO),
                   SHGFI_ICON | SHGFI_SMALLICON );
    m_ImageList.Add( fi.hIcon );
    SHGetFileInfo( strPath, 0, &fi, sizeof(SHFILEINFO),
                   SHGFI_ICON | SHGFI_SMALLICON | SHGFI_OPENICON );
    m_ImageList.Add( fi.hIcon );
    // 获取已有的驱动器图标和名称
    CString str;
    for( int i = 0; i < 32; i++ ){
        str.Format( "%c:\\", 'A'+i );
        SHGetFileInfo( str, 0, &fi, sizeof(SHFILEINFO),
                       SHGFI_ICON | SHGFI_SMALLICON | SHGFI_DISPLAYNAME);
        if (fi.hIcon) {
            int nImage = m_ImageList.Add( fi.hIcon );
            HTREEITEM hItem = treeCtrl.InsertItem( fi.szDisplayName, nImage,
nImage );
            treeCtrl.SetItemData( hItem, (DWORD)('A'+i));
        }
    }
}
```

⑧ 编译并运行，结果如图 13.5 所示。

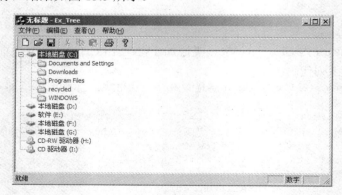

图 13.5   Ex_Tree 运行结果

13.3　文档视图结构

文档和视是编程者最关心的，因为应用程序的大部分代码都会被添加在这两个类中。文档和视紧密相联，是用户与文档之间的交互接口；用户通过文档视图结构可实现数据的传输、编辑、读取和保存等。但文档、视图以及和应用程序框架的相关部分之间还包含了一系列非常复杂的相互作用。切分窗口和一档多视是文档和视图相互作用的典型实例。

13.3.1　作用函数

正常情况下，MFC 应用程序用一种编程模式使程序中数据与它的显示形式和用户交互分离开来，这种模式就是"文档视图结构"，文档视图结构能方便地实现文档和视图的相互作用。一旦在用 MFC AppWizard 创建文档应用程序的第 1 步中选中了"文档/视图体系结构支持"复选框，就可使用下列五个文档和视图相互作用的重要成员函数。

1. CView::GetDocument 函数

视图对象只有一个与之相联系的文档对象，它所包含的 GetDocument 函数允许应用程序由视图得到与之相关联的文档。假设视图对象接收到了一条消息，表示用户输入了新的数据，此时，视图就必须通知文档对象对其内部数据进行相应的更新。GetDocument 函数返回的是指向文档的指针，利用它可以对文档类公有型成员函数及成员变量进行访问。

当 MFC AppWizard(exe)产生 CView 的用户派生类时，它同时也创建一个安全类型的 GetDocument 函数，它返回的是指向用户派生文档类的指针。该函数是一个内联（inline）函数，类似于下面的代码形式：

```
CMyDoc* CMyView::GetDocument() // non-debug version is inline
{
    ASSERT(m_pDocument->IsKindOf(RUNTIME_CLASS(CMyDoc)));
    // 断言 m_pDocument 指针可以指向的 CMyDoc 类是一个 RUNTIME_CLASS 类型
    return (CMyDoc*)m_pDocument;
}
```

当编译器在视图类代码中遇到对 GetDocument 函数的调用时，它执行的实际上是派生类视图类中 GetDocument 函数代码。

2. CDocument::UpdateAllViews 函数

如果文档中的数据发生了改变，那么所有的视图都必须被通知到，以便它们能够对所显示的数据进行相应的更新。UpdateAllViews 函数就起到这样的作用，它的原型如下。

```
void UpdateAllViews( CView* pSender, LPARAM lHint = 0L, CObject* pHint = NULL );
```

其中，参数 pSender 表示视图指针，若在派生文档类的成员函数中调用该函数，则此参数应为 NULL，若该函数被派生视图中的成员函数调用，则此参数应为 this。lHint 表示更新视图时发送的相关信息，pHint 表示存贮信息的对象指针。

当 UpdateAllViews 函数被调用时，如果参数 pSender 指向某个特定的视图对象，那么除了该指定的视图之外，文档的所有其它视图的 OnUpdate 函数都会被调用。

3. CView::OnUpdate 函数

这是一个虚函数。当应用程序调用了 CDocument::UpdateAllViews 函数时，应用程序框架就会相应地调用各视图的 OnUpdate 函数，它的原型如下：

```
virtual void OnUpdate( CView* pSender, LPARAM lHint, CObject* pHint );
```

其中，参数 pSender 表示文档被更改的所关联的视图类指针，当为 NULL 时表示所有的视图都被更新。

默认的 OnUpdate 函数(lHint = 0, pHint = NULL)使得整个窗口矩形无效。如果用户想要视图的某部分无效，那么用户就要定义相关的提示（hint）参数给出准确的无效区域；其中 lHint 可用来表示任何内容，pHint 可用来传递从 CObject 派生的类指针；在具体实现时，用户还可用 CWnd::InvalidateRect 来代替上述方法。

事实上，hint 机制主要用来传递更新视图时所需的一些相关数据或其它信息，例如将文档的 CPoint 数据传给所有的视图类，则有下列语句：

```
GetDocument()->UpdateAllViews(NULL, 1, (CObject *)&m_ptDraw);
```

4. CView::OnInitialUpdate 函数

当应用程序被启动时，或当用户从"文件"菜单中选择了"新建"或"打开"时，该 CView 虚函数都会被自动调用。该函数除了调用无提示参数(lHint = 0, pHint = NULL)的 OnUpdate 函数之外，没有其它任何操作。

但用户可以重载此函数对文档所需信息进行初始化操作。例如，如果用户应用程序中的文档大小是固定的，那么用户就可以在此重载函数中根据文档大小设置视图滚动范围；如果应用程序中的文档大小是动态的，那么用户就可在文档每次改变时调用 OnUpdate 来更新视图的滚动范围。

5. CDocument::OnNewDocument 函数

在文档应用程序中，当用户从"文件"菜单中选择"新建"命令时，框架将首先构造一个文档对象，然后调用该虚函数。这里是设置文档数据成员初始值的好地方，当然文档数据成员初始化处理还有其它的一些方法。

13.3.2 切分窗口

切分窗口是一种"特殊"的文档窗口，它可以有许多窗格（pane），在窗格中又可包含若干个视图。切分可分为静态切分和动态切分两种类型。

对于"静态切分"窗口来说，当窗口第一次被创建时，窗格就已经被切分好了，窗格的次序和数目不能再被改变，程序运行后，可移动切分条来调整窗格的大小。而对于"动态切分"窗口来说，程序运行后，既可通过选择菜单项来对窗口进行切分，也可通过拖动滚动条中的切分块对窗口进行切分。通常，"静态切分"的每个窗格通常是不同的视图类对象，且允许的最大窗格数目为 16 x 16。而"动态切分"的窗格仅是同一个视图类对象，且允许的最大窗格数目是 2 x 2。由于"动态切分"常通过组件的方式来添加，故这里仅讨论静态切分的程序方法。

在 MFC 中，CSplitterWnd 类封装了窗口切分过程中所需的功能函数。其中，成员函数 CreateStatic 用来创建"静态切分"窗口，其函数原型如下：

```
BOOL CreateStatic( CWnd* pParentWnd, int nRows, int nCols,
DWORD dwStyle = WS_CHILD | WS_VISIBLE,
UINT nID = AFX_IDW_PANE_FIRST );
```

其中，参数 pParentWnd 表示切分窗口的父框架窗口。nRows 表示窗口静态切分的行数（不能超过 16）。nCols 表示窗口静态切分的列数（不能超过 16）。

当使用 CreateStatic 创建后，还应调用 CSplitterWnd::CreateView 来为静态窗格指定一个视图类对象，从而创建一个视图窗口，各窗格的视图类可以相同，也可以不同。其函数原型如下：

```
BOOL CreateView( int row, int col, CRuntimeClass* pViewClass,
SIZE sizeInit, CCreateContext* pContext );
```

其中，row 和 col 用来指定具体的静态窗格，pViewClass 用来指定与静态窗格相关联的视图类，sizeInit 表示视图窗口初始大小，pContext 用来指定一个"创建上下文"指针。"创建上下文"结构 CCreateContext 包含当前文档视图框架结构。

需要说明的是，切分功能只应用于文档窗口。单文档应用程序切分创建是在 CMainFrame 类中进行的，而对于多文档应用程序来说，添加切分功能时应在子框架窗口类 CChildFrame 中进行。下面的示例是将单文档应用程序中的文档窗口静态分成 3 x 2 个窗格。

【例 Ex_SplitSDI】静态切分

① 创建一个默认的单文档应用程序 Ex_SplitSDI。

② 打开框架窗口类 MainFrm.h 头文件，为 CMainFrame 类添加一个保护型的切分窗口的数据成员，如下面的定义：

```
protected: // control bar embedded members
    CStatusBar       m_wndStatusBar;
    CToolBar     m_wndToolBar;
    CSplitterWnd    m_wndSplitter;
```

③ 用 MFC ClassWizard 添加并创建一个新的视图类 CDemoView（基类为 CView）用于与静态切分的窗格相关联。

④ 用 MFC ClassWizard 为 CMainFrame 类添加 OnCreateClient（当主框架窗口客户区创建的时候自动调用该函数）函数重载，并添加下列代码：

```
BOOL    CMainFrame::OnCreateClient(LPCREATESTRUCT    lpcs,    CCreateContext*
pContext)
{
    CRect rc;
    GetClientRect(rc);                                // 获取客户区大小
    CSize paneSize(rc.Width()/2-16,rc.Height()/3-16); // 计算每个窗格的平均尺寸
    m_wndSplitter.CreateStatic(this,3,2);            // 创建 3 x 2 个静态窗格
    m_wndSplitter.CreateView(0,0,RUNTIME_CLASS(CDemoView),
        paneSize,pContext);                          // 为相应的窗格指定视图类
    m_wndSplitter.CreateView(0,1,RUNTIME_CLASS(CDemoView),
        paneSize,pContext);
    m_wndSplitter.CreateView(1,0,RUNTIME_CLASS(CDemoView),
        paneSize,pContext);
    m_wndSplitter.CreateView(1,1,RUNTIME_CLASS(CDemoView),
        paneSize,pContext);
    m_wndSplitter.CreateView(2,0,RUNTIME_CLASS(CDemoView),
        paneSize,pContext);
    m_wndSplitter.CreateView(2,1,RUNTIME_CLASS(CDemoView),
        paneSize,pContext);
    return TRUE;
}
```

⑤ 在 MainFrm.cpp 源文件的开始处，添加视图类 CDemoView 的包含文件：

```
#include "MainFrm.h"
#include "DemoView.h"
```

⑥ 编译并运行，结果如图 13.6 所示。

13.3.3 一档多视

多数情况下，一个文档对应于一个视图，但有时一个文档可能对应于多个视图，这种情

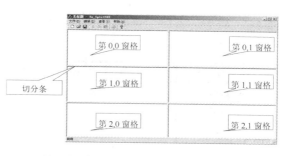

图 13.6 单文档的静态切分

况称之为"一档多视"。

下面的示例是用切分窗口在一个多文档应用程序 Ex_Rect 中为同一个文档数据提供 2 种不同的显示和编辑方式，如图 13.7 所示。在左边的窗格（表单视图）中，用户可以调整小方块在右边窗格的坐标位置。而若在右边窗格（一般视图）中任意单击鼠标，相应的小方块会移动到当前鼠标位置处，且左边窗格的编辑框内容也随之发生改变。

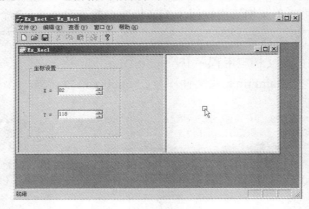

图 13.7　Ex_Rect 运行结果

【例 Ex_Rect】一档多视

（1）设计并完善切分窗口左边的表单视图

① 用 MFC AppWizard(exe)创建一个默认的多文档应用程序 Ex_Rect。但在第 6 步中将视图的基类选择为 CFormView。

② 打开表单模板资源 IDD_EX_RECT_FORM，参看图 13.7，调整表单模板大小，并依次添加如表 13.7 所示的控件。

表 13.7　在表单中添加的控件

添加的控件	ID 号	标　题	其 它 属 性
编辑框	IDC_EDIT1	——	默认
旋转按钮	IDC_SPIN1	——	自动伙伴（Auto buddy）、自动结伴整数（Set buddy integer）、靠右对齐（Alignment Right），其它默认
编辑框	IDC_EDIT2	——	默认
旋转按钮	IDC_SPIN2	——	自动伙伴（Auto buddy）、自动结伴整数（Set buddy integer）、靠右对齐（Alignment Right），其它默认

③ 打开 MFC ClassWizard 的 Member Variables 标签，在 Class name 中选择 CEx_RectView，选中所需的控件 ID 号，双击鼠标，依次为下列控件添加成员变量，如表 13.8 所示。

表 13.8　添加的控件变量

控件 ID 号	变 量 类 别	变 量 类 型	变 量 名
IDC_EDIT1	Value	int	m_CoorX
IDC_EDIT2	Value	int	m_CoorY
IDC_SPIN1	Control	CSpinButtonCtrl	m_SpinX
IDC_SPIN2	Control	CSpinButtonCtrl	m_SpinY

④ 在 CEx_RectDoc 类中添加一个公有型的 CPoint 数据成员 m_ptRect，用来记录小方块

的位置。在 CEx_RectDoc 类的构造函数处添加下列代码：

```
CEx_RectDoc::CEx_RectDoc()
{
    m_ptRect.x = m_ptRect.y = 0;      // 或 m_ptRect = CPoint(0,0)
}
```

⑤ 用 MFC ClassWizard 为编辑框 IDC_EDIT1 和 IDC_EDIT2 添加 EN_CHANGE 的消息映射，使它们的映射函数名都设为 OnChangeEdit，并添加下列代码：

```
void CEx_RectView::OnChangeEdit()
{
    UpdateData(TRUE);
    CEx_RectDoc* pDoc = (CEx_RectDoc*)GetDocument();
    pDoc->m_ptRect.x = m_CoorX;
    pDoc->m_ptRect.y = m_CoorY;
    CPoint pt(m_CoorX, m_CoorY);
    pDoc->UpdateAllViews(NULL, 2, (CObject *)&pt);
}
```

⑥ 用 MFC ClassWizard 为 CEx_RectView 添加 OnUpdate 的消息函数，并添加下列代码：

```
void CEx_RectView::OnUpdate(CView* pSender, LPARAM lHint, CObject* pHint)
{
    if (lHint == 1) {
        CPoint* pPoint = (CPoint *)pHint;
        m_CoorX = pPoint->x;
        m_CoorY = pPoint->y;
        UpdateData(FALSE);               // 在控件中显示
        CEx_RectDoc* pDoc = (CEx_RectDoc*)GetDocument();
        pDoc->m_ptRect = *pPoint;    // 保存在文档类中的 m_ptRect
    }
}
```

⑦ 在 CEx_RectView::OnInitialUpdate 中添加一些初始化代码：

```
void CEx_RectView::OnInitialUpdate()
{
    CFormView::OnInitialUpdate();
    ResizeParentToFit();
    CEx_RectDoc* pDoc = (CEx_RectDoc*)GetDocument();
    m_CoorX = pDoc->m_ptRect.x;
    m_CoorY = pDoc->m_ptRect.y;
    m_SpinX.SetRange(0, 1024);
    m_SpinY.SetRange(0, 768);
    UpdateData(FALSE);
}
```

（2）运行错误处理

这时编译并运行程序，程序会出现一个运行错误。造成这个错误的原因是因为旋转按钮控件在设置范围时，会自动对其伙伴窗口（编辑框控件）进行更新，而此时编辑框控件还没有完全创建好，处理的方法如下面的操作：

① 为 CEx_RectView 添加一个 BOOL 型的成员变量 m_bEditOK。

② 在 CEx_RectView 构造函数中将 m_bEditOK 的初值设为 FALSE。

③ 在 CEx_RectView::OnInitialUpdate 函数的最后将 m_bEditOK 置为 TRUE，如下面的代码：

```
void CEx_RectView::OnInitialUpdate()
{   ...
    UpdateData(FALSE);
    m_bEditOK = TRUE;
}
```

④ 在 CEx_RectView::OnChangeEdit 函数的最前面添加下列语句：

```
void CEx_RectView::OnChangeEdit()
{
```

```
        if (!m_bEditOK) return;
        ...
    }
```

（3）添加视图类并创建切分窗口

① 用 MFC ClassWizard 添加一个新的 CView 的派生类 CDrawView。

② 用 MFC ClassWizard 为 CChildFrame 类添加 OnCreateClient 函数的重载，并添加下列代码：

```
BOOL    CChildFrame::OnCreateClient(LPCREATESTRUCT    lpcs,    CCreateContext*
pContext)
{
    CRect rect;
    GetWindowRect( &rect );
    BOOL bRes = m_wndSplitter.CreateStatic(this, 1, 2);         // 创建 2 个水
平静态窗格
    m_wndSplitter.CreateView(0,0,
        RUNTIME_CLASS(CEx_RectView), CSize(0,0), pContext);
    m_wndSplitter.CreateView(0,1,
        RUNTIME_CLASS(CDrawView), CSize(0,0), pContext);
    m_wndSplitter.SetColumnInfo(0, rect.Width()/2, 10);        // 设置列宽
    m_wndSplitter.SetColumnInfo(1, rect.Width()/2, 10);
    m_wndSplitter.RecalcLayout();                              // 重新布局
    return bRes;      //CMDIChildWnd::OnCreateClient(lpcs, pContext);
}
```

③ 在 ChildFrm.cpp 的前面添加下列语句：

```
#include "ChildFrm.h"
#include "Ex_RectView.h"
#include "DrawView.h"
```

④ 打开 ChildFrm.h 文件，为 CChildFrame 类添加下列成员变量：

```
public:
    CSplitterWnd    m_wndSplitter;
```

此时编译，程序会有一些错误。这些错误的出现是基于这样的一些事实：在用标准 C/C++ 设计程序时，有一个原则即两个代码文件不能相互包含，而且多次包含还会造成重复定义的错误。为了解决这个难题，Visual C++使用#pragma once 来通知编译器在生成时只包含（打开）一次，也就是说，在第一次#include 之后，编译器重新生成时不会再对这些包含文件进行包含（打开）和读取，因此看到在用向导创建的所有类的头文件中都有#pragma once 这样的语句。然而正是由于这个语句而造成了在第二次#include 后编译器无法正确识别所引用的类，从而发生错误。解决的办法是在相互包含时加入类的声明来通知编译器这个类是一个实际的调用，如下一步操作。

⑤ 打开 Ex_RectView.h 文件，在 class CEx_RectView : public CFormView 语句前面添加下列代码：

```
class CEx_RectDoc;
class CEx_RectView : public CFormView
{    ...
}
```

（4）完善 CDrawView 类代码并测试

① 为 CDrawView 类添加一个公有型的 CPoint 数据成员 m_ptDraw，用来记录绘制小方块的位置。在 CDrawView::OnDraw 函数中添加下列代码：

```
void CDrawView::OnDraw(CDC* pDC)
{
    CDocument* pDoc = GetDocument();
    CRect rc(m_ptDraw.x-5, m_ptDraw.y-5, m_ptDraw.x+5, m_ptDraw.y+5);
    pDC->Rectangle(rc);
}
```

② 用 MFC ClassWizard 为 CDrawView 类添加 OnInitialUpdate 的重载，并添加下列代码：

```
void CDrawView::OnInitialUpdate()
{
    CView::OnInitialUpdate();
    CEx_RectDoc* pDoc = (CEx_RectDoc*)m_pDocument;
    m_ptDraw = pDoc->m_ptRect;
}
```

③ 在 DrawView.cpp 文件的前面添加 CEx_RectDoc 类的头文件包含：

```
#include "Ex_Rect.h"
#include "DrawView.h"
#include "Ex_RectDoc.h"
```

④ 用 MFC ClassWizard 为 CDrawView 类添加 OnUpdate 的重载，并添加下列代码：

```
void CDrawView::OnUpdate(CView* pSender, LPARAM lHint, CObject* pHint)
{
    if (lHint == 2) {
        CPoint* pPoint = (CPoint *)pHint;
        m_ptDraw = *pPoint;
        Invalidate();
    }
}
```

⑤ 用 MFC ClassWizard 为 CDrawView 类添加 WM_LBUTTONDOWN 的消息映射，并添加下列代码：

```
void CDrawView::OnLButtonDown(UINT nFlags, CPoint point)
{
    m_ptDraw = point;
    GetDocument()->UpdateAllViews(NULL, 1, (CObject*)&m_ptDraw);
    Invalidate();            // 强迫调用 CDrawView::OnDraw
    CView::OnLButtonDown(nFlags, point);
}
```

⑥ 编译运行并测试，结果如前面图 7.7 所示。

从上面的程序代码中可以看出下列一些有关"文档视图"的框架核心技术：

（1）几个视图之间的数据传输是通过 CDocument::UpdateAllViews 和 CView::OnUpdate 的相互作用来实现的，而且，为了避免传输的相互干涉，因而采用提示号（lHint）来区分。例如：当在 CDrawView 中鼠标单击的坐标数据经文档类调用 UpdateAllViews 函数传递，提示号为 1，在 CEx_RectView 类接收数据时，通过提示号来判断，如下面的代码片断：

```
void CDrawView::OnLButtonDown(UINT nFlags, CPoint point)
{   ...
    GetDocument()->UpdateAllViews(NULL, 1, (CObject*)&m_ptDraw); // 传送数据
    ...
}
void CEx_RectView::OnUpdate(CView* pSender, LPARAM lHint, CObject* pHint)
{
    if (lHint == 1)               // 接收时，通过提示号来判断
    {       ...
    }
}
```

再如，当 CEx_RectView 类中的编辑框控件数据改变后，经文档类调用 UpdateAllViews 函数传递，提示号为 2，在 CDrawView 类接收数据时，通过 OnUpdate 函数判断提示号来决定接收数据。

（2）为了能及时更新并保存文档数据，相应的数据成员应在用户文档类中定义。这样，由于所有的视图类都可与文档类进行交互，因而可以共享这些数据。

（3）在为文档创建另一个视图时，该视图的 CView::OnInitialUpdate 将被调用，因此该函数是放置初始化的最好地方。

13.4 常见问题解答

（1）文档视图结构体系中，各应用类对象是如何相互访问的？

解答： 具体各种对象指针的互调方法，如表 13.9 所示。不过，在同一个应用程序的任何对象中，可通过全局函数 AfxGetApp 来获得指向应用程序对象的指针。

表 13.9 各种对象指针的互调方法

所 在 的 类	获取的对象指针	调用的函数	说　　明
文档类	视图	GetFirstViewPosition 和 GetNextView	获取第一个和下一个视图的位置
文档类	文档模板	GetDocTemplate	获取文档模板对象指针
视图类	文档	GetDocument	获取文档对象指针
视图类	框架窗口	GetParentFrame	获取框架窗口对象指针
框架窗口类	视图	GetActiveView	获取当前活动的视图对象指针
框架窗口类	文档	GetActiveDocument	获得当前活动的文档对象指针
MDI 主框架类	MDI 子窗口	MDIGetActive	获得当前活动的 MDI 子窗口对象指针

（2）如何实现动态切分窗口？

解答： 动态切分功能的创建过程要比静态切分简单得多，它不需要重新为窗格指定其它视图类，因为动态切分窗口的所有窗格共享同一个视图。若在文档窗口中添加动态切分功能时可有两种方法，一是在 MFC AppWizard 创建文档应用程序的"第 4 步"对话框中单击 高级(A)... 按扭，通过选中"高级选项"（Advanced Options）对话框"窗口样式"（Window Styles）页面中的"应用切分窗体"（Use Split Window）来创建；二是通过添加切分窗口组件来创建，如下面的过程：

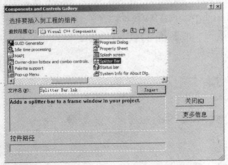

图 13.8　Visual C++支持的组件

① 用 MFC AppWizard(exe)创建一个默认的单文档应用程序 Ex_DySplit。选择"工程"→"添加工程"→"Components and Controls"，在弹出的对话框中双击"Visual C++ Components"，出现 Visual C++支持的组件，选中 Splitter Bar，结果如图 13.8 所示。

② 单击 Insert 按钮，出现一个消息对话框，询问是否要插入 Splitter Bar 组件，单击 确定 按钮，弹出如图 13.9 所示的对话框。从中可选择切分类型：Horizontal（水平切分）、Vertical（垂直切分）和 Both（水平垂直切分）。

③ 选中 Both 选项，单击 OK 按钮，回到图 13.8 中的对话框。单击 关闭(C) 按钮，动态切分就被添加到单文档应用程序的主框架窗口类 CMainFrame 中。

④ 编译运行，结果如图 13.10 所示。

需要说明的是，上述方法还可向应用程序添加许多类似组件，如 Splash screen（程序启动画面）、Tip of the day（今日一贴）和 Windows Multimedia library（Windows 多媒体库）等。

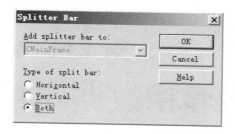

图 13.9 Splitter Bar 组件选项对话框

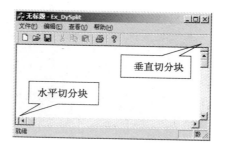

图 13.10 Ex_DySplit 运行结果

13.5 实验实训

学习本章后，可按下列内容进行实验实训：

（1）上机练习【例 Ex_Text】并在此基础上实现功能：选择"文件"→"另存为"菜单项时，弹出的"保存为"对话框的保存类型默认为"*.my"；指定文件名后，打开的文档内容被保存。

（2）上机练习【例 Ex_List】和【例 Ex_Tree】，并根据【例 Ex_List】和【例 Ex_Tree】代码，用切分窗口实现文件资源浏览器的功能。

（3）上机练习【例 Ex_Rect】并在此基础上增加光标方向键的控制：当按下键盘方向键后，小方块随之移动且在左边表单中显示小方块更新后的坐标。

思考与练习

1．文档字串资源有哪些含义？如何编辑字串资源？

2．若想通过对文档字串资源的更改，使应用程序的"打开"或"保存"对话框中的文件类型显示为"C 源文件（*.c,*.cpp）"，则应如何实现？

3．什么是文档的序列化？其过程是怎样的？

4．视图类 CView 的派生类有哪些？其基本使用方法是什么？

5．列表视图有哪些显示方式？如何切换？

6．如何向树视图中添加一个新项（节点）？

7．什么是静态切分和动态切分？它们有何异同？如何在文档窗口中添加切分功能？

8．什么是"一档多视"？文档中的数据改变后是怎样通知视图的？与同一个文档相联系的多个视图又是怎样获得数据的？

第 14 章

图形和数据库

除了基本应用程序外，Visual C++中的 MFC 还可应用于图形、文本、数据库等方面。本章就来简单地介绍它们。

14.1 图形和文本

文档数据有时需要绘制在视图中，实际上任何从 CWnd 派生而来的对话框、控件和视图等都可以作为绘图设备环境，从而可以调用 MFC 设备环境类 CDC 所封装的绘图函数进行画点、线、多边形、位图以及文本输出等操作。一般地，这些绘图操作代码还应添加到 OnPaint 或 OnDraw 虚函数中，因为当窗口或视图无效（如被其他窗口覆盖）时，就会调用这个虚函数中的代码来自动更新。

14.1.1 图形绘制

Visual C++的 CDC（Device Context，设备环境）类是 MFC 中最重要的类之一，它封装了绘图所需要的所有函数，是用户编写图形和文字处理程序必不可少的。

1. 颜色和颜色对话框

在 MFC 中，CDC 使用的是 RGB 颜色空间，即选用红（R）、绿（G）、蓝（B）三种基色分量进行混合，并使用 COLORREF 数据类型来表示一个 32 位的 RGB 颜色，并可用下列的十六进制表示：

```
0x00bbggrr
```

其中，rr、gg、bb 分别表示红、绿、蓝三个颜色分量的 16 进制值，最大为 0xff。在具体操作 RGB 颜色时，还可使用下列的宏操作：

GetBValue	获得 32 位 RGB 颜色值中的蓝色分量
GetGValue	获得 32 位 RGB 颜色值中的绿色分量
GetRValue	获得 32 位 RGB 颜色值中的红色分量
RGB	将指定的 R、G、B 分量值转换成一个 32 位的 RGB 颜色值。

实际上，还可使用 MFC 的颜色选择通用对话框 CColorDialog 类来获取颜色。当对话框 "OK" 退出（即 DoModal 返回 IDOK）时，可调用下列成员获得相应的颜色。

```
COLORREF GetColor( ) const;                    // 返回用户选择的颜色
```

2. 使用 GDI 对象

Windows 还为设备环境提供了各种各样的绘图工具，例如用于画线的"画笔"、填充区域的"画刷"以及用于绘制文本的"字体"。下面先来讨论"画笔"和"画刷"的创建。

（1）创建画笔。创建一个画笔，可以使用 CPen 类的 CreatePen 函数，其原型如下：

```
BOOL CreatePen( int nPenStyle, int nWidth, COLORREF crColor );
```

其中，参数 nPenStyle、nWidth、crColor 分别用来指定画笔的样式（如表 14.1 所示）、宽度和颜色。

表 14.1　画笔的样式

风　　格	含　　义	图　　例
PS_SOLID	实线	————————
PS_DASH	虚线	- - - - - - - -
PS_DOT	点线	············
PS_DASHDOT	点划线	-·-·-·-·
PS_DASHDOTDOT	双点划线	-··-··-··
PS_NULL	不可见线	
PS_INSIDEFRAME	内框线	————————

值得注意的是：

① 当画笔的宽度大于 1 个像素时，画笔的样式只能取 PS_NULL、PS_SOLID 或 PS_INSIDEFRAME，定义为其它样式不会起作用。

② 画笔的创建工作也可在画笔的构造函数中进行，它具有下列原型：

```
CPen( int nPenStyle, int nWidth, COLORREF crColor );
```

（2）创建画刷。CBrush 类根据画刷属性提供了相应的创建函数，例如创建填充色画刷和填充样式画刷的函数为 CreateSolidBrush 和 CreateHatchBrush，它们的原型如下：

```
BOOL CreateSolidBrush( COLORREF crColor );              // 创建填充色画刷
BOOL CreateHatchBrush( int nIndex, COLORREF crColor ); // 创建填充样式画刷
```

其中，nIndex 用来指定画刷的内部填充样式，如图 14.1 所示，而 crColor 表示画刷的填充色。需要说明的是，画刷的创建工作也可在其构造函数中进行，它具有下列原型：

```
CBrush( COLORREF crColor );
CBrush( int nIndex, COLORREF crColor );
CBrush( CBitmap* pBitmap );
```

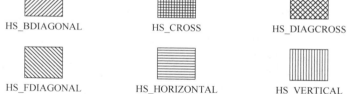

图 14.1　画刷的填充样式

总之，MFC 封装了上述的各种工具，并提供相应类（如 CPen、CBrush 等）来作为应用程序的图形设备接口 GDI，在使用时应遵循着下列的代码步骤：

```
void CMyView::OnDraw( CDC* pDC )
{
    CPen penBlack;                                 // 定义一个画笔变量
    penBlack.CreatePen( PS_SOLID, 2, RGB(0,0,0)); // 创建画笔
    // 将此画笔选入当前设备环境并保存原来的画笔
    CPen* pOldPen = pDC->SelectObject( &penBlack );
    // 用此画笔绘图
    pDC->MoveTo(...);
    pDC->LineTo(...);
    // ... 其它绘图函数
    pDC->SelectObject( pOldPen );                 // 恢复设备环境中原来的画笔
}
```

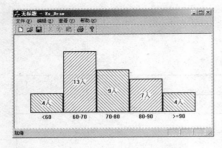

图 14.2　Ex_Draw 运行结果

3.　在视图中绘图示例

MFC 为用户的图形绘制提供了许多函数，这其中包括画点、线、矩形、多边形、圆弧、椭圆、扇形以及 Bézier 曲线等。下面简单地看一个示例：它是用来表示一个班级某门课程的成绩分布，是一个直方图，反映<60、60~69、70~79、80~89 以及>90 五个分数段的人数，它需要绘制五个矩形，相邻矩形的填充样式还要有所区别，并且还需要显示各分数段的人数。其结果如图 14.2 所示。

【例 Ex_Draw】课程成绩分布直方图

① 用 MFC AppWizard(exe)创建一个默认的单文档应用程序 Ex_Draw。

② 为 CEx_DrawView 类添加一个成员函数 DrawScore，用来根据成绩来绘制直方图，该函数的代码如下：

```
void CEx_DrawView::DrawScore(CDC *pDC, float *fScore, int nNum)
// fScore 是成绩数组指针，nNum 是学生人数
{
    int nScoreNum[] = { 0, 0, 0, 0, 0};           // 各成绩段的人数的初始值
    // 下面是用来统计各分数段的人数
    for (int i=0; i<nNum; i++) {
        int nSeg = (int)(fScore[i]) / 10;         // 取数的"十"位上的值
        if (nSeg < 6)        nSeg = 5;            // <60 分
        if (nSeg == 10 )     nSeg = 9;            // 当为 100 分，算为>90 分数段
        nScoreNum[nSeg - 5] ++;                   // 各分数段计数
    }
    int nSegNum = sizeof(nScoreNum)/sizeof(int);  // 计算有多少个分数段
    // 求分数段上最大的人数
    int nNumMax = nScoreNum[0];
    for (i=1; i<nSegNum; i++)  {
        if (nNumMax < nScoreNum[i]) nNumMax = nScoreNum[i];
    }
    CRect rc;
    GetClientRect(rc);
    rc.DeflateRect( 40, 40 );                     // 缩小矩形大小
    int nSegWidth = rc.Width()/nSegNum;           // 计算每段的宽度
    int nSegHeight = rc.Height()/nNumMax;         // 计算每段的单位高度
    COLORREF crSeg = RGB(0,0,192);                // 定义一个颜色变量
    CBrush brush1( HS_FDIAGONAL, crSeg );
    CBrush brush2( HS_BDIAGONAL, crSeg );
    CPen  pen( PS_INSIDEFRAME, 2, crSeg );
    CBrush* oldBrush = pDC->SelectObject( &brush1 );// 将 brush1 选入设备环境
    CPen* oldPen = pDC->SelectObject( &pen );      // 将 pen 选入设备环境
    CRect rcSeg(rc);
    rcSeg.right = rcSeg.left + nSegWidth;          // 使每段的矩形宽度等于
nSegWidth
    CString strSeg[]={"<60","60-70","70-80","80-90",">=90"};
    CRect rcStr;
    for (i=0; i<nSegNum; i++)  {
        // 保证相邻的矩形填充样式不相同
        if (i%2)
            pDC->SelectObject( &brush2 );
        else
            pDC->SelectObject( &brush1 );
        rcSeg.top = rcSeg.bottom - nScoreNum[i]*nSegHeight - 2;   // 计算每
段矩形的高度
        pDC->Rectangle(rcSeg);
```

```
              if (nScoreNum[i] > 0)  {
                  CString str;
                  str.Format("%d 人", nScoreNum[i]);
                  pDC->DrawText(   str,   rcSeg,   DT_CENTER   |   DT_VCENTER   |
DT_SINGLELINE );
              }
          rcStr = rcSeg;
          rcStr.top = rcStr.bottom + 2;        rcStr.bottom += 20;
          pDC->DrawText(   strSeg[i],   rcStr,   DT_CENTER   |   DT_VCENTER   |
DT_SINGLELINE );
          rcSeg.OffsetRect( nSegWidth, 0 );          // 右移矩形
      }
      pDC->SelectObject( oldBrush );                // 恢复原来的画刷属性
      pDC->SelectObject( oldPen );                  // 恢复原来的画笔属性
}
```

③ 在 CEx_DrawView::OnDraw 函数中添加下列代码：

```
void CEx_DrawView::OnDraw(CDC* pDC)
{
    CEx_DrawDoc* pDoc = GetDocument();
    ASSERT_VALID(pDoc);
    float fScore[] = {66,82,79,74,86,82,67,60,45,44,77,98,65,90,66,76,66,
        62,83,84,97,43,67,57,60,60,71,74,60,72,81,69,79,91,69,71,81};
    DrawScore(pDC, fScore, sizeof(fScore)/sizeof(float));
}
```

④ 编译并运行。

14.1.2 GDI 位图

Windows 的 GDI 位图，是一种与设备有关的位图，又称为 DDB 位图（device-dependent bitmap，设备相关位图）。在 MFC 中，CBitmap 类封装了 GDI 位图操作所需的大部分函数。其中，LoadBitmap 是位图的初始化函数，其函数原型如下：

```
BOOL LoadBitmap( LPCTSTR lpszResourceName );
BOOL LoadBitmap( UINT nIDResource );
```

该函数从应用程序中调入一个位图资源(由 nIDResource 或 lpszResourceName 指定)。若用户直接创建一个位图对象，可使用 CBitmap 类中的 CreateBitmap、CreateBitmapIndirect 以及 CreateCompatibleBitmap 函数，其原型如下。

```
BOOL CreateBitmap( int nWidth, int nHeight, UINT nPlanes, UINT nBitcount, const
void* lpBits );
```

该函数用指定的宽度（nWidth）、高度（nHeight）和位模式创建一个位图对象。其中，参数 nPlanes 表示位图的颜色位面的数目，nBitcount 表示每个像素的颜色位个数，lpBits 表示包含位值的短整型数组；若此数组为 NULL，则位图对象还未初始化。

```
BOOL CreateCompatibleBitmap( CDC* pDC, int nWidth, int nHeight );
```

该函数为某设备环境创建一个指定的宽度(nWidth)和高度(nHeight)的位图对象。

由于位图不能直接显示在实际设备中，因此对于 GDI 位图的显示则必须遵循下列示例中的步骤。

【例 Ex_BMP】在视图中显示位图

① 用 MFC AppWizard(exe)创建一个默认的单文档应用程序 Ex_BMP。

② 按快捷键 Ctrl+R，弹出"插入资源"对话框，选择 Bitmap 资源类型。单击 引入(M)... 按钮，出现"引入资源"对话框，将文件类型选择为"所有文件(*.*)"，从外部文件中选定一个位图文件，然后单击 引入 按钮，该位图就被调入应用程序中。保留默认的位图资源标识

IDB_BITMAP1。

③ 在 **CEx_BMPView::OnDraw** 函数中添加下列代码：

```
void CEx_BMPView::OnDraw(CDC* pDC)
{
    CEx_BMPDoc* pDoc = GetDocument();
    ASSERT_VALID(pDoc);
    CBitmap m_bmp;
    m_bmp.LoadBitmap(IDB_BITMAP1);          // 调入位图资源
    BITMAP bm;                               // 定义一个 BITMAP 结构变量
    m_bmp.GetObject(sizeof(BITMAP),&bm);
    CDC dcMem;                               // 定义并创建一个内存设备环境
    dcMem.CreateCompatibleDC(pDC);
    CBitmap *pOldbmp = dcMem.SelectObject(&m_bmp);   // 将位图选入内存设备环
境中
    pDC->BitBlt(0,0,bm.bmWidth,bm.bmHeight,&dcMem,0,0,SRCCOPY);
                                             // 将位图复制到实际的设备环境中
    dcMem.SelectObject(pOldbmp);            // 恢复原来的内存设备环境
}
```

④ 编译运行，结果如图 14.3 所示。

图 14.3　Ex_BMP 运行结果

通过上述代码过程可以看出：位图的最终显示是通过调用 CDC::BitBlt 函数来完成的。除此之外，也可以使用 CDC::StretchBlt 函数。这两个函数的区别在于：StretchBlt 函数可以对位图进行缩小或放大，而 BitBlt 则不能，但 BitBlt 的显示更新速度较快。它们的原型如下：

```
    BOOL BitBlt( int x, int y, int nWidth, int nHeight,
CDC* pSrcDC,
        int xSrc, int ySrc, DWORD dwRop );
    BOOL StretchBlt( int x, int y, int nWidth, int
nHeight, CDC* pSrcDC, int xSrc,
                            int ySrc, int nSrcWidth, int
nSrcHeight, DWORD dwRop );
```

其中，参数 x、y 表示位图目标矩形左上角的 x、y 逻辑坐标值，nWidth、nHeight 表示位图目标矩形的逻辑宽度和高度，pSrcDC 表示源设备 CDC 指针，xSrc、ySrc 表示位图源矩形的左上角的 x、y 逻辑坐标值，dwRop 表示显示位图的光栅操作方式。光栅操作方式有很多种，但经常使用的是 SRCCOPY，用来直接将位图复制到目标环境中。StretchBlt 函数还比 BitBlt 参数多两个：nSrcWidth、nSrcHeight，它们是用来表示源矩形的逻辑宽度和高度。

14.1.3　字体与文字

字体是文字显示和打印的外观形式，它包括了文字的字样、样式和尺寸等多方面的属性。适当地选用不同的字体，可以大大地丰富文字的外在表现力。

1. 字体的属性和创建

为了方便用户创建字体，系统定义一种"逻辑字体"，它由 LOGFONT 结构来描述，这里仅列最常用到的结构成员。

```
typedef struct tagLOGFONT
{
    LONG    lfHeight;                  // 字体的逻辑高度
    LONG    lfWidth;                    // 字符的平均逻辑宽度
    LONG    lfEscapement;              // 倾角
    LONG    lfOrientation;             // 书写方向
    LONG    lfWeight;                  // 字体的粗细程度
```

```
        BYTE     lfItalic;                    // 斜体标志
        BYTE     lfUnderline;                 // 下划线标志
        BYTE     lfStrikeOut;                 // 删除线标志
        BYTE     lfCharSet;                   // 字符集, 汉字必须为 GB2312_CHARSET
        TCHAR    lfFaceName[LF_FACESIZE];     // 字样名称
        // ...
} LOGFONT;
```

在结构成员中，lfHeight 表示字符的逻辑高度。这里的高度是字符的纯高度，当此值>0 时，系统将此值映射为实际字体单元格的高度；当=0 时，系统将使用默认的值；当< 0 时，系统将此值映射为实际的字符高度。

lfEscapement 表示字体的倾斜矢量与设备的 x 轴之间的夹角（以 1/10 度为计量单位），该倾斜矢量与文本的书写方向是平行的。lfOrientation 表示字符基准线与设备的 x 轴之间的夹角（以 1/10 度为计量单位）。lfWeight 表示字体的粗细程度，取值范围是从 0 到 1000（字符笔划从细到粗）。例如，400 为常规情况，700 为粗体。

当然，也通过字体对话框可以创建一个字体，如下面的代码：

```
LOGFONT lf;
CFont   cf;
memset(&lf, 0, sizeof(LOGFONT));           // 将 lf 中的所有成员置 0
CFontDialog dlg(&lf);
if (dlg.DoModal()==IDOK)
{
    dlg.GetCurrentFont(&lf);
    pDC->SetTextColor(dlg.GetColor());
    cf.CreateFontIndirect(&lf);
    ...
}
```

2. 常用文本输出函数

文本的最终输出不仅依赖于文本的字体，而且还跟文本的颜色、对齐方式等有很大关系。CDC 类提供了四个输出文本的成员函数：TextOut、ExtTextOut、TabbedTextOut 和 DrawText。

对于这四个函数，应根据具体情况来选用。例如，如果想要绘制的文本是一个多列的列表形式，那么采用 TabbedTextOut 函数，启用制表位，可以使绘制出来的文本效果更佳；如果要在一个矩形区域内绘制多行文本，那么采用 DrawText 函数，会更富于效率；如果文本和图形结合紧密，字符间隔不等，并要求有背景颜色或矩形裁剪特性，那么 ExtTextOut 函数将是最好的选择。如果没有什么特殊要求，那使用 TextOut 函数就显得简练了。下面仅介绍 TextOut 函数。

```
virtual BOOL TextOut( int x, int y, LPCTSTR lpszString, int nCount );
BOOL TextOut( int x, int y, const CString& str );
```

TextOut 函数是用当前字体在指定位置 (x,y) 处显示一个文本。参数中 lpszString 和 str 指定即将显示的文本，nCount 表示文本的字节长度。若输出成功，函数返回 TRUE，否则返回 FALSE。

3. 文本格式化属性

文本的格式属性通常包括文本颜色、对齐方式、字符间隔以及文本调整等。在绘图设备环境中，默认的文本颜色是黑色，而文本背景色为白色，且默认的背景模式是不透明方式（OPAQUE）。在 CDC 类中，SetTextColor、SetBkColor 和 SetBkMode 函数就是分别用来设置文本颜色、文本背景色和背景模式，而与之相对应的 GetTextColor、GetBkcolor 和 GetBkMode 函数则是分别获取这三项属性的。而文本对齐方式的设置和获取则是由 CDC 函数 SetTextAlign 和 GetTextAlign 来决定的。

4. 计算字符的几何尺寸

在打印和显示某段文本时，有必要了解字符的高度计算及字符的测量方式，才能更好地控制文本输出效果。在 CDC 类中，GetTextMetrics(LPTEXTMETRIC lpMetrics)是用来获得指定映射模式下相关设备环境的字符几何尺寸及其它属性的，其 TEXTMETRIC 结构描述如下（这里仅列出最常用的结构成员）：

```
typedef struct tagTEXTMETRIC                    // tm
{
    int  tmHeight;                              // 字符的高度 (ascent + descent)
    int  tmAscent;                              // 高于基准线部分的值
    int  tmDescent;                             // 低于基准线部分的值
    int  tmInternalLeading;                     // 字符内标高
    int  tmExternalLeading;                     // 字符外标高
    int  tmAveCharWidth;                        // 字体中字符平均宽度
    int  tmMaxCharWidth;                        // 字符的最大宽度
    // ...
} TEXTMETRIC;
```

通常，字符的总高度是用 tmHeight 和 tmExternalLeading 的总和来表示的。但对于字符宽度的测量除了上述参数 tmAveCharWidth 和 tmMaxCharWidth 外，还有 CDC 中的相关成员函数 GetCharWidth、GetOutputCharWidth、GetCharABCWidths。

5．示例：文档内容显示及其字体改变

这里用示例的形式来说明如何在视图类中通过文本绘图的方法来显示文档的文本内容以及改变显示的字体。

【例 Ex_Text】显示文档内容并改变显示的字体

① 用 MFC AppWizard(exe)创建一个单文档应用程序 Ex_Text，在创建向导的第 6 步将视图的基类选择为 CScrollView。由于视图客户区往往显示不了文档的全部内容，因此需要视图支持滚动操作。

② 为 CEx_TextDoc 类添加 CStringArray 类型的成员变量 m_strContents，用来将读取的文档内容保存。

③ 在 CEx_TextDoc::Serialize 函数中添加读取文档内容的代码：

```
void CEx_TextDoc::Serialize(CArchive& ar)
{
    if (ar.IsStoring()){...}
    else    {
        CString str;
        m_strContents.RemoveAll();
        while (ar.ReadString(str)) m_strContents.Add(str);
    }
}
```

④ 为 CEx_TextView 类添加 LOGFONT 类型的成员变量 m_lfText，用来保存当前所使用的逻辑字体。并在 CEx_TextView 类构造函数中添加 m_lfText 的初始化代码：

```
CEx_TextView::CEx_TextView()
{
    memset(&m_lfText, 0, sizeof(LOGFONT));
    m_lfText.lfHeight = -12;
    m_lfText.lfCharSet = GB2312_CHARSET;
    strcpy(m_lfText.lfFaceName, "宋体");
}
```

⑤ 用 MFC ClassWizard 为 CEx_TextView 类添加 WM_LBUTTONDBLCLK(双击鼠标左键)的消息映射函数，并增加下列代码：

```
void CEx_TextView::OnLButtonDblClk(UINT nFlags, CPoint point)
{
    CFontDialog dlg(&m_lfText);
    if (dlg.DoModal() == IDOK) {
```

```
            dlg.GetCurrentFont(&m_lfText);
            Invalidate();
        }
    CScrollView::OnLButtonDblClk(nFlags, point);
}
```

⑥ 这样，当双击鼠标左键后，就会弹出字体对话框，从中可改变字体的属性，单击[确定]按钮后，执行 CEx_TextView::OnDraw 中的代码。

⑦ 在 CEx_TextView::OnDraw 中添加下列代码：

```
void CEx_TextView::OnDraw(CDC* pDC)
{
    CEx_TextDoc* pDoc = GetDocument();
    ASSERT_VALID(pDoc);
    // 创建字体
    CFont cf;
    cf.CreateFontIndirect(&m_lfText);
    CFont* oldFont = pDC->SelectObject(&cf);
    // 计算每行高度
    TEXTMETRIC tm;
    pDC->GetTextMetrics(&tm);
    int lineHeight = tm.tmHeight + tm.tmExternalLeading;
    int y = 0;
    int tab = tm.tmAveCharWidth * 4;            // 为一个 TAB 设置 4 个字符
    // 输出并计算行的最大长度
    int lineMaxWidth = 0;
    CString str;
    CSize lineSize(0,0);
    for (int i=0; i<pDoc->m_strContents.GetSize(); i++) {
        str = pDoc->m_strContents.GetAt(i);
        pDC->TabbedTextOut(0, y, str, 1, &tab, 0);
        str = str + "A";     // 多计算一个字符宽度
        lineSize = pDC->GetTabbedTextExtent(str, 1, &tab);
        if ( lineMaxWidth < lineSize.cx )  lineMaxWidth = lineSize.cx;
        y += lineHeight;
    }
    pDC->SelectObject(oldFont);
    // 多算一行，以滚动窗口能全部显示文档内容
    int nLines = pDoc->m_strContents.GetSize() + 1;
    CSize sizeTotal;
    sizeTotal.cx = lineMaxWidth;
    sizeTotal.cy = lineHeight * nLines;
    SetScrollSizes(MM_TEXT, sizeTotal);                 // 设置滚动逻辑窗口的大小
}
```

⑧ 编译运行并测试，打开任意一个文本文件，结果如图 14.4 所示。

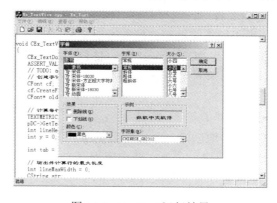

图 14.4　Ex_Text 运行结果

14.2　MFC ODBC 数据库

ODBC 是一种使用 SQL 的程序设计接口，使用 ODBC 能使用户编写数据库应用程序变得容易简单，避免了与数据源相连接的复杂性。在 Visual C++中，MFC 的 ODBC 数据库类 CDatabase（数据库类）、CRecordSet（记录集类）和 CRecordView（记录视图类）可为用户管理数据库提供了切实可行的解决方案。

14.2.1　MFC ODBC 向导过程

当用 Access 或其他数据库工具构造一个数据库后（设为 student.mdb，有学生信息表 student、成绩表 score 和课程表 course，各表结构和内容见附录 E），则在 MFC 中使用 ODBC 数据库的一般过程是：① 在 Windows 中为刚才构造的数据库定义一个 ODBC 数据源；② 在创建数据库处理的文档应用程序向导中选择数据源；③ 设计界面并使控件与数据表字段关联。

1. 创建 ODBC 数据源

Windows 中的 ODBC 组件是出现在系统的"控制面板"中的"管理工具"中的"数据源（ODBC）"，如图 14.5 所示。双击"数据源（ODBC）"，进入 ODBC 数据源管理器。在这里，可以设置 ODBC 数据源的一些信息。其中，"用户 DSN"页面是用来定义用户自己在本地计算机使用的数据源名（DSN），如图 14.6 所示。那么，创建一用户 DSN 的过程如下：

图 14.5　Windows XP 的管理工具

① 单击 添加(D)... 按钮，弹出有一驱动程序列表的"创建新数据源"对话框，在该对话框中选择要添加用户数据源的驱动程序，这里选择"Microsoft Access Driver"，如图 14.7 所示。

② 单击 完成 按钮，进入指定驱动程序的安装对话框，单击 选择(S)... 按钮将 student.mdb 数据库调入，然后在数据源名输入"Database Example For VC++"，结果如图 14.8 所示。

③ 单击 确定 按钮，刚才创建的用户数据源被添加在"ODBC 数据源管理器"的"用户数据源"列表中。

2. 在 MFC AppWizard 中选择数据源

用 MFC AppWizard 可以容易地创建一个支持数据库的文档应用程序，如下面的过程。

① 用 MFC AppWizard(exe)创建一个单文档应用程序 Ex_ODBC。在向导的第 2 步对话框中加入数据库的支持，如图 14.9 所示。在该对话框中用户可以选择对数据库支持程序，其中各选项的含义如表 14.2 所示。

图 14.6　ODBC 数据源管理器

图 14.7　"创建新数据源"对话框

图 14.8　ODBC Access 安装对话框

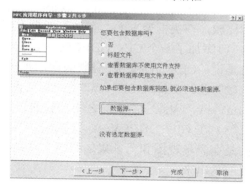

图 14.9　向导的第二步对话框

表 14.2　MFC 支持数据库的不同选项

选　　项	创建的视图类	创建的文档类
否（None）	从 CView 派生	支持文档的常用操作，并在"文件"菜单中有"新建"、"打开"、"保存"、"另存为"等命令
标题文件（Header files only）	从 CView 派生	除了在 StdAfx.h 文件中添加了"#include <afxdb.h>"语句外，其余与"None"选项相同
查看数据库不使用文件支持（Database view without file support）	从 CRecordView 派生	不支持文档的常用操作，也就是说，创建的文档类不能进行序列化，且在"文件"菜单中没有"新建"等文档操作命令。但用户可在用户视图中使用 CRecordset 类处理数据库
查看数据库使用文件支持（Database view with file support）	从 CRecordView 派生	全面支持文档操作和数据库操作

② 选中"数据库查看使用文件支持"项，单击 数据源... 按钮，弹出"Database Options"对话框，从中选择 ODBC 的数据源"Database Example For VC++"，如图 14.10 所示。

需要说明的是，Recordset type（记录集类型）有动态集（Dynaset）和快照集（Snapshot）之分。动态集能与其他应用程序所做的更改保持同步，而快照集则是数据的一个静态视图。这两种类型在记录集被打开时都提供一组记录，所不同的是：当在一个动态集里滚动一条记录时，由其他用户或其他记录集对该记录所做的更改会相应地显示出来，而快照集则不会。

③ 保留其他默认选项，单击 OK 按钮，弹出"Select Database Tables"对话框，从中选择要使用的表 score。单击 OK 按钮，又回到了向导的第 2 步对话框（参看图 14.9）。单击 完成 按钮。开发环境自动打开表单视图 CEx_ODBCView 的对话框资源模板 IDD_EX_ODBC_FORM 以及相应的对话框编辑器。

④ 编译并运行，结果如图 14.11 所示。

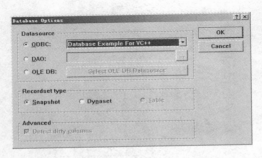
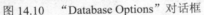
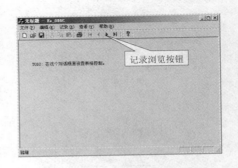

图 14.10 "Database Options"对话框　　　　图 14.11 Ex_ODBC 运行结果

需要说明的是，MFC AppWizard 创建的 Ex_ODBC 应用程序与一般默认的单文档应用程序相比较，在类框架方面，有如下几点不同：

（1）添加了一个 CEx_ODBCSet 类，它与上述过程中所选择的数据表 score 进行数据绑定，也就是说，CEx_ODBCSet 对象的操作实质上对数据表进行操作。

（2）将 CEx_ODBCView 类的基类设置成 CRecordView。由于 CRecordView 的基类是 CFormView，因此它需要与之相关联的表单资源。

（3）在 CEx_ODBCView 类中添加了一个全局的 CEx_ODBCSet 对象指针变量 m_pSet，目的是在表单视图和记录集之间建立联系，使得记录集中的查询结果能够很容易地在表单视图上显示出来。

3. 设计浏览记录界面

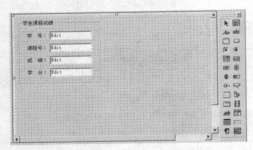

图 14.12 控件的设计

在上面的 Ex_ODBC 中，MFC 自动创建了用于浏览数据表记录的工具按钮和相应的"记录"菜单项。若选择这些浏览记录命令，还会自动调用相应的函数来移动数据表的当前位置。若在表单视图 CEx_ODBCView 中添加控件并与表的字段相关联，就可以根据表的当前记录位置显示相应的数据。其步骤如下。

① 按照图 14.12 所示的布局，为表单对话框资源模板添加表 14.3 所示的控件。

表 14.3　表单对话框控件及属性

添加的控件	ID 号	标　题	其 他 属 性
编辑框(学号)	IDC_STUNO	——	默认
编辑框(课程号)	IDC_COURSENO	——	默认
编辑框(成绩)	IDC_SCORE	——	默认
编辑框(学分)	IDC_CREDIT	——	默认

② 按快捷键 Ctrl+W，弹出 MFC ClassWizard 对话框，切换到 Member Variables 页面，在 Class name 框中选择 CEx_ODBCView，为上述控件添加相关联的数据成员。与以往添加控件变量不同的是，这里添加的控件变量都是由系统自动定义的，并与数据库表字段相关联的。例如，双击 IDC_STUNO，在弹出的"Add Member Variable"对话框中的成员变量下拉列表中选择要添加的成员变量名 m_pSet->m_studentno，选择后，控件变量的类型将自动设置，如图 14.13 所示。

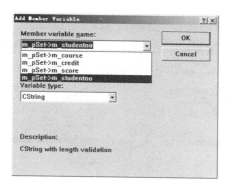

图 14.13　为控件添加数据成员

③ 按照上一步骤的方法，为表 14.4 所示的其他控件依次添加相关联的成员变量。需要说明的是，控件变量的范围和大小应与数据表中的字段一一对应。结果如图 14.14 所示。

表 14.4　控件变量

控件 ID 号	变 量 名	范围和大小
IDC_COURSENO	m_pSet->m_course	7
IDC_SCORE	m_pSet->m_score	0~100
IDC_SREDIT	m_pSet->m_credit	1~20

④ 编译运行并测试，结果如图 14.15 所示。

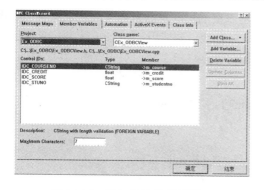

图 14.14　添加的控件变量图

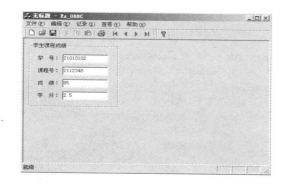

图 14.15　Ex_ODBC 最后运行结果

14.2.2　数据表绑定更新

上述 MFC ODBC 应用程序框架中，数据表 score 和 CEx_ODBCSet 类进行数据绑定。但当数据表的字段更新后，例如，若用 Access 将 score 数据表再添加一个"备注"字段名（文本类型，长度为 50 个字符），并关闭 Access 后，就需要为 Ex_ODBC 重新为数据表 score 和 CEx_ODBCSet 类进行数据绑定的更新，其步骤如下：

① 按快捷键 Ctrl+W，打开 MFC ClassWizard 对话框，切换到"Member Variables"页面。

② 在"Class name"的下拉列表中选择"CEx_ODBCSet"，此时 MFC ClassWizard 对话框的 Update Columns 和 Bind All 按钮被激活，如图 14.16 所示。需要说明的是，Update Columns 按钮用来重新指定与 CRecordSet 类相关的表，而 Bind All 按钮用来指定表的字段的绑定，即为字段重新指定默认的关联变量。

③ 单击 Update Columns 按钮，又弹出前面的"Database Options"对话框，选择 ODBC 数据源 "Database Example For VC++"。单击 OK 按钮，弹出 "Select Database Tables"对话框，从中选择要使用的表。单击 OK 按钮，又回到 MFC ClassWizard 界面，如图 14.17 所示。

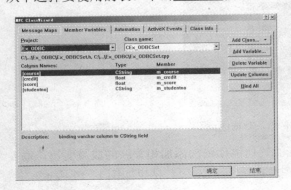

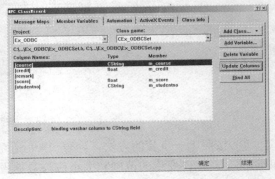

图 14.16 "MFC ClassWizard"对话框　　　图 14.17 更新后的"Member Variables"页面

④ 单击 Bind All 按钮，MFC Wizard 将自动为字段落添加相关联的变量。需要说明的是，在按 Bind All 按钮绑定前最好将已有的字段关联变量删除（选中关联字段，按 Delete Variable 按钮），以保证数据表字段名更改或删除后与变量绑定的正确性。

14.2.3 显示记录总数和当前记录号

在 Ex_ODBC 的记录浏览过程中，用户并不能知道表中的记录总数及当前的记录位置，这就造成了交互的不完善，因此必须将这些信息显示出来。这时就需要使用 CRecordset 类的成员函数 GetRecordCount 和 GetStatus，它们分别用来获得表中的记录总数和当前记录的索引，其原型如下：

```
long GetRecordCount( ) const;
void GetStatus( CRecordsetStatus& rStatus ) const;
```

其中，参数 rStatus 是指向下列的 CRecordsetStatus 结构的对象：

```
struct CRecordsetStatus
{
    long m_lCurrentRecord;                    // 当前记录的索引，0 表示第一个记录，
    // 1 表示第二个记录，依次类推。但-1 表示在第一个记录之前，-2 表示不确定。
    BOOL m_bRecordCountFinal;                 // 记录总数是否是最终结果
};
```

需要注意的是，GetRecordCount 函数所返回的记录总数在表打开时或调用 Requery 函数后是不确定的，因而必须经过下列的代码才能获得最终有效的记录总数：

```
while (!m_pSet->IsEOF())
{
    m_pSet->MoveNext();
    m_pSet->GetRecordCount();
}
```

下面的示例过程将实现显示记录信息的功能：

① 打开应用程序 Ex_ODBC。在 MainFrm.cpp 文件中，向原来的 indicators 数组添加一个元素，用来在状态栏上增加一个窗格，修改的结果如下：

```
static UINT indicators[] =
{
    ID_SEPARATOR,                             // 第一个信息行窗格
    ID_SEPARATOR,                             // 第二个信息行窗格
    ID_INDICATOR_CAPS,
    ID_INDICATOR_NUM,
```

```
        ID_INDICATOR_SCRL,
};
```

② 用 MFC ClassWizard 为 CEx_ODBCView 类添加 OnCommand 消息处理函数，并添加下列代码：

```
BOOL CEx_ODBCView::OnCommand(WPARAM wParam, LPARAM lParam)
{
    CString str;
    CMainFrame* pFrame = (CMainFrame*)AfxGetApp()->m_pMainWnd;
    CStatusBar* pStatus = &pFrame->m_wndStatusBar;
    if (pStatus){
        CRecordsetStatus rStatus;
        m_pSet->GetStatus(rStatus);        // 获得当前记录信息
        str.Format("当前记录:%d/总记录:%d",1+rStatus.m_lCurrentRecord,
        m_pSet->GetRecordCount());
        pStatus->SetPaneText(1,str);       // 更新第二个窗格的文本
    }
    return CRecordView::OnCommand(wParam, lParam);
}
```

该函数先获得状态栏对象的指针，然后调用 SetPaneText 函数更新第二个窗格的文本。

③ 在 CEx_ODBCView 的 OnInitialUpdate 函数处添加下列代码：

```
void CEx_ODBCView::OnInitialUpdate()
{
    m_pSet = &GetDocument()->m_ex_ODBCSet;
    CRecordView::OnInitialUpdate();        // 视图更新并初始化
    GetParentFrame()->RecalcLayout();      // 视图所在的父窗口重新调整外观
    ResizeParentToFit();                   // 根据视图的尺寸重新调整父窗口的大小
    while (!m_pSet->IsEOF()){
        m_pSet->MoveNext();
        m_pSet->GetRecordCount();
    }
    m_pSet->MoveFirst();
}
```

④ 在 Ex_ODBCView.cpp 文件的开始处增加下列语句：

```
#include "MainFrm.h"
```

⑤ 将 MainFrm.h 文件中的保护型变量 m_wndStatusBar 变成公共（public）变量。

⑥ 编译运行并测试，结果如图 14.18 所示。

图 14.18　显示记录信息

14.2.4　查询记录

使用 CRecordSet 类的成员变量 m_strFilter、m_strSort 和成员函数 Open 可以对表进行记录的查询和排序。先来看一个示例，该示例在前面的 Ex_ODBC 的表单中添加一个编辑框和一个"查询"按钮，单击"查询"按钮，将按编辑框中的学号内容对数据表进行查询，并将查找到

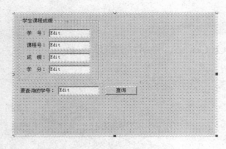

图 14.19 要添加的控件

的记录显示在前面添加的控件中。示例的过程如下：

① 打开 Ex_ODBC 应用程序的表单资源，按图 14.19 所示的布局添加控件，其中添加的编辑框 ID 号设为 IDC_EDIT_QUERY，"查询"按钮的 ID 号设为 IDC_BUTTON_QUERY。

② 打开 MFC ClassWizard 对话框，为控件 IDC_EDIT_QUERY 添加关联变量 m_strQuery。并在 CEx_ODBCView 类中添加按钮控件 IDC_BUTTON_QUERY 的 BN_CLICKED 消息映射，并在映射函数中添加下列代码：

```
void CEx_ODBCView::OnButtonQuery()
{
    UpdateData();
    m_strQuery.TrimLeft();
    if (m_strQuery.IsEmpty()) {
        MessageBox("要查询的学号不能为空！");  return;
    }
    if (m_pSet->IsOpen())  m_pSet->Close();    // 如果记录集打开，则先关闭
    m_pSet->m_strFilter.Format("studentno='%s'",m_strQuery);
    // studentno 是 score 表的字段名，用来指定查询条件
    m_pSet->m_strSort = "course";
    // course 是 score 表的字段名，用来按 course 字段从小到大排序
    m_pSet->Open();                 // 打开记录集
    if (!m_pSet->IsEOF())           // 如果打开记录集有记录
        UpdateData(FALSE);          // 自动更新表单中控件显示的内容
    else
        MessageBox("没有查到你要找的学号记录！");
}
```

代码中，m_strFilter 和 m_strSort 是 CRecordSet 的成员变量，用来执行条件查询和结果排序。其中，m_strFilter 称为"过滤字符串"，相当于 SQL 语句中 WHERE 后的条件串；而 m_strSort 称为"排序字符串"，相当于 SQL 语句中 ORDER BY 后的字符串。若字段的数据类型是文本，则需要在 m_strFilter 字符串中将单引号将查询的内容括起来，对于数字，则不需要用单引号。

需要注意的是：只有在调用 Open 函数之前设置 m_strFilter 和 m_strSort 才能保证查询和排序有效。如果有多个条件查询，则可以使用 AND、OR、NOT 来组合，例如下面的代码：

```
m_pSet->m_strFilter = "studentno>='21010101' AND studentno<='21010105'";
```

③ 编译运行并测试。

需要说明的是，如果查询的结果有多条记录，可以用 CRecordSet 类的 MoveNext（下移一个记录）、MovePrev（上移一个记录）、MoveFirst（定位到第一个记录）和 MoveLast（定位到最后一个记录）等成员函数来移动当前记录位置进行操作。

14.2.5 编辑记录

CRecordset 类为用户提供了编辑记录所需的成员函数和方法。作为示例，下面的过程是在 Ex_ODBC 的表单视图中增加三个按钮："添加"、"修改"和"删除"，如图 14.20 所示。单击"添加"或"修改"按钮都将弹出一个如图 14.21 所示的对话框，在对话框中对数据进行编辑后，单击 确定 按钮使操作有效。

① 将 Ex_ODBC 的项目工作区窗口切换到 ResourceView 页面，打开用于表单视图 CEx_ODBCView 的对话框资源 IDD_EX_ODBC_FORM。参看图 14.20，向表单中添加三个按钮："添加"(IDC_REC_ADD)、"修改"(IDC_REC_EDIT)和"删除"(IDC_REC_DEL)。

图 14.20　Ex_ODBC 的记录编辑　　　　图 14.21　"学生课程成绩表"对话框

② 添加一个对话框资源，打开属性对话框将其字体设置为"宋体 9 号"，标题定为"学生课程成绩表"，ID 号设为 IDD_SCORE_TABLE。

③ 参看图 14.21，将表单中的控件复制到对话框中。复制时先选中 IDD_EX_ODBC_FORM 表单资源模板"学生课程成绩表"组框中的所有控件，然后按 Ctrl+C，打开对话框 IDD_SCORE_TABLE 资源，按 Ctrl+V 即可。

④ 再将"OK"和"Cancel"按钮的标题分别改为"确定"和"取消"。图中具有 3D 效果的竖直蚀刻线是用静态图片控件构造的。

⑤ 双击对话框模板或按 Ctrl+W 快捷键，为对话框资源 IDD_SCORE_TABLE 创建一个对话框类 CScoreDlg。打开 MFC ClassWizard 的 Member Variables 标签，在 Class name 中选择 CScoreDlg，选中所需的控件 ID 号，双击鼠标或单击 Add Variables 按钮。依次为控件添加控件变量，结果如图 14.22 所示。

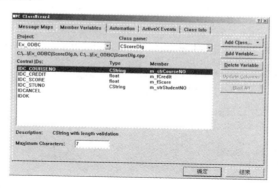

图 14.22　为 CScoreDlg 添加的控件变量

⑥ 用 MFC ClassWizard 为 CScoreDlg 添加 IDOK 按钮的 BN_CLICKED 的消息映射，并添加下列代码：

```cpp
void CScoreDlg::OnOK()
{
    UpdateData();
    m_strStudentNO.TrimLeft();
    m_strCourseNO.TrimLeft();
    if (m_strStudentNO.IsEmpty())
        MessageBox("学号不能为空！");
    else
        if (m_strCourseNO.IsEmpty())
            MessageBox("课程号不能为空！");
        else
            CDialog::OnOK();
}
```

⑦ 用 MFC ClassWizard 为 CEx_ODBCView 类中的三个按钮：IDC_REC_ADD、IDC_REC_EDIT 和 IDC_REC_DEL 添加 BN_CLICKED 的消息映射，并添加下列代码：

```cpp
void CEx_ODBCView::OnRecAdd()
{
    CScoreDlg dlg;
    if (dlg.DoModal()==IDOK){
        m_pSet->AddNew();
        m_pSet->m_course    = dlg.m_strCourseNO;
        m_pSet->m_studentno = dlg.m_strStudentNO;
        m_pSet->m_score     = dlg.m_fScore;
        m_pSet->m_credit    = dlg.m_fCredit;
        m_pSet->Update();
        m_pSet->Requery();
    }
}
void CEx_ODBCView::OnRecEdit()
{
    CScoreDlg dlg;
    dlg.m_strCourseNO    = m_pSet->m_course;
    dlg.m_strStudentNO   = m_pSet->m_studentno;
    dlg.m_fScore         = m_pSet->m_score;
    dlg.m_fCredit        = m_pSet->m_credit;
    if (dlg.DoModal()==IDOK)
    {
        m_pSet->Edit();
        m_pSet->m_course    = dlg.m_strCourseNO;
        m_pSet->m_studentno = dlg.m_strStudentNO;
        m_pSet->m_score     = dlg.m_fScore;
        m_pSet->m_credit    = dlg.m_fCredit;
        m_pSet->Update();
        UpdateData(FALSE);
    }
}
void CEx_ODBCView::OnRecDel()
{
    CRecordsetStatus status;
    m_pSet->GetStatus(status);
    m_pSet->Delete();
    if (status.m_lCurrentRecord==0)
        m_pSet->MoveNext();
    else
        m_pSet->MoveFirst();
    UpdateData(FALSE);
}
```

⑧ 在 Ex_ODBCView.cpp 文件的开始处添加下列语句：

```cpp
#include "ScoreDlg.h"
```

⑨ 编译运行并测试。

需要说明的是，如果用户在进行增加或者修改记录后，希望放弃当前操作，则在调用 CRecordSet::Update()函数之前调用 CRecordSet::Move(AFX_MOVE_REFRESH)来撤消操作，便可恢复在增加或修改操作之前的当前记录。

14.3 常见问题解答

（1）经常看到 CRect 类的使用，请问它有哪些常用操作？

解答：CRect（矩形）是对 Windows 的 RECT 结构的封装。在传递 LPRECT、LPCRECT 或 RECT 结构作为参数的任何地方，都可以使用 CRect 对象来代替。需要说明的是，当构造一个 CRect 时，要使它符合规范。也就是说，使其 left 小于 right，top 小于 bottom。例如，但若左上角为(20, 20)，而右下角为(10, 10)，那么定义的这个矩形就不符合规范。一个不符合规范的矩形，CRect 的许多成员函数都会不会有正确的结果。基于此种原因，常常使用 CRect::NormalizeRect 函数使一个不符合规范的矩形合乎规范。

CRect 类的操作函数有很多，这里只介绍矩形的扩大和缩小函数 InflateRect 和 DeflateRect。由于它们的操作是相互的，也就是说，若指定 InflateRect 函数的参数为负值，那么操作的结果是缩小矩形，因此下面只给出 InflateRect 函数的原型：

```
void InflateRect( int x, int y );
void InflateRect( SIZE size );
void InflateRect( LPCRECT lpRect );
void InflateRect( int l, int t, int r, int b );
```

其中，x 用来指定扩大 CRect 左、右边的数值。y 用来指定扩大 CRect 上、下边的数值。size 中的 cx 成员指定扩大左、右边的数值，cy 指定扩大上、下边的数值。lpRect 的各个成员用来指定扩大每一边的数值。l、t、r 和 b 分别用来指定扩大 CRect 左、上、右和下边的数值。

需要注意的是，由于 InflateRect 是通过将 CRect 的边向远离其中心的方向移动来扩大的，因此对于前两个重载函数来说，CRect 的总宽度被增加了两倍的 x 或 cx，总高度被增加了两倍的 y 或 cy。

（2）DrawText 函数有哪些功能？

解答：DrawText 是用当前字体在指定矩形中对文本进行格式化绘制，其函数原型如下：

```
virtual int DrawText( LPCTSTR lpszString, int nCount, LPRECT lpRect, UINT
nFormat );
    int DrawText( const CString& str, LPRECT lpRect, UINT nFormat );
```

参数中，lpRect 用来指定文本绘制时的参考矩形，它本身并不显示；nFormat 表示文本的格式，它可以是下列的常用值之一或"|"组合：

DT_BOTTOM	下对齐文本，该值还必须与 DT_SINGLELINE 组合
DT_CENTER	水平居中
DT_END_ELLIPSIS	使用省略号取代文本末尾的字符
DT_PATH_ELLIPSIS	使用省略号取代文本中间的字符
DT_EXPANDTABS	使用制表位，缺省的制表长度为 8 个字符
DT_LEFT	左对齐
DT_MODIFYSTRING	将文本调整为能显示的字串
DT_NOCLIP	不裁剪
DT_NOPREFIX	不支持"&"字符转义
DT_RIGHT	右对齐
DT_SINGLELINE	指定文本的基准线为参考点，单行文本
DT_TABSTOP	设置停止位。nFormat 的高位字节是每个制表位的数目
DT_TOP	上对齐
DT_VCENTER	垂直居中
DT_WORDBREAK	自动换行

注意：DT_TABSTOP 与上述 DT_CALCRECT、DT_EXTERNALLEADING、DT_NOCLIP 及 DT_NOPREFIX 不能组合。

14.4 实验实训

学习本章后，可按下列内容进行实验实训：

（1）上机练习【例 Ex_Draw】并在此基础上实现在一个对话框中绘制成绩直方图。

提示：与视图中的 OnDraw 函数所不同的是，对于对话框而言，当需要更新或重新绘制窗口的外观时，系统就会发送 WM_PAINT 消息，当用 MFC ClassWizard 映射对话框 WM_PAINT 消息时，其消息映射函数是 OnPaint。通过在 OnPaint 函数中添加绘图代码可以实现绘制图形的目的。但在应用时，为了防止 Windows 用系统默认的 GDI 参数向对话框进行重复绘制，还需要调用 UpdateWindow（更新窗口）函数。例如，下面的部分参考代码：

```
void CEx_DlgDrawDlg::OnPaint()
{
    if (IsIconic()){…   }
    else
    {
        CDialog::OnPaint();
        UpdateWindow();                      // 告诉系统对话框已更新过
        CDC* pDC = GetDC();
        float                fScore[]                                        =
{66,82,79,74,86,82,67,60,45,44,77,98,65,90,66,76,66,
            62,83,84,97,43,67,57,60,60,71,74,60,72,81,69,79,91,69,71,81};
        DrawScore(pDC, fScore, sizeof(fScore)/sizeof(float));
    }
}
```

（2）上机练习【例 Ex_Text】并读懂 CScrollView 类的滚动设置方法，将【例 Ex_BMP】图片显示在 CScrollView 视图类中，并添加滚动设置代码。

（3）根据本章第 2 节内容，上机演练 Ex_ODBC 并思考：若是默认创建的单文档应用程序是基于 CListView 视图类的，则应如何实现记录的显示、添加、修改和删除？

提示：

① 向导创建应用程序后，应在 stdafx.h 中添加 ODBC 数据库支持的头文件包含#include <afxdb.h>，如下面的代码：

```
#include <afxcmn.h>           // MFC support for Windows Common Controls
#endif // _AFX_NO_AFXCMN_SUPPORT
#include <afxdb.h>
```

② 在 CEx_ODBCView::PreCreateWindow 函数添加设置其报表样式的代码：

```
BOOL CEx_ODBCView::PreCreateWindow(CREATESTRUCT& cs)
{
    cs.style |= LVS_REPORT;      // 报表风格
    return CListView::PreCreateWindow(cs);
}
```

③ 若设 score 表的记录子类为 CScoreSet，则在列表视图中创建列表头的代码如下：

```
void CEx_ODBCView::OnInitialUpdate()
{
    CListView::OnInitialUpdate();
    CListCtrl& m_ListCtrl = GetListCtrl(); // 获取内嵌在列表视图中的列表控件
    m_ListCtrl.SetExtendedStyle( LVS_EX_FULLROWSELECT ); //LVS_EX_GRIDLINES
    CScoreSet cSet;
    cSet.Open();                            // 打开记录集
    CODBCFieldInfo field;
    // 创建列表头
    for (UINT i=0; i<cSet.m_nFields; i++)  {
        cSet.GetODBCFieldInfo( i, field );
        m_ListCtrl.InsertColumn(i,field.m_strName,LVCFMT_LEFT,100);
    }
    cSet.Close();                           // 关闭记录集
    UpdateListItemData();
}
```

④ 之后，就应增加显示记录的 UpdateListItemData 成员函数：

```
void CEx_ODBCView::UpdateListItemData()
{
    CListCtrl& m_ListCtrl = GetListCtrl(); // 获取内嵌在列表视图中的列表控件
```

```
    m_ListCtrl.DeleteAllItems();
    CScoreSet cSet;
    cSet.m_strSort = "studentno, courseno";
    cSet.Open();                                    // 打开记录集
    // 添加列表项
    int nItem = 0;
    CString str;
    while (!cSet.IsEOF()) {
        for (UINT i=0; i<cSet.m_nFields; i++){
            cSet.GetFieldValue(i, str);
            if ( i == 0 )
                m_ListCtrl.InsertItem( nItem, str );
            else
                m_ListCtrl.SetItemText( nItem, i, str );
        }
        nItem++;
        cSet.MoveNext();
    }
    cSet.Close();                                   // 关闭记录集
}
```

⑤ 建立相应的对话框及其类（设为 CScoreDlg），当双击列表项时，弹出该对话框，然而修改后再修改记录并更新显示，如下面的代码：

```
void CEx_ODBCView::OnDblclk(NMHDR* pNMHDR, LRESULT* pResult)
{
    CListCtrl& m_ListCtrl = GetListCtrl();
    POSITION pos;
    pos = m_ListCtrl.GetFirstSelectedItemPosition();
    if (pos == NULL){
        MessageBox("应双击要修改的列表项！");          return;
    }
    int nItem = m_ListCtrl.GetNextSelectedItem( pos );
    CString strStuNO        = m_ListCtrl.GetItemText( nItem, 0 );
    CString strCourseNO = m_ListCtrl.GetItemText( nItem, 1 );
    CScoreSet sSet;
    sSet.m_strFilter.Format("studentno = '%s' AND courseno = '%s'",
                            strStuNO, strCourseNO);
    sSet.Open();
    CScoreDlg dlg;
    dlg.m_strCourseNO   = sSet.m_courseno;
    dlg.m_strStuNO = sSet.m_studentno;
    dlg.m_fScore        = sSet.m_score;
    dlg.m_fCredit       = sSet.m_credit;
    if (IDOK != dlg.DoModal()) {
        if (sSet.IsOpen()) sSet.Close();
        return;
    }
    sSet.Edit();
    sSet.m_score        = dlg.m_fScore;     // 只能修改成绩和学分
    sSet.m_credit       = dlg.m_fCredit;            // 只能修改成绩和学分
    sSet.Update();
    sSet.Requery();
    if (sSet.IsOpen()) sSet.Close();
    // 更新列表视图
    MessageBox("当前只能修改成绩和学分，修改成功！");
    UpdateListItemData();

    *pResult = 0;
}
```

⑥ 上述过程也可和附录中的大作二一起考虑进行。

思考与练习

1. 什么是设备环境（DC）？什么是 GDI？什么是字体？如何构造或定义字体？

2. 文本的格式化属性有哪些？如何设置？

3. 若在一个应用项目的文档窗口中，显示出"红"色、黑体、120 点的"您好！"文本，应如何实现？

4. 什么是位图？如何将项目中的位图资源在应用程序中显示出来？

5. 用 MFC 进行 ODBC 的编程过程是怎样的？

6. 在用 CRecordSet 成员函数进行记录的编辑、添加和删除等操作时，如何使操作有效？

7. 若对一个数据表进行排序和检索，利用 CRecordSet 的成员变量 m_strFilter 和 m_strSort 如何操作？

8. 如何处理多个表？试叙述其过程及其技巧。

程序简单调试

在软件开发过程中，大部分的工作往往体现在程序的调试上。调试一般按这样的步骤进行：修正语法错误（书中有讨论过）→设置断点→启用调试器→控制程序运行→查看和修改变量的值。

1．设置断点

一旦程序运行过程中发生错误，就需要设置断点分步进行查找和分析。所谓断点，实际上就是告诉调试器在何处暂时中断程序的运行，以便查看程序的状态以及浏览和修改变量的值等。当在文档窗口中打开源代码文件时，则可用下面的三种方式来设置位置断点：

（1）按快捷键【F9】。

（2）在 Build 工具栏上单击<img>按钮。

（3）在需要设置（或清除）断点位置上右击鼠标，从弹出快捷菜单中选择"Insert / Remove Breakpoint"命令。

利用上述方式可以将位置断点设置在程序源代码中指定的一行上，或者某函数的开始处或指定的内存地址上。一旦断点设置成功，则断点所在代码行的最前面的窗口页边距上有一个深红色的实心圆块，如图 A.1 所示。

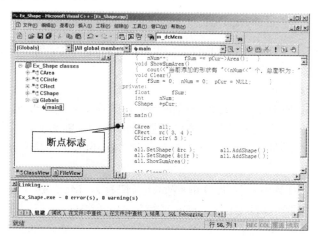

图 A.1　设置的断点

需要说明的是，若在断点所在的代码行中再使用上述的快捷方式进行操作，则相应的位置断点被清除。若此时使用快捷菜单方式进行操作时，菜单项中还包含"Disable Breakpoint"命令，选择此命令后，该断点被禁用，相应的断点标志由原来的红色的实心圆变成空心圆。

2．控制程序运行

（1）选择"组建"（Build）菜单→"开始调试"子菜单的"Go"命令，或单击"编译微型条"中的<img>按钮，启动调试器。

（2）程序运行后，流程进行到代码行"CArea　all;"处就停顿下来，这是断点的作用。这时可以看到有一个黄色小箭头，它指向即将执行的代码。如图 A.2 所示。

（3）原来的"组建"（Build）菜单就会变成"调试"（Debug）菜单，其子菜单如图 A.3 所示。其中有四条命令 Step Into、Step Over、Step Out 和 Run to Cursor 是用来控制程序运行的，其含义是：

● Step Over 的功能是运行当前箭头指向的代码（只运行一条代码）。

● Step Into 的功能是如果当前箭头所指的代码是一个函数的调用，则用 Step Into 进入该函数进行单步执行。

● Step Out 的功能是如果当前箭头所指向的代码是在某一函数内，用它使程序运行至函数返回处。

● Run to Cursor 的功能是使程序运行至光标所指的代码处。

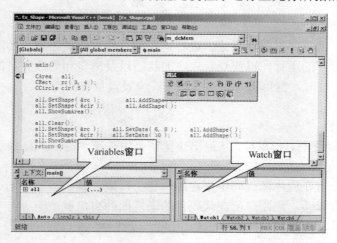

图 A.2　启动调试器后的界面

图 A.3　调试菜单

（4）选择"Debug"（调试）菜单中的"Stop Debugging"命令或直接按快捷键【Shift+F5】或单击"编译微型条"中的██按钮，停止调试。

3. 查看和修改变量的值

为了更好地进行程序调试，调试器还提供一系列的窗口，用来显示各种不同的调试信息。可借助"查看"菜单下的"调试窗口"子菜单可以访问它们。事实上，当启动调试器后，Visual C++ 6.0 的开发环境会自动显示出 Watch（查看）和 Variables（变量）两个调试窗口（参见图 A.2 所示）。

除了上述窗口外，调试器还提供 QuickWatch（快看）、Memory（内存）、Registers（寄存器）、Call Stack（调用栈）以及 Disassembly（反汇编）等窗口。但对于变量值的查看和修改来说，通常可以使用 QuickWatch（快看）、Watch（查看）和 Variables（内存）这三个窗口。

下面的步骤来使用这 3 个窗口来查看或修改 nSelect 的值。

（1）启动调试器，程序运行后，流程在代码行"CArea　all;"处停顿下来。

（2）参看图 A.2，可以看到 Variables 窗口有三个页面：Auto、Locals 和 This。Auto 页面用来显示出当前语句和上一条语句使用的变量，它还显示使用 Step Over 或 Step Out 命令后函数的返回值。Locals 页面用来显示出当前函数使用的局部变量。This 页面用来显示出由 This 所指向的对象信息。这些页面内均有"名称（Name）"和"值（Value）"两个域，调试器自动填充它们。除了这些页面外，Variables 窗口还有一个"上下文（Context）"框，从该框的下拉列表中可以选定指令。

（3）在"调试"工具栏上，单击 按钮或按快捷键【F10】，直到流程运行到语句"all.SetShape(&rc);"。

（4）此时，Variables 窗口中显示了 all、cir 和 &rc 的变量及其值，若值显示为"{...}"，则包括了多个域的值，单击前面的"十"字框，展开后可以看到具体的值。实际上，若仅需要快速查看变量或表达式的值，则只需要将鼠标指针直接放在代码中该变量或表达式上，片刻后，系统会自动弹出一个小窗口显示出该变量或表达式的值。

（5）在 Watch 窗口中，单击左边"名称（Name）"域下的空框，输入 rc，按 Enter 键，相应的值就会自动出现在"值（Value）"域中，同时，又在末尾处出现新空框，如图 A.4 所示。由于此时 rc 的类型是 CRect 类型，调试器首先认为是 MFC 中的 CRect 类型，所以会出现它的成员变量 top、bottom、left 和 right 的值为未知"???"，展开 rc 前面的"十"字框，可以看到具体的值。

需要说明的是，Watch 窗口有 4 个页面：Watch1、Watch2、Watch3 和 Watch4，在每一个页面中有一系列用户要查看的变量或表达式，用户可以将一组变量或表达式的值显示在同一个页面中。

（6）选择"调试（Debug）"菜单→"QuickWatch"命令或按快捷键【Shift+F9】或在"调试（Debug）"工具栏上单击 按钮，将弹出如图 A.5 所示的 QuickWatch 窗口。

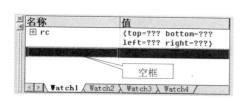

图 A.4　添加新的变量或表达式

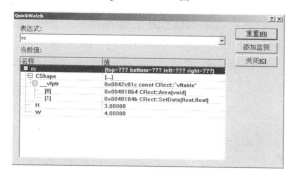

图 A.5　"QuickWatch"窗口

其中，"表达式"框可以让用户键入变量名或表达式，然后按【Enter】键或单击 重置(R) 按钮，就可以在"当前值"列表中显示出相应的值。若想要修改其值的大小，则可按【Tab】键或在列表项的"Value"域中双击该值，再输入新值按【Enter】键就可以了。

单击 添加监视 按钮可将刚才输入的变量名或表达式及其值显示在"Watch"窗口中，或单击 关闭(C) 按钮关闭 QuickWatch 窗口。

大作业一：学生成绩管理
（C++版）

所需知识

教材第 1 章~第 8 章及其各章实验实训。

难度级别

难度级别：1 2 **3** 4 5 6

设计要求

用循环语句**构建程序主菜单框架**，通过输入菜单项标识符（命令编号或菜单文本中的首字符）执行菜单项所关联的功能，如图 B.1 所示；设计并实现班级类 CClass、学生类 CStudent 以及课程成绩类 CScore；编制一个完整的 C++应用程序。

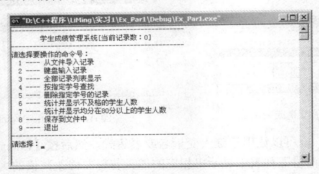

图 B.1 Ex_Par1 最初运行的主界面

（1）设计班级类 CClass

● 用动态数组模型存取学生 CStudent 类对象，定义指向用 new 分配的内存空间的指针。当内存空间大小不够时，则需增加，增加后的内存空间大小是原有的 2 倍。CClass 其它数据成员还应有：专业、班级名称、班级人数、以及其它必要的相关数据等。

● 对数据的操作应主要有：添加、查找、删除、列表、统计和保存。其中，添加可以从文件读入(要判断文件中的数据是否是本专业本班级中的数据)或用键盘输入来进行；查找是按学号来进行，若查找到，则返回学生所在数组中的下标序号，否则返回-1；删除是将按学号查找到的学生数据进行删除时，删除时是将学生类对象中的当前标志设置为"删除"标志；列表是将专业、班级名称、班级人数以及所有学生按格式输出到屏幕上，要求有列表头；统计操作有：显示某门或多门课程成绩不及格的学生并计算人数、显示总课程的平均成绩在 80 分以上的学生并计算人数；保存是将 CClass 类中的专业、班级名称、班级人数以及动态数组中的所有未被删除的学生数据保存到文件中。

- 根据需要定义其它必要的成员函数，如构造函数、析构函数等。

（2）根据 CClass 类，设计学生类 CStudent

- 数据成员主要包括：姓名、学号、性别、课程成绩 CScore 类对象数组(大小自定)、总平均成绩、当前标志以及其它相关数据等。其中，当前标志用来区分当前学生类对象被删除、不及格以及总平均成绩在 80 分以上等几种情况，当前标志的值自定。
- 对数据的操作应主要有：添加、显示以及当前标志等数据成员的设置和获取等。其中，添加是将键盘输入的课程成绩构造成 CScore 类对象并添加到数组中；显示将当前的学生数据按格式输出到屏幕上，要求有列表头。
- 根据需要，添加其它必要的成员函数，如：构造函数、拷贝构造函数、“>>”和“<<”运算符重载函数等。

（3）根据 CStudent 类，设计课程成绩类 CScore：

- 数据成员包括：课程名和课程成绩等。
- 将 CStudent 类定义成友元类以便在 CStudent 类中直接访问 CScore 类的上述私有数据成员。
- 根据 CStudent 类的需要定义相应的构造函数以及其它成员函数。

（4）可在上述要求的基础上，增加下列部分内容以适用于较高要求的教学需要：

- 类型：用 typedef 为不同大小的字符数组类型起一个别名，分别用作描述姓名、学号等数据的类型名。
- 修改：将查找到的学生数据通过重新输入来修改。提示输入时需要将原来的数据显示出来。
- 排序：对班级学生课程成绩可按平均分从高到低排序，或按学号从小到大排序。
- 继承：设计一个基类 CPerson，包含姓名和学号数据成员，将学生类 CStudent 从 CPerson 类继承。
- 模型：将 CClass 类中用于学生 CStudent 类对象存取的数据模型由动态数组改为简单链表模型。即先设计节点类 CNode，将其数据域设为 CStudent 类对象；然后设计链表类 CStudentList，并根据 CClass 类的功能需求在链表类中实现结点操作；最后在 CClass 类中将动态数组指针更改成 CStudentList 类对象指针，修改并实现 CClass 类代码。

文档要求

实习程序上机完成后，需提交实习报告，主要要求有：

（1）作业封面：题目、指导教师、专业、班级、姓名、学号、起止日期以及其它内容。

（2）系统需求与功能分析，要求画出功能结构图。

（3）班级类 CClass、学生类 CStudent 以及课程成绩类 CScore 的设计思路及其声明代码。

（4）主要功能的代码实现思路及测试过程的描述。

（5）程序设计中所遇到的问题以及如何解决的。

（6）应用程序需要改进的地方有哪些以及其他感想和体会。

主要代码框架参考

（1）main 函数代码框架

```
CClass  theClass;                    // 定义全局 CClass 对象
int menu(void)
{
        int nSelect = 0;
        do {
```

```cpp
            system("cls");                          // 执行 DOS 下的清屏命令
    cout<<"------------------------------------------------------------"<<endl;
            cout<<"                    学 生 成 绩 管 理 系 统 [ 当前记录: "<<theClass.GetCur
RecNum()<<"]\n";

    cout<<"------------------------------------------------------------"<<endl;
            cout<<"请选择要操作的命令号: "<<endl;
            cout<<"  1 ---- 从文件导入记录\n";
            cout<<"  2 ---- 键盘输入记录\n";
            cout<<"  3 ---- 全部记录列表显示\n";
            cout<<"  4 ---- 按指定学号查找\n";
            cout<<"  5 ---- 删除指定学号的记录\n";
            cout<<"  6 ---- 统计并显示不及格的学生人数\n";
            cout<<"  7 ---- 统计并显示均分在 80 以上的学生人数\n";
            cout<<"  8 ---- 保存到文件中\n";
            cout<<"  9 ---- 退出\n";

    cout<<"------------------------------------------------------------"<<endl;
            cout<<"请选择: ";
            cin>>nSelect;
            if ((nSelect>=1)&&(nSelect<=9)) break;
        } while (1);
        return nSelect;
}
int main(int argc, char* argv[])
{
        int nSelect = menu();
        while ( nSelect != 9 ) {
            switch(nSelect)
            {
                case 1: theClass.DoReadFromFile();      break;
                case 2:      theClass.DoAdd();              break;
                case 3: theClass.DoListAll();           break;
                case 4:      theClass.DoFind();             break;
                case 5:      theClass.DoDelete();           break;
                case 6: theClass.DoListBad();           break;
                case 7: theClass.DoList80();            break;
                case 8: theClass.DoSaveToFile();        break;
            }
            cout<<"按任何键继续...";          cin.get(); cin.get();
            nSelect = menu();
        }
        return 0;
}
```

（2）类 CClass 代码框架

```cpp
class CClass
{
public:
        CClass()                // 构造函数
            :nCurStudentNum(0)
        {
            nSizeMax        = 50;
            pStudent        = new CStudent[nSizeMax];
            strSpecial  = NULL;
            strClassName    = NULL;
        }
        ~CClass()               // 析构函数
        {
            if (pStudent)
            { delete pStudent;          pStudent        = NULL; }
```

```cpp
                    if (strSpecial)
                    {   delete strSpecial;        strSpecial  = NULL; }
                    if (strClassName)
                    {   delete strClassName;      strClassName   = NULL; }
        }
    public:         // 成员函数
        void    DoReadFromFile(void)
        {
            char strFile[80];
            cout<<"请输入要调用的文件名: ";
            cin>>strFile;
            // 以下步骤主要有:
            // (1) 打开文件, 按保存时的格式读取数据, (a)若当前 theClass 没有班级名称
            //     则读取后, 调用 SetClassBaseInfo 进行设置, 进行下一步。若有, 则比较名
            //     若不同, 则关闭流, 输出提示信息, 然后返回。(b)若相同, 则进行下一步。
            // (2) 按保存时的格式读取 CStudent 数据, 并添加到 pStudent 中, 直到读取完
            //     在读取循环中, 要检测是否要倍增内存空间: DoGrowth();
            // (3) 关闭流。输出含读入记录个数的提示信息。
        }
        void    DoSaveToFile(void)
        {
            // 先确定班级名称和专业
            DoSpecialAndClassName();
            // 以下步骤主要有:
            // (1) 打开文件, 先判断是否已有文件存在, 然后进一步处理。
            // (2) 先写班级名称和专业名称, 然后将 pStudent 中的全部无删除标记的
            //     CStudent 数据保存到文件中。
            // (3) 关闭流。输出提示信息。
        }
        void    DoAdd(void)                // 键盘输入添加记录
        {
            // 先确定班级名称和专业
            DoSpecialAndClassName();
            nCurStudentNum++;
            if ( nCurStudentNum >= nSizeMax ) DoGrowth();
            // 调用 CStudent 类中的 Input 方法
            // pStudent[nCurStudentNum-1].Input();
            // 输出含读入记录个数的提示信息。
        }
        void    DoListAll(void)
        {
            system("cls");              // 执行 DOS 下的清屏命令
            // (1) 显示表头
            // (2) 根据已有记录, 循环显示无删除标记的学生数据。学生数据的显示可调用
            //     CStudent 类的 Output 成员。
            // (3) 显示表尾, 如果需要的话
        }
        int FindOne( char* strNo )  // 按学号查找
        {
            int nRes = -1;
            for (int i=0; i<nCurStudentNum; i++)    {
                if (pStudent[i].GetCurFlag()<0)continue;// 删除
                if (strcmp(pStudent[i].GetStudentNo(), strNo ) == 0 )
                {
                    nRes    = i;    break;
                }
```

和专业名称,

称是否相同,

为止。

```cpp
        }
        return nRes;
    }
    void    DoFind(void)
    {
        char strNo[80];
        cout<<"请输入要查找的学号: ";
        cin>>strNo;
        int nRes = FindOne( strNo );
        if (nRes>=0)
        {   /* 列表显示出结果 */   }
    }
    void    DoDelete(void)
    {
        char strNo[80];
        cout<<"请输入要查找的学号: ";
        cin>>strNo;
        int nRes = FindOne( strNo );
        if (nRes>=0)    {
            pStudent[nRes].SetDeleted();
            // 显示提示信息
        }
    }
    void    DoList80(void)
    {
        int nNum = 0;
        for (int i=0; i<nCurStudentNum; i++)    {
            if (pStudent[i].GetCurFlag()== 8)   {
                nNum++;
                //列表显示
            }
        }
        // 输出含记录数的表尾
    }
    void    DoListBad(void)
    {
        int nNum = 0;
        for (int i=0; i<nCurStudentNum; i++)
        {
            if              ((pStudent[i].GetCurFlag()>0)          &&
(pStudent[i].GetCurFlag()<6))
            {
                nNum++;
                //列表显示
            }
        }
        // 输出含记录数的表尾
    }
public:     // 属性操作
    // 设置班级的名称和专业
    void    SetClassBaseInfo( char *special, char *classname )
    {
        if (strSpecial) delete strSpecial;
        strSpecial = new char[ strlen( special ) ];
        strcpy( strSpecial, special );
        if (strClassName)   delete strClassName;
        strClassName    = new char[ strlen( classname ) ];
        strcpy( strClassName, classname );
    }
    long    GetCurRecNum(void)              // 获取当前班级人数，亦记录数
    {
        return  nCurStudentNum;
```

```cpp
        char*    GetSpecialName(void)              // 获取班级的专业名称
        {
            return strSpecial;
        }
        char*    GetClassName(void)               // 获取班级名称
        {
            return strClassName;
        }
    private:
        void     DoGrowth(void)                    // 内存空间倍增
        {
            if ( nCurStudentNum < nSizeMax ) return;
            CStudent    *pNew = new CStudent[ 2*nSizeMax ];
            for (int i=0; i<nSizeMax; i++)
                pNew[i] = pStudent[i];             // 需要 CStudent 类支持这种赋值操作
            nSizeMax    = 2*nSizeMax;
            delete pStudent;
            pStudent = pNew;
        }
        void     DoSpecialAndClassName(void)  // 确定班级名称和专业名称的有效
        {
            if (( strClassName == NULL ) || (strSpecial == NULL))
            {
                char    str[80];
                if (strClassName == NULL)      {
                    cout<<"请输入本班的班级名称: ";
                    cin>>str;
                    strClassName    = new char[strlen(str)];
                    strcpy( strClassName, str );
                }
                if (strSpecial == NULL)        {
                    cout<<"请输入本班所属的专业名称: ";
                    cin>>str;
                    strSpecial      = new char[strlen(str)];
                    strcpy( strSpecial, str );
                }
            }
        }
private:
        CStudent    *pStudent;
        long        nSizeMax;                 // 当前内存中可存储的最大人数
        long        nCurStudentNum;           // 当前班级人数
        char        *strSpecial;              // 专业名称
        char        *strClassName;            // 班级名称
};
```

（3）其他类的代码框架

```cpp
class CStudent;                   // 该类作提前声明
class CScore
{
        friend CStudent;
        // ..., 完成该类代码
private:
        char*    strCourse;
        float    fScore;
};

class CStudent
{
public:
        CStudent()
```

```
                    : fAver(0.0f), nFlag(0), nCurScoreNum(0)
            { /* ... */ }
            //...
    public:
            void    Input(void)        // 键盘输入
            { /* ... */ }
            void    Output(void)          // 列表显示
            { /* ... */ }
            // ...
    public:            // 属性操作
            char*   GetStudentNo( void )// 获取学号
            {  return strNo;  }
            int     GetCurFlag( void )  // 获取标记值
            {  return nFlag;  }
            float   GetAverage( void )  // 获取平均成绩
            {
                if (nFlag<0)     return -100.0f;
                if ((fAver>0.0f) || (nCurScoreNum == 0))    return fAver;
                fAver = 0.0f;
                for ( int i=0; i<nCurScoreNum; i++) fAver += pScore[i].fScore;
                fAver   = fAver/(float)nCurScoreNum;
                nFlag   = ((int)fAver) / 10;
                return  fAver/(float)nCurScoreNum;
            }
            bool    isDeleted( void )
            {
                if (nFlag == -1) return true;
                else return false;
            }
            void    SetDeleted( void )
            {   nFlag   = -1;            }
    private:
            char*       strName;                // 姓名
            char*       strNo;            // 学号
            char        chSex;                // 性别：'M'男性，'F'女性
            CScore      pScore[10];       // 10 门成绩数组，或 20 等
            float       fAver;            // 平均成绩
            int         nFlag;                // 标记：-1 表示删除，8 表示超过 80 分，0-5 表示
不及格
            long            nCurScoreNum;        // 当前门数
    };
```

大作业二：学生成绩管理
（MFC 版）

所需知识

教材第 9 章~第 14 章及各章实验实训。

难度级别

难度级别： 1 2 3 **4** 5 6

目的

（1）掌握用 Visual C++ 6.0 开发环境开发软件的方法；

（2）掌握单文档应用程序结构，熟悉多文档和基于对话框的应用程序的编程方法；

（3）掌握用资源编辑器进行图标、光标、菜单、工具栏、对话框等资源的编辑，熟悉应用程序界面设计方法；

（4）掌握对话框和常用控件的使用方法；

（5）熟悉文档视图结构，掌握文档和视图、视图与视图之间的数据传递技巧；

（6）熟悉切分窗口及一档多视的编程方法；

（7）了解在视图和对话框控件等窗口中绘制图形的方法；

（8）掌握用 MFC 编写 ODBC 或 ADO 数据库应用程序的方法和技巧。

建议

（1）完成本实验实习时，可将 4-6 人组成为一个开发小组。

（2）教师也可根据实际情况提出或由学生自行提出新的作业题目。

（3）教师在实验实习过程中进行 1~2 次的方案讨论。

（4）本次作业时间建议安排 1~1.5 周。

要求

学生学习成绩管理系统通常是涉及到对学生信息、课程成绩及课程信息等内容的管理，开发这样的应用程序，要求：

（1）用数据库的方式管理系统中所涉及到的数据；

（2）能进行数据记录的添加、删除、修改、查询和排序；

（3）能统计学生单科成绩分布情况，并绘制相应的分布图；

（4）应用程序界面友好，有简要的应用程序项目开发文档。对于计算机专业学生或较优秀学生，要求写出项目概要设计、详细设计以及用户帮助文档。

界面设计原则

主框架界面应根据总体方案和功能模块来进行设计，其中主要界面元素设计的主要内容包括：应用程序图标、文档图标设计；文档模板资源字符串修改；菜单和工具栏的设计；状态栏的文字提示；"关于..."对话框的设计等。除了这些内容，界面设计时还应考虑下列四个方面：

（1）界面的简化。在默认的文档应用程序中，有些界面元素实际上是不需要的。由于本次实习中没有"打印和打印预览"功能，也不需要文本的编辑功能，因此应将其去除。去除的最好方法是在 MFC AppWizard 创建过程中进行相关选项的选择。

（2）界面元素的联动。菜单中的一些命令和工具栏的按钮的功能是相同，当鼠标指针移至这些命令按钮或菜单项时，在状态栏上应有相应的信息提示。

（3）多个操作方式。切分窗口型的方案能直观地将操作界面呈现于用户的眼前，但不是所有用户都欣赏这样的做法。许多用户对选择菜单命令或工具栏按钮仍然非常喜爱。因此需要提供多种操作方式，以满足不同的用户需要。但也要注意，当在菜单栏和工具栏上提供"增加"、"修改"、"删除"以及"排序"等命令时，这些命令的功能方案最好能弹出对话框或直接执行功能，以保持和传统风格相一致。

（4）界面的美学要求。在应用程序界面的现代设计和制作过程中，如果仅仅考虑界面的形式、颜色、字体、功能以及与用户的交互能力等因素，则远远不够。因为一个出色的软件还应有其独到之处，如果没有创意，那只是一种重复劳动。在设计过程中还必须考虑"人性"的影响，因为界面的好坏最终是由"人"来评价的。因此在界面的设计过程中除了考虑其本身的基本原则外，还应该有美学方面的要求。

方案

为了能满足上述的要求，从应用程序的界面和功能出发可有下列 3 种方案：

（1）简单型。简单型的方案是一种采用基于对话框的应用程序框架结构，无菜单栏、工具栏和状态栏。数据的显示和操作都是通过控件或弹出对话框来进行的。如图 C.1 所示，这种方案最主要的好处是不需要复杂 MFC 文档视图结构，代码实现简单容易，建议少学时的学生或学员采用这种方案。

（2）文档窗口型。文档窗口型的方案类似图 C.2 所示的界面，主框架是一个基于 CListView 视图类的单文档应用程序。CListView 的视图窗口用于显示数据库的内容，菜单命令和工具栏按钮联动，用于添加、删除、修改、查询、统计等操作。对于一般学时的学生来说，建议采用此方案。

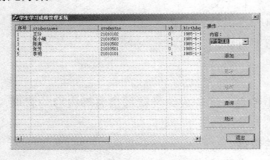

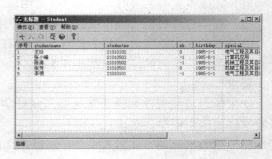

图 C.1　简单型的主界面　　　　　　　图 C.2　文档窗口型的主界面

（3）切分窗口型。切分窗口型的方案类似如图 C.3 所示的界面。它将单文档应用程序窗口分为左右两个窗格，左边窗格是基于 CListView 类的视图窗口，用于显示数据库的内容，右边的窗格是基于 CFormView 类的视图窗口，用于常用的操作，如添加、删除、修改、查询、统计等。由于用户不必打开菜单就可在右边的窗格中进行直接操作，十分方便。当然采用这种方案，可能会面临更多的难点。对于学时比较多且要求较高的学生来说，建议采用此方案。

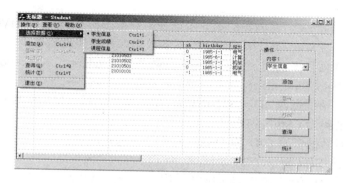

图 C.3　切分窗口型的主界面

实现方法

下面以文档窗口型的方案说明其实现方法。

1. 数据库的设计

用 Micosoft Access 创建一个数据库 student.mdb，包含用于描述学生信息、课程成绩及课程信息的数据表 student、score、course，其结构如表 C.1、C.2 和 C.3 所示。它适用于所有方案类型。

表 C.1　学生信息表(student)结构

序　号	字段名称	数据类型	字段大小	小数位	字段含义
1	studentname	文本	20		姓名
2	studentno	文本	10		学号
3	xb	是/否			性别
4	birthday	日期/时间			出生年月
5	special	文本	50		专业

表 C.2　学生课程成绩表(score)结构

序　号	字段名称	数据类型	字段大小	小数位	字段含义
1	studentno	文本	8		学号
2	course	文本	7		课程号
3	score	数字	单精度	1	成绩
4	credit	数字	单精度	1	学分

表 C.3　课程信息表(course)结构

序　号	字段名称	数据类型	字段大小	小数位	字段含义
1	courseno	文本	7	——	课程号
2	special	文本	50	——	所属专业
3	coursename	文本	50	——	课程名
4	coursetype	文本	10	——	课程类型
5	openterm	数字	字节		开课学期
6	hours	数字	字节		课时数
7	credit	数字	单精度	1	学分

2. 程序框架界面及其添加的类

（1）为上述数据库添加并创建一个 ODBC 数据源。

（2）用 MFC AppWizard 创建一个单文档应用程序 Student，在向导的第 2 步中选择"标题文件（Header files only）"，在向导的第 6 步选择用户视图的基类为 CListView。这样，应用程序可以使用数据库的 MFC 类，但又没有默认的数据库程序代码框架。

（3）在应用程序项目中，用 ClassWizard 为数据表 student、score、course 创建并添加 CRecordSet 的派生类：CStudentSet、CScoreSet 和 CCourseSet。

（4）添加一个对话框资源 IDD_STUINFO，用于学生信息数据的添加和修改，如图 C.4 所示，创建的对话框类为 CStuInfoDlg。

（5）添加一个对话框资源 IDD_SCORE，用于学生课程成绩数据的添加和修改，如图 C.5 所示，创建的对话框类为 CScoreDlg。

（6）添加一个对话框资源 IDD_COURSE，用于课程信息数据的添加和修改，如图 C.6 所示，创建的对话框类为 CCourseDlg。

（7）设计菜单和工具栏，如图 C.7 所示，图中的连线表示菜单项和工具按钮的联动。

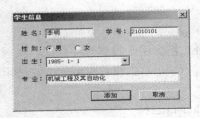
图 C.4 "学生信息"对话框

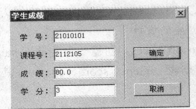
图 C.5 "学生成绩"对话框

图 C.6 "课程信息"对话框

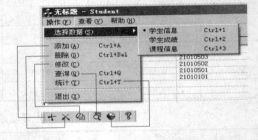
图 C.7 菜单项和工具栏

3. 带排序功能的通用数据表记录显示函数 DispAllRec

```
// 用于基于 CListView 的视图类
// nTable=1 时，表示 student 表，1 表示 score 表，2 表示 course 表
// nField 是用于排序的字段索引号
void CStudentView::DispAllRec(int nTable, int nField)
{
    CRecordset *cSet;
    if (nTable == 1) cSet = new CStudentSet();
    else if (nTable == 2) cSet = new CScoreSet();
    else if (nTable == 3) cSet = new CCourseSet();
    else return;

    CListCtrl& m_ListCtrl = GetListCtrl();
    // 删除列表中所有行和列表头
    m_ListCtrl.DeleteAllItems();
    int nColumnCount = m_ListCtrl.GetHeaderCtrl()->GetItemCount();
    for (int j=0; j<nColumnCount; j++)
        m_ListCtrl.DeleteColumn(0);
    cSet->Open();                                      // 打开记录集
    CODBCFieldInfo field;
    int nWidth;
    CString strField, strName;
    // 创建列表头
```

```
        for (UINT i=0; i<cSet->m_nFields; i++)
{
            cSet->GetODBCFieldInfo( i, field );
            strName = field.m_strName;
            // 计算列宽
            nWidth = field.m_nPrecision * 9;
            if (nWidth<strNamC.GetLength()*9) nWidth = strNamC.GetLength()*9;
            if (nWidth<40) nWidth = 40;
            m_ListCtrl.InsertColumn(i, strName, LVCFMT_LEFT, nWidth);
            if (i==(UINT)nField) strField = field.m_strName;
        }
        cSet->Close();
        // 按字段打开记录集，然后添加列表项
        if (!strField.IsEmpty()) cSet->m_strSort = strField;
        cSet->Open();
        int nItem = 0;
        CString str;
        while (!cSet->IsEOF()) {
            for (UINT i=0; i<cSet->m_nFields; i++){
                cSet->GetFieldValue(i, str);
                if ( i == 0)    m_ListCtrl.InsertItem( nItem, str );
                else            m_ListCtrl.SetItemText( nItem, i, str );
            }
            nItem++;
            cSet->MoveNext();
        }
        cSet->Close();                                  // 关闭记录集
        if (cSet) delete cSet;                          // 释放内存空间
}
```

4. 在一个对话框中绘制某门课程成绩分布的直方图或饼图。

直方图和饼图是数据可视化手段的最常用的形式，我们预先构造了一个简单的 CGraph 类，用来绘制直方图和饼图，其类的声明代码如下：

```
class CGraph : public CObject
{
public:
    CGraph::CGraph();
    CGraph::CGraph(CRect rcDraw);
    CGraph::CGraph(CRect rcDraw, int nMode);
    void SetDrawRect(CRect rcDraw);
    void SetDrawMode(int nMode);
    void AddData(unsigned int data);                    // 添加数据
    void Draw(CDC *pDC, bool isDispData = FALSE);
    // 绘制，当 isDispData 为 TRUE 时，在直方图的顶上显示数字或饼图中显示百分比
private:
    CRect       m_rectDraw;                 // 用于绘制直方图和饼图的整个范围
    int         m_nMode;                    // 0 表示直方图，其它值表示饼图
    CUIntArray m_uDataArray;                // 用于存放各个分量的值
    LOGFONT m_lfData;
    void DrawBar(CDC *pDC, bool isDispData);
    void DrawPie(CDC *pDC);
    void InitGraph(CRect rcDraw, int nMode);
};
```

下面来看一个通用的示例过程：

（1）将 Graph.h 文件复制到应用程序项目文件夹中。

（2）在应用程序项目中添加一个对话框资源 IDD_DRAW，删除[OK]和[Cancel]按钮，将对话框的字体设为"宋体，9 号"。

（3）将对话框大小调整为正方形，创建该对话框类为 CDrawDlg。

（4）为对话框类 CDrawDlg 添加 3 个公有型成员变量：CUIntArray 型的 m_uData（分布数据），

int 型的 m_nMode（0 为直方图，其它值为饼图），CString m_strTitle（对话框标题）。

（5）在构造函数中添加下列初始化代码：

```
CDrawDlg::CDrawDlg(CWnd* pParent /*=NULL*/)
        : CDialog(CDrawDlg::IDD, pParent)
{
        //{{AFX_DATA_INIT(CDrawDlg)
            // NOTE: the ClassWizard will add member initialization here
        //}}AFX_DATA_INIT
        m_strTitle = "成绩分布图";
        m_nMode = 0;
}
```

（6）用 MFC ClassWizard 为 CDrawDlg 添加 WM_INITDIALOG 和 WM_PAINT 消息映射函数，并在消息函数中添加下列代码：

```
#include "Graph.h"
CGraph theGraph;                                    // 全局变量
BOOL CDrawDlg::OnInitDialog()
{
        CDialog::OnInitDialog();
        SetWindowText( m_strTitle );
        for (int i=0; i<m_uData.GetSize(); i++)
            theGraph.AddData( m_uData[i] );
        theGraph.SetDrawMode( m_nMode );
        return TRUE;  // return TRUE unless you set the focus to a control
                // EXCEPTION: OCX Property Pages should return FALSE
}
void CDrawDlg::OnPaint()
{
        CPaintDC dc(this); // device context for painting
        UpdateWindow();
        CRect rc;
        GetClientRect( rc );
        theGraph.SetDrawRect( rc );
        theGraph.Draw(&dc, TRUE);
}
```

（7）在任一个命令消息函数添加类似下列的代码，并在调用所在的程序文件的前面添加 CDrawDlg 类的包含文件。

```
CDrawDlg dlg;
dlg.m_nMode = 1;
dlg.m_strTitle = "示例：这是一个圆饼图";
dlg.m_uData.Add( 2 );        dlg.m_uData.Add( 1 );
dlg.m_uData.Add( 11 );       dlg.m_uData.Add( 15 );
dlg.m_uData.Add( 24 );       dlg.m_uData.Add( 6 );
dlg.DoModal();
```

（8）编译运行并测试，结果如图 C.8（左）所示，若将 dlg.m_nMode 设为 0，dlg.m_strTitle 设为"示例：这是一个直方图"，则结果如图 C.8（右）所示。

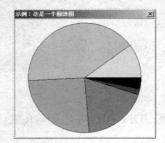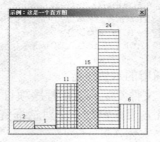

图 C.8　在对话框中绘制饼图和直方图

附录 **D**

创建 Access 数据库和数据表

这里以 Microsoft Access 2003 为例说明数据库和数据表的创建过程，其他如 2007、2010 等也可类似操作。

（1）启动 Microsoft Access。

（2）选择"文件"→"新建"菜单，在右边任务窗格中单击"空数据库"，弹出一个对话框，将文件路径指定到"D:\Visual C++程序"，指定数据库名 student.mdb。单击 **创建(C)** 按钮，出现如图 D.1 所示的数据库设计窗口。

（3）双击"使用设计器创建表"，出现表设计界面。按表 D.1 添加字段名和数据类型，结果如图 D.2 所示。

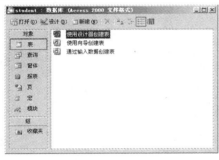

图 D.1　数据库设计窗口

图 D.2　表设计界面

表 D.1　学生课程成绩表(score)结构

序 号	字 段 名 称	数 据 类 型	字 段 大 小	小 数 位	字 段 含 义
1	studentno	文本	8		学号
2	course	文本	7		课程号
3	score	数字	单精度	1	成绩
4	credit	数字	单精度	1	学分

（4）选择"文件"→"保存"，弹出保存对话框，将刚才设计的表 1 命名为 score，单击 **确定** 按钮，出现一个消息对话框，询问是否要创建一个主键，单击 **否(N)** 按钮。

（5）关闭表设计器，双击数据库设计窗口中的 score 表，为 score 表输入如图 D.3 所示的记录，以便于后面的测试。

（6）关闭 Microsoft Access。

图 D.3　在 score 表中添加的记录

反侵权盗版声明

电子工业出版社依法对本作品享有专有出版权。任何未经权利人书面许可，复制、销售或通过信息网络传播本作品的行为；歪曲、篡改、剽窃本作品的行为，均违反《中华人民共和国著作权法》，其行为人应承担相应的民事责任和行政责任，构成犯罪的，将被依法追究刑事责任。

为了维护市场秩序，保护权利人的合法权益，我社将依法查处和打击侵权盗版的单位和个人。欢迎社会各界人士积极举报侵权盗版行为，本社将奖励举报有功人员，并保证举报人的信息不被泄露。

举报电话：（010）88254396；（010）88258888
传　　真：（010）88254397
E-mail：　dbqq@phei.com.cn
通信地址：北京市万寿路 173 信箱
　　　　　电子工业出版社总编办公室
邮　　编：100036